KB116482

또빵맘마
토핑이유식

또빵맘마

토핑이유식

또빵맘마(남미선) 지음

다산라이프

Prologue

안녕하세요, 저는 5살 첫째 빵야와 3살 둘째 또빵이를 키우고 있는 또빵맘마입니다.

첫째 때 죽이유식으로 초기·중기·후기 모두 제 손으로 직접 해먹여서 둘째 이유식 또한 준비도, 걱정도 크게 없었던 것 같아요. 하지만 시작과 동시에 처음부터 다시 시작하는 기분이 들어 막막했고, 아이 둘의 정신없는 육아 속에서 이유식을 만들어준다는 것 자체가 욕심은 아닐까 고민했어요. 그래도 포기하지 않고 처음부터 차근차근 공부하는 마음으로 이유식을 만들기 시작했습니다. 고맙게도 또빵이가 너무 잘 먹고 잘 따라와 줬어요.

한번 해봤다고 해서 어렵지 않은 건 아니에요. 누구나 다 이유식의 출발선에 서 있으면 두렵고 겁부터 나는 게 사실이니까요. 자신만만했던 저도 이런 마음들 때문에 이유식 시작이 늦은 편이랍니다.

또빵이는 완모 아기로 6개월 꽉 채운 180일에 첫 이유식을 먹었어요. 5일 정도 초기 이유식 미음을 지나 바로 입자와 질감이 있는 베이스죽 형태를 연습하면서 본격적인 토핑 이유식을 시작했습니다. 토핑이유식은 아직까지 관련 서적도 별로 없고, 주변에서 해본 사람들도 없어서 맨땅에 헤딩하는 기분이었어요.

아이들이 다 잠들고 난 뒤에 덩그러니 부엌에 서서 토핑이유식에 쓰일 재료들을 손질하고 보관하면서 이게 맞는 길인가 수천 번 고민했어요. 맘 편하게 죽이유식으로 돌아갈까라고 생각했지만 이왕 시작한 거 후기까지 만들어 보고 제가 느끼고 경험한 토핑이유식의 장점을 알려드리고 싶었답니다.

토핑이유식으로 끝까지 이유식을 완주할 수 있었던 건 또빵이의 힘이 가장 커요. 또빵이는 새로운 식재료에 대한 거부감이 적었고 스스로 음식을 만져보고 먹어보면서 탐색하는 시간도 좋아했어요. 제일 처음 배운 말이 '맘마'일 정도로요. 제가 부엌에만 가도 기어와서 웃어주는데 그 미소 하나로 다시 힘이 났습니다.

저는 단순히 엄마가 차려준 이유식을 남김없이 다 먹고, 흘리지 않고 깔끔하게 먹는 아기가 잘 먹는 아기라고 생각하지 않아요. 아기에게 담아주는 음식의 양은 평균적인 숫자일 뿐이고 아기마다 소화시킬 수 있는 양은 다 다르니까요.

'처음으로 아기가 스스로 잡고 다 먹었어요'

'쉽게 믿고 따라할 수 있어서 요똥 엄마도 자신감을 만들어줘요'

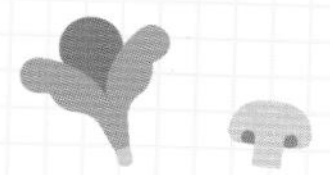

'한 번도 안 먹은 아기는 있어도 한 번만 먹은 아기는 없는 실패 없는 레시피'

또빵맘마를 하면서 많은 분들이 보내주시는 후기를 볼 때마다 오히려 제가 더 행복하고 뿌듯합니다. 정성 들인 시간에 비해 허무하게 끝나는 이유식 시간, 아기가 먹는 거라 더욱 조심스럽고 아기가 안 먹으면 어쩌나 하는 걱정스러운 마음까지. 이 책을 통해서 그런 고민과 마음을 잠시 쉬어가게 만들어드리고 싶어요.

요리 전공자도 아니고, 요리를 좋아하지도, 원래 요리를 하지도 않았던 제가 해냈습니다. 그러니 누구나 할 수 있어요. 육아가 서툰 엄마, 하루가 부족한 워킹맘, 똑같은 레시피 속에서 시작조차 두려운 요리 초보 엄마들에게 주변에서 쉽게 구할 수 있는 재료와 쉬운 요리 방법으로 더 이상 이유식이 어렵지 않다는 걸 알려드릴게요.

이 책을 통해 함께 웃고, 함께 행복했으면 좋겠습니다.

2023년 5월

또빵맘마 남미선

Contents

토핑이유식 개념잡기

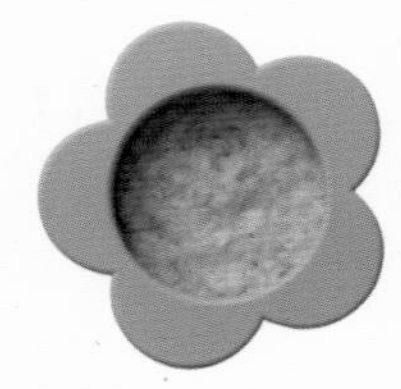

베이스죽 만들기

초기 이유식(생후 6개월)

중기 이유식(생후 7~8개월)

후기 이유식(생후 9~11개월)

초기 유아식(생후 12개월~)

PART 06 아기가 아플 때

INTRO

토핑이유식 개념잡기

토핑이유식이란?

토핑이유식? 도대체 그게 뭐예요?

최근 토핑이유식이 이유식계의 새로운 트렌드로 떠올랐습니다. 그렇다면 토핑이유식이 도대체 무엇일까요?

토핑이유식

베이스죽과 함께 각종 식재료로 만든 다양한 토핑 큐브를 마치 반찬처럼 곁들이는 이유식의 새로운 형태

토핑이유식은 식재료를 따로 손질해 제공하는 만큼 아기들에게 재료의 고유한 특징과 식감을 더 정확히 전달할 수 있습니다. 이런 장점 때문에 많은 엄마들의 관심과 사랑을 듬뿍 받으며 대세 이유식으로 자리 잡고 있죠.

그런데 사실 토핑이유식을 언제, 어떻게 진행해야 하는지 정확히 알려주는 책은 지금까지 전무했어요. 저 역시 처음 토핑이유식을 시작할 때 도대체 어떤 방식으로 진행해야 할지 막막하기만 했답니다. 게다가 재료 본연의 맛이라니 '식재료를 모두 따로 손질하고,

따로 담아내서, 따로 먹여야 하는 것은 아닐까? 도대체 언제 그 많은 일을 다 하지?'라는 걱정이 앞섰습니다. 두 아이를 돌보기에도 버거운 저에게는 그 모든 과정이 공포 그 자체였답니다. 토핑을 준비하는 것부터 식단을 짜는 것 역시 넘어야 할 커다란 산처럼 느껴졌어요.

하지만 이내 결심했습니다. '고민만 해서는 아무것도 할 수 없다, 걱정은 그만하고 직접 도전해 보자!' 그렇게 야심찬 포부를 갖고 일단 부딪혔습니다.

밥과 반찬을 준비하는 방식 그대로!

지금 생각하면 그 결심이 무모하지만 정말이지 대견하고 잘한 일이라고 생각해요. 토핑이유식을 진행하는 과정이 걱정했던 것보다, 아니 오히려 제 예상보다 훨씬 더 쉽고 즐거웠거든요.

토핑이유식은 앞서 설명한 것처럼 '밥과 반찬'의 형식을 한 이유식이에요. 베이스죽을 기본으로 다양한 토핑을 반찬처럼 곁들여요. 그렇다고 식사 때마다 매번 재료를 준비할 필요는 없습니다. 한 번에 여러 재료의 손질을 끝낸 뒤 큐브 형태로 얼려 보관하고 식사 시간에 맞춰 해동하기만 하면 이유식 준비가 모두 끝나요. 아기 이유식이 어른들 식사보다 훨씬 간단해집니다.

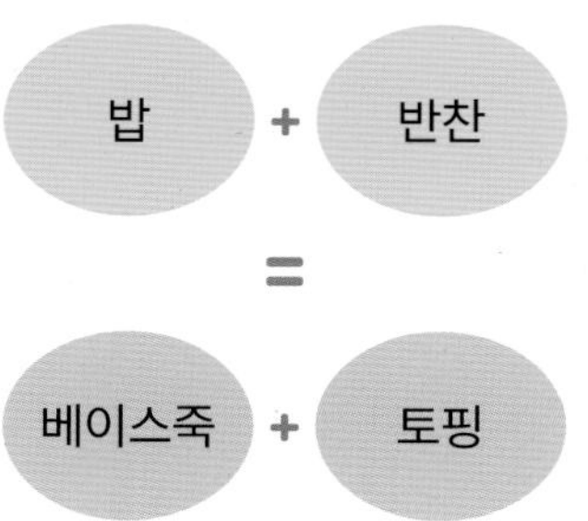

물론 실수도 많이 하고 가끔씩은 괜한 일을 벌인 것은 아닌지 후회하는 시간도 있었어요. 하지만 여러 시행착오를 통해 결국 저만의 레시피를 하나씩 완성해 나갈 수 있었고 그 과정에서 어디에서도 얻을 수 없는 다양한 이유식 노하우도 얻었습니다.

토핑이유식을 진행하면서 모든 과정을 제 SNS에 하나하나 기록한 일은 무엇보다 가장 잘한 일이라고 생각해요. 제가 왜 토핑이유식을 시작했는지 그 목적을 다시 한 번 깨닫게 되는 시간이었거든요. 우리 아기에게 토핑이유식이 왜 유익한지 정확히 파악할 수 있었던 건 이 모든 과정에서 얻은 또 다른 소중한 경험이에요.

재료 본연의 맛과 식감을 오롯이

사실 첫째 때는 저도 평범하게 죽이유식을 진행했어요. 죽이유식은 토핑이유식이 등장하기 전까지 명실상부 이유식의 대표 형태로, 다양한 식재료를 잘게 다져 한 그릇 죽처럼 끓여내는 방식이에요. 새로운 식재료에 대한 아기들의 거부감을 최대한 줄이기 위해 고안된 방법이라 할 수 있어요.

당시 첫째에게 죽이유식을 먹이며 느낀 점은 크게 두 가지였습니다. 먼저, 스푼피딩의 방식으로 죽이유식을 먹인다면 아기에게 수동적인 식습관만을 심어줄 수밖에 없다는 점이에요. 엄마가 직접 떠먹여주는 스푼피딩으로는 아기가 밥을 먹는 속도를 스스로 조절하거나, 좋아하는 반찬을 직접 선택할 기회가 사라지죠. 결국 자기주도 식습관을 익히기 위해서는 별도의 훈련 과정이 필요합니다.

또 다른점은 죽의 형태로 이유식을 섭취하는 한 재료 본연의 맛을 느끼는 데는 한계가 있을 수밖에 없다는 거예요. 죽이유식은 앞서 말했던 것처럼 모든 재료를 잘게 다져 한꺼번에 끓이기 때문에 각 재료의 모양과 맛을 파악하는 일이 불가능해요. 결국 아기가 어떤 식감과 재료에 흥미를 느끼는지, 어떤 맛을 싫어하고 좋아하는지 파악하는 시기도 더뎌질 수밖에 없습니다. 처음 만나는 다양한 식재료에 호기심을 갖고 즐거움을 느껴야 할 식사 시간이 그저 배 채우기 급급한 전투 같은 식사 시간으로 전락하는 이유 중 하나라고 생각해요.

토핑이유식, 유아식의 선행 학습이자 예행 연습

저는 이유식 시기부터 밥과 반찬의 개념을 익히고, 올바른 식습관을 형성해 주고 싶었습니다. 더불어 유아식으로 가는 길을 조금 더 친근하게 느낄 수 있는 준비 기간으로 활용할 수 있기를 바랐어요.

그래서 둘째 또빵이부터는 망설임 없이 토핑이유식을 선택했습니다. 저의 모든 바람을 오롯이 실현할 수 있는 방식이 바로 토핑이유식이었기 때문이에요. 아기가 스스로 선호하는 음식을 선택해 먹을 수만 있다면 먹는 양은 중요하지 않다고 생각했습니다. 음식을 남길 수도 있고, 잘 안 먹는 날도 있을 수 있어요. 사실 생각해 보면 우리 어른들도 마찬가지니까요. 자연스러운 일이니 크게 걱정할 필요는 없다고 생각했습니다.

누구보다 식사 시간이 즐겁고 새로운 음식에 대한 도전을 두려워하지 않는, 무엇보다 '밥 잘 먹는 아이'의 대명사가 된 또빵이를 보며 저는 저의 선택이 탁월한 결정이었음을 매일 깨닫는 중입니다.

남기지 않고 다 먹었다는 데 초점을 두는 것이 아니라, 음식에 대한 두려움 없이 마음껏 탐색하고 즐기면서 자신이 원하는 음식이 무엇인지 아는 아이로, 식사 시간을 즐기면서 보낼 수 있는 아이로 성장하는 데 주목하세요. 토핑이유식과 함께라면 그 과정이 더욱 쉬워질 거예요. 그리고 이렇게 식습관을 쌓아간 아이는 분명 유아식은 물론 일반식까지 '완밥하는 아이'로 성장할 수 있습니다.

토핑이유식 기본 구성

많은 엄마들이 이유식을 시작하며 같은 고민을 합니다.

'왜 우리 아기는 스스로 밥을 먹지 않지?' '왜 우리 아기는 맨밥만 먹는 걸까, 저러다 충분한 영양소를 섭취하지 못하는 것은 아닐까?'

이제 더 이상 이런 고민은 하지 마세요. 다양한 식재료를 눈과 입으로 온전히 즐길 수 있는 토핑이유식을 통해 아기들은 스스로 음식을 선택해 먹는 연습까지 자연스럽게 시작할 수 있어요.

그 과정에서 음식에 대한 아기들의 태도 역시 달라질 겁니다. 음식에 대해 긍정적으로 반응하고, 이유식을 먹는 시간이 즐거운 놀이가 되는 진짜 '밥 잘 먹는 아기'로 건강하게 자랄 수 있어요.

지금부터 토핑이유식의 기본 구성을 살펴봅니다. 다른 이유식과 토핑이유식의 가장 큰 차이이기도 하니, 모두들 주목해 주세요!

베이스죽

말 그대로 토핑이유식의 기본, 베이스가 되는 죽입니다. 어른의 식단에 대입하면 '밥'과 같아요. 우리도 밥을 한 번에 많이 해놓고 얼렸다가 식사 때마다 해동해서 먹곤 하잖아요. 베이스죽도 마찬가지입니다. 한 번에 여유 있는 양을 만들어 두고 냉동했다가 식사 시간에 데우기만 하면 이유식 준비 끝이에요!

베이스죽을 만드는 재료는 아기의 선호도나 시기에 따라 다양하게 선택할 수 있어요. 쌀, 찹쌀, 잡곡, 오트밀 등 아기가 흥미를 느끼는 재료로 만들어주세요. 얼린 베이스죽을 해동한 뒤 단독으로 담아 어른의 밥처럼 제공하고 큐브들을 반찬처럼 두어 함께 먹을 수도 있고, 혹은 베이스죽 위에 토핑 큐브를 올려 고명처럼 활용할 수도 있어요.

초기에는 아기들이 씹는 활동을 하지 못하기 때문에 미음 형태로 시작하며, 시기가 지날수록 쌀알의 입자가 살아 있는 형태로 발전시켜 나갑니다.

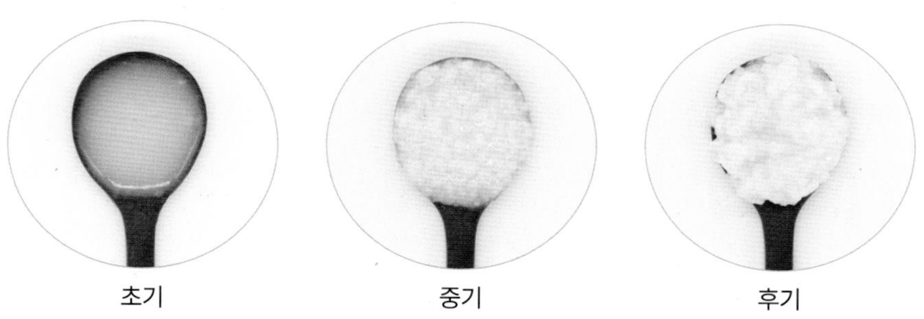
초기 중기 후기

토핑 큐브

다양한 식재료를 큐브 형태로 얼려 놓았다가 말 그대로 토핑처럼 활용하는 것을 뜻해요. 앞서 베이스죽이 어른의 '밥'과 같은 역할을 한다면, 토핑 큐브는 '반찬'과 같은 역할을 합니다. 토핑이유식을 통해 밥과 반찬의 개념을 자연스럽게 익힐 수 있는 것도 이와 같은 토핑이유식만의 형태 때문이에요.

토핑의 가장 큰 장점은 베이스죽과 마찬가지로 대량으로 손질해 큐브 형태로 냉동해 둘 수 있다는 점이죠. 덕분에 매번 식사 때마다 따로 조리할 필요 없이 그저 간단히 데우기만 하면 완성입니다. 엄마들의 이유식 부담도 확실히 줄어든답니다. 단계가 진행되면서 여러 토핑을 활용해 다양한 요리로 발전시킬 수 있다는 것도 확실한 장점이에요.

특히 토핑을 반찬이나 고명처럼 따로 제공하기 때문에 자연스럽게 아이들이 식재료 자체의 식감과 색감을 온전히 체험할 수 있어요. 이유식 시작 단계에서는 식재료에 따라 알레르기 반응도 즉각적으로 확인할 수 있습니다. 이렇게 장점이 넘쳐나는 토핑이유식이니, 시작하지 않을 이유가 없겠죠?

아기가 자라면서 토핑 준비에도 변화가 필요한데요. 베이스죽과 마찬가지로 초기 큐브 입자는 매우 곱게 간 형태입니다. 앞서 토핑이유식이 유아식을 준비하는 단계라고 했잖아요? 이유식 단계에 따라 중기, 후기로 넘어갈수록 큐브의 입자 크기도 점점 커져요. 이 과정을 통해 아기들은 저작 활동과 음식물을 씹어 삼키는 훈련을 할 수 있습니다. 아래 이유식 시기별 큐브의 입자 크기를 자세히 비교해 놓았으니 참고해 주세요!

토핑이유식 진행 방법

큐브 만들기 ▶ 큐브 해동 ▶ 이유식 만들기 ▶ 먹이기

앞에서 토핑이유식의 기본 구성을 살펴보았다면, 지금은 토핑이유식이 어떻게 진행되는지 살펴볼 시간입니다. 사실 엄마들이 체감하는 토핑이유식의 가장 큰 장점은 무엇보다 간편함이죠! 토핑이유식은 준비 과정은 물론 진행 방법 역시 간단합니다! 큐브를 만들어, 해동하고, 데워서, 먹이면 끝이에요!

다만 지금부터는 각 단계에서 무엇을 중점적으로 살펴야 할지 알아볼 거예요. 또 제가 직접 또빵이와 토핑이유식을 진행하면서 쌓아온 여러 노하우를 함께 소개합니다. 그러니 모두들 놓치지 마세요!

① 큐브 만들기

토핑이유식의 가장 첫 단계는 바로 큐브 만들기입니다. 베이스죽부터 토핑까지, 이유식에 사용하는 모든 재료를 다듬어 큐브 형태로 만드는 단계예요. 이렇게 큐브 형태로 냉동한 재료는 식사에 필요한 만큼만 해동한 후 데워서 사용합니다.

초기에는 식재료에 대한 알레르기 반응을 확인해야 하고, 또 처음부터 여러 재료를 한꺼번에 먹는 것이 부담스럽기 때문에 한 번의 식사에 하나의 큐브만 사용해요. 이 시기 아기들은 아직 이도 나지 않은 상태고 저작 활동도 처음이기 때문에 모든 식재료를 최대한

곱게 갈아서 사용합니다. 앞서 살핀 것처럼 이유식 단계를 진행해 나갈수록 토핑 입자의 크기는 점차 커질 거예요.

큐브 모양을 잡을 때는 실리콘 큐브 틀을 사용해요. 재료마다 별도의 틀을 사용해야 맛과 향이 섞이지 않으니 반드시 유의해 주세요.

큐브를 틀에 넣은 상태 그대로 얼리면 냉동실 공간을 많이 차지하기 때문에 비효율적이에요. 큐브를 만든 당일에는 틀을 그대로 냉동실에 넣어 모양을 잡아주고 그 다음날 곧바로 꺼내 틀에서 빼낸 뒤 큐브를 하나씩 랩으로 싸줍니다. 이후 재료마다 구분해 지퍼백에 넣어 보관하면 필요할 때 꺼내 쓰기도 훨씬 편리하고 냉동 공간을 더 잘 활용할 수 있어요.

② 큐브 해동

큐브 만들기에 성공했다면 이제 본격적으로 토핑이유식을 시작할 차례! 사실 만들어 둔 큐브를 잘 해동하는 것만으로 토핑이유식이 끝난 거나 다름없어요.

앞서 죽이유식과 토핑이유식의 가장 큰 차이가 해동한 큐브를 한데 섞지 않고 하나하나 따로 녹이고 먹이는 데에 있다고 했죠? 그런데 이 '하나하나 따로 녹인다'는 표현 때문에 겁을 먹는 엄마도 많아요. 혹시 각기 다른 그릇에 담긴 큐브와 쌓여 있는 설거지 거리를 떠올리지는 않으셨나요? 하지만 그런 걱정은 넣어두세요. 지금부터 이유식 준비를 더욱 쉽게 도와줄 저만의 노하우를 공개합니다.

일단 아무것도 담지 않은 30ml짜리 큐브 틀을 준비하세요. 그리고 식단표를 참고해 다음 날 먹일 큐브를 냉동실에서 꺼낸 뒤 준비해 둔 큐브 틀에 하나씩 담습니다. 그다음, 큐브 틀 그대로 냉장고에 넣어 해동하면 끝이에요!

이미 칸막이로 나뉘어 있는 큐브 틀의 형태 덕분에 서로 섞일 염려도 없고, 그날 필요한 모든 재료를 한 번에 해동할 수 있어요. 게다가 설거지 거리도 줄어드니 일석이조의 효과를 얻을 수 있겠죠?

③ 이유식 만들기

해동을 마쳤다면 이제 본격적으로 이유식을 만들 시간입니다. 앞에서 토핑을 해동하는 것만으로 이유식 준비가 끝난 거나 마찬가지라는 말은 괜한 말이 아니었답니다. 아기 식사 시간에 맞춰 해동한 큐브를 식판에 옮겨 담고 전자레인지에 30초만 데우면 정말로 이유식이 완성되거든요!

토핑이유식은 각각의 재료를 분리해 해동하고 따로 담아내는 만큼 식재료가 갖고 있는 본연의 색감을 더 선명하게 드러낼 수 있어요. 그만큼 시각적 효과도 더욱 뛰어납니다. 아기들은 토핑이유식의 담음새를 통해 음식에 대한 호기심을 갖게 되고, 그 호기심을 바탕으로 식사에 대한 개념을 서서히 인지할 수 있어요.

④ 먹이기

식판 칸막이에 나누어 담긴 알록달록한 토핑을 보면 아기가 어떤 음식과 색감에 흥미를 보이는지 쉽게 파악할 수 있어요. 또빵이는 언제나 눈에 띄는 색감의 토핑에 가장 먼저 반응을 보였고, 또 잘 먹었어요. 베이스죽은 맨 마지막이었습니다.

토핑이유식이라고 해서 늘 베이스죽과 토핑을 따로 담는 구성을 지켜야 하는 건 아니에요. 비슷한 형태의 이유식을 반복하면서 식사에 대한 흥미가 떨어진 것처럼 보인다면 베이스죽과 토핑을 섞은 죽이유식의 형태로 진행해도 괜찮습니다. 좋아하는 토핑 반찬은 따로 담아 스스로 먹게 하고, 흥미가 없는 토핑은 베이스죽과 섞어서 엄마가 스푼피딩 방식으로 먹이는 것도 방법이에요.

이유식의 방법은 무궁무진합니다. 무조건 토핑이유식이 아닌, 그날의 아기 컨디션에 따라 조율해주세요. 결코, 절대로 부담 갖지 마세요, 여러분!

토핑이유식 단계별 특징

큐브 단독 ▶ 

큐브 결합 ▶ 

큐브 조화

또빵맘마 토핑이유식의 단계는 초기, 중기, 후기 총 세 가지로 나누어집니다. 이러한 이유식 단계의 진화에 따라 아기가 이유식을 먹으며 경험하는 행동의 변화까지 담아내고자 했어요.

단순히 때가 돼서 시작하는 이유식이 아닌 음식을 인지하고 친근함을 느낄 수 있기를, 그리고 이 과정을 통해 우리 아기가 선호하는 음식이 무엇인지 성향을 파악할 수 있는 시간이 되길 바랐습니다. 저와 함께 토핑이유식을 진행하는 6개월이라는 시간 동안 아기와 엄마가 다양한 음식의 맛과 식감을 경험할 수 있도록 최선을 다해 레시피를 구성했으니 잘 따라와 주세요.

책 말미에는 '초기 유아식'도 함께 소개했습니다. 앞서 토핑이유식이 본격적인 유아식을 위한 예행연습이자 선행학습의 단계라고 표현했잖아요? 그 연장선으로 아기들이 유아식에 보다 쉽게 적응하도록 유아식 레시피도 함께 소개했습니다. 이 요리들을 통해 자연스럽게 유아식에 안착할 수 있도록 도왔어요!

초기 큐브 단독

모유, 분유가 아닌 음식이 입에 닿는 최초의 순간

엄마와 아기 모두 모든 것이 낯설고 두려운 시기예요. 지금껏 아이가 음식을 먹기 위해서는 빠는 힘만 필요했는데, 이제는 도구를 사용해서 음식을 집어 입에 넣고 씹는 새로운 활동을 시작해야 하죠. 새로운 음식을 마주하는 아기는 물론이고 내 손으로 직접 만든 음식을 처음으로 아기에게 먹여야 하는 엄마에게도 엄청난 도전의 연속입니다.

'아이가 잘 먹지 않으면 어쩌지?' 하는 걱정은 당연합니다. 아니, 사실 아기가 잘 먹지 않는 것이 당연한 일이기도 해요. 입으로 들어가는 것보다 흘리는 게 더 많고, 제대로 먹은 건지 안 먹은 건지 확인할 방법도 없어요. 하지만 너무 조급해하지 마세요. 이 시기는 이유식을 '인지'하는 단계니까요.

초기 이유식은 보통 단독 큐브로 진행합니다. 한 번에 하나의 큐브만을 섭취해요. 이 과정을 통해 엄마는 우리 아기가 어떤 식재료에 알레르기가 있는지 파악할 수 있고, 아기는 '이유식을 먹는다'라는 개념을 잡을 수 있습니다.

[또빵이의 초기 토핑이유식]

중기 **큐브 결합**

맛을 익히고 질감으로 씹는 연습

중기부터는 이유식을 하루에 두 번 진행합니다. 즉, 이제는 이유식과 본격적으로 친해질 시간이라는 거죠. 토핑이유식을 하는 엄마들 중에는 중기부터 자기주도 식사를 시작하는 경우가 많아요. 또빵이도 중기부터 식판에 이유식을 담아 직접 먹는 자기주도 식사를 진행했고, 그 덕에 스스로 원하는 걸 먹으며 손을 쓰기 시작했어요.

중기부터는 알레르기 체크가 끝난 토핑을 단독으로 줄 수도 있고, 토핑 큐브를 결합해 요리를 만들어 재료가 섞이며 발생하는 맛의 변화를 느끼게 해줄 수도 있습니다. 이 과정에서 아기는 음식의 맛을 익히고, 점차 커지는 입자 크기에 따라 씹는 연습을 할 수 있어요. 간혹 익숙하지 않은 크기의 입자가 목에 걸려 켁켁 거리기도 하고, 씹지 않고 그대로 삼키기도 하지만 이런 시행착오를 통해 아기 스스로 대처 능력을 키울 수 있습니다. 중기 이유식은 이유식과 '친해지는' 단계라는 점 명심 해주세요.

[또빵이의 중기 토핑이유식]

후기 큐브 조화

호불호가 생기면서 자기 의사를 표현

후기는 드디어 첫 이가 나는 시기예요. 이맘 때 아기들은 스스로 배고픔을 느끼고 이를 표현하기도 해요. 때문에 후기에는 어른과 동일한 아침, 점심, 저녁 하루 세 번 이유식을 진행합니다.

후기는 모유와 분유를 선호하고 의지하던 시기를 지나 이유식을 통해 대부분의 영양소를 섭취하는 단계입니다. 하지만 여전히 이유식 먹기를 거부하는 아기도 많아요. 음식에 대한 호불호가 생기면서 간식만 먹으려는 아기도 있고, 무르거나 진밥의 식감을 싫어해 후기 이유식 대신 유아식으로 바로 넘어가는 아기도 있습니다.

따라서 이 시기에는 단순히 큐브와 큐브를 결합하는 단계에서 그치는 것이 아니라 큐브의 조화를 고려해 음식의 감칠맛을 더해야 해요. 후기 이유식은 아기의 의사표현을 바탕으로 재료와 음식에 대한 '선호도'를 파악하는 단계인 점 꼭 기억해 주세요.

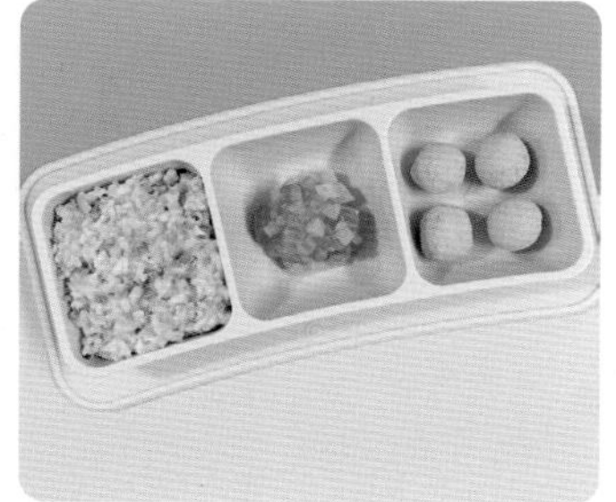

[또빵이의 후기 토핑이유식]

토핑이유식 손질 및 보관

큐브 만들기는 토핑이유식의 처음과 끝이라 해도 무방할 정도로 매우 중요한 단계예요. 이유식에 활용할 다양한 식재료를 미리 손질해 큐브 형태로 만들어 두면 이유식 단계에 맞추어 다양한 방식으로 활용할 수 있습니다.

지금부터는 크게 베이스죽과 채소, 고기(소고기, 닭고기), 생선의 큐브 손질법과 보관법에 대해 살펴볼 거예요. 사실 큐브 만들기는 막상 시작하면 정말 별 거 아닌 일인데요. 시작 전에는 막막하고 두려운 것도 사실이죠. 하지만 큐브는 매일매일 식재료를 손질하는 대신 하루 동안 세척·손질·보관까지 모두 끝내는, 오히려 엄마들의 시간과 노동력을 절약해 주는 필수 단계랍니다.

큐브 만들기를 경험한 엄마들은 이른바 '큐브 데이'라 이름 붙이고 하루에 완성한 큐브의 사진을 찍어 SNS에 자랑하며 기념하기도 해요. 우선 큐브만 만들어 두면 몇 주간은 정말 편하게 이유식을 만들 수 있으니 겁먹지 말고 즐겨봅시다!

베이스죽

베이스죽은 이유식 단계에 따라 배죽 농도만 다를 뿐, 만드는 방법과 보관 방법은 모두 동일합니다. 또빵이는 초기 이유식 단계에서 미음을 먹을 때만 냄비로 만들었고, 그 뒤

부터는 밥솥과 냄비를 함께 활용했어요. 최근 출시되는 전기밥솥은 다양한 모드가 장착되어 있기 때문에 각자 본인이 가지고 있는 모델에 따라 적합한 모드를 활용해 베이스죽을 만들어 보세요.

채소

채소는 종류를 막론하고 정말 관리가 어려운 재료죠. 매번 싱싱한 채소를 구비하는 것도 불가능한 일이고, 냉장고에 보관해도 쉽게 상해요. 그렇기에 채소야 말로 큐브로 만들어 두기 가장 적합한 재료라고 할 수 있어요.

아기들이 식사 때 먹는 양은 워낙 소량이라 매번 새로 만든다면 버려야 하는 재료의 양이 넘쳐날 수밖에 없답니다. 그러니 준비한 재료의 양에 맞춰 큐브로 만들고 냉동 보관해 사용하면 버리는 재료 없이 더욱 알뜰하게 사용할 수 있어요.

초·중기 이유식에서는 전체 재료 중 아기가 먹을 수 있는 부분이 많지 않아요. 아직 저작활동이 익숙하지 않아 가능한 부드럽고 순한 부분만 골라서 사용해야 합니다. 또 알레르기 반응을 일으킬 수 있는 씨도 제거해야 해요. 이렇게 손질한 채소는 끓는 물에 찌거나 삶은 뒤 아기가 먹을 수 있는 크기로 작게 잘라 줍니다.

큐브의 양은 초기에는 하나당 10g, 중기에는 10~15g, 후기에는 20~30g이 적당해요. 냉동 보관하는 큐브는 2주 안에 모두 소진해야 하는 점 잊지 마세요.

고기

• 소고기

아기가 6개월에 접어들면 철분이 부족해지기 시작해요. 그래서 매일 소고기를 섭취하는 것을 권장합니다. 반드시 한우를 고집할 필요는 없어요. 저는 조금 더 저렴한 호주산 소고기를 넉넉하게 사용해 챙겨줬어요.

주로 온라인(미트홀)에서 이유식용 다짐육을 구매해서 사용했는데, 이 사이트에서는 고기를 냉동 상태로 배송하기 때문에 익혀서 큐브를 만들지 않고 냉동 상태 그대로 소분해 큐브를 만들었습니다.

저처럼 냉동 상태로 보관하지 않고 미리 익혀 큐브를 만든다면 고기 덩어리는 물론 고기를 익힐 때 생기는 고기 삶은 물(=육수)도 포함해 큐브를 만들어주세요. 이렇게 하면 해동 후 별다른 조리 없이 데워서 주기만 해도 촉촉하고 감칠맛이 살아 있습니다.

소고기 권장 섭취량은 초기 5~10g, 중기 20~30g, 후기 30~40g 정도입니다. 각 단계에 필요한 만큼 소분해서 냉동 보관하고, 일주일 안으로 모두 소진해 주세요.

사실 엄마들에게서 가장 많이 받은 질문 중 하나는 '소고기를 정말 매일 먹여야 하나요? 저희 아기는 소고기를 잘 먹질 않아요'랍니다. 하지만 너무 걱정하지 마세요. 말 그대로 권장은 권장일 뿐입니다. 아기마다 성향과 식습관이 다른 게 당연해요. 철분은 다른 식재료로 채울 수 있으니 아기가 고기를 먹지 않는다고 해서 너무 스트레스 받지 마세요.

• 닭고기

닭고기는 가까운 마트에서 구매했어요. 대체로 냉장 상태이기 때문에 구매한 날 깨끗이 손질 후 소분한 뒤 큐브에 담아 냉동 보관했습니다.

닭고기를 분유물에 담가 두면 누린내를 어느 정도 제거할 수 있어요. 닭고기도 소고기와 마찬가지로 생고기 상태로 큐브 보관해도 좋고, 모두 익혀 큐브 보관할 수도 있어요. 다만 생고기 큐브는 먹일 때마다 익혀줘야 하는 번거로움이 있습니다. 그러니 큐브 보관 방법은 전적으로 엄마의 재량에 따라 선택해 주세요.

생선

생선은 주로 온라인(생선파는 언니)으로 구입했어요. 이유식용 상품은 가시 제거는 물론 큐브 형태로 냉동해 배송하기 때문에 정말 간편해요. 아기가 먹기 전에 해동한 뒤 끓는 물에 익혀 토핑으로 얹어주기만 하면 됩니다. 물론 가시 제거 작업이 완료된 상품이라고 해도 간혹 잔가시가 발견될 때도 있어요. 그래서 저는 아기에게 먹이기 전 직접 손으로 눌러 확인한 후 먹이곤 했습니다.

단, 생선은 수은과 환경호르몬이 포함되어 있을 수 있기 때문에 일주일에 두 번 이상 섭취하지 않도록 합니다.

또빵맘 TIP ①

냉동한 큐브는 꼭 하나씩 랩으로 싸서 보관해 주세요.

재료의 종류를 막론하고 큐브에 소분해서 냉동 보관했다고 끝이라고 생각하면 안돼요. 세균이 번식할 수도 있고 음식 냄새가 큐브에 배일 수도 있어요. 게다가 큐브를 꺼낼 때마다 큐브 틀의 뚜껑을 열고 닫다 보면 큐브가 오염될 확률도 높아져요.
그러니 소분을 완료한 큐브는 하루 정도 냉동실에 넣어 두고 모양을 잡은 뒤 다시 꺼내 하나씩 랩으로 싸주세요. 랩핑이 끝난 큐브는 종류별로 지퍼백에 넣고 큐브의 종류와 만든 날짜, 소진 일시를 적어두면 더 안전하고 건강하게 활용할 수 있습니다.

또빵맘 TIP ②

큐브는 직접 만드는 대신 구매도 얼마든지 가능해요.

이 모든 과정이 귀찮고 어렵게 느껴진다고요? 직접 만드는 일이 너무 부담스럽다면 인터넷에 판매하는 큐브를 구매해도 좋아요. 처음에는 구매한 큐브를 바탕으로 시작했다가, 점점 이유식 만드는 일이 손에 익숙해지면 큐브 만들기에도 하나씩 도전해 보세요. 어떤 방법이든 준비한 큐브로 꽉 채워진 냉동실만 봐도 배부른 느낌에 자꾸만 도전하고 싶어질 거예요.

월령별 섭취 가능 식재료

구분		초기이유식 (6개월)	중기이유식 (7~8개월)	후기이유식 (9~11개월)	완료기 (12개월~)
곡류	쌀	○	○	○	○
	찹쌀	○	○	○	○
	오트밀	○	○	○	○
	현미	○	○	○	○
	차조	○	○	○	○
	보리		○	○	○
	귀리		○	○	○
	퀴노아		○	○	○
	수수		○	○	○
	옥수수			○	○
	흑미			○	○
	녹미		○	○	○
	밀가루		○	○	○
콩/ 견과류	완두콩	○	○	○	○
	강낭콩	○	○	○	○
	검은콩	○	○	○	○
	밤	○	○	○	○
	참깨	○	○	○	○
	잣		○	○	○
	두부/연두부/순두부		○	○	○
	건포도			○	○
	유부		○	○	○
	두유			○	○
	땅콩			○	○
	호두			○	○
육류	소고기 (안심, 우둔, 홍두깨)	○	○	○	○
	그 외 소고기				○
	닭안심/닭가슴살	○	○	○	○
	그 외 닭고기				○
	돼지고기				○

구분		제철시기	주의사항	특징및 손질법
곡류	쌀	연중		
	찹쌀	연중		
	오트밀	연중		
	현미	연중		
	차조	9~10월		
	보리	연중	알레르기	
	귀리	9~10월	알레르기	
	퀴노아	7~9월		
	수수	9~10월		
	옥수수	7~9월	알레르기	
	흑미	9~10월		
	녹두	9~10월		
	밀가루			
콩/ 견과류	완두콩	4~6월	알레르기	중기 이유식부터 테스트해 알레르기 최소화
	강낭콩	6~7월		
	검은콩	1~11월		
	밤	9~10월		
	참깨	8~9월		
	잣	8~1월		
	두부/연두부/순두부			
	건포도	연중		
	유부			
	두유			
	땅콩	9~11월	알레르기	
	호두	연중	알레르기	
육류	소고기 (안심, 우둔, 홍두깨)			철분 보충을 위해 매일 섭취 필수
	그 외 소고기			
	닭안심/닭가슴살			
	그 외 닭고기			
	돼지고기		알레르기	기름기가 많기 때문에 돌 이후 권장, 삼겹살은 13개월 이후

구분		초기이유식 (6개월)	중기이유식 (7~8개월)	후기이유식 (9~11개월)	완료기 (12개월~)
생선류	대구	○	○	○	○
	가자미	○	○	○	○
	임연수어	○	○	○	○
	마른멸치	○	○	○	○
	황태		○	○	○
	북어			○	○
	연어		○	○	○
	갈치		○	○	○
	새우			○	○
	굴			○	○
	오징어			○	○
해조류	김	○	○	○	○
	미역		○	○	○
	다시마	○	○	○	○
	매생이		○	○	○
	파래		○	○	○
	톳			○	○
채소	애호박	○	○	○	○
	고구마	○	○	○	○
	감자	○	○	○	○
	단호박	○	○	○	○
	청경채	○	○	○	○
	비타민	○	○	○	○
	오이	○	○	○	○
	브로콜리/콜리플라워	○	○	○	○
	양배추/적양배추	○	○	○	○
	무	○	○	○	○
	당근		○	○	○
	시금치		○	○	○
	배추		○	○	○
	양파		○	○	○
	연근		○	○	○
	버섯		○	○	○
	비트		○	○	○
	근대		○	○	○
	콜라비		○	○	○
	아욱		○	○	○
	콩나물			○	○
	숙주나물			○	○
	가지			○	○
	아스파라거스			○	○
	파프리카/피망				○
	토마토/방울토마토				○
	부추				○

구분		제철시기	주의사항	특징 및 손질법
생선류	대구	연중		
	가자미	10~12월		
	임연수어	3~5월		
	마른멸치	3~11월		
	황태	3~3월		
	북어	1~3월		
	연어	9~10월		
	갈치	7~10월		
	새우	9~12월	알레르기	
	굴	9~12월		
	오징어	7~11월		
해조류	김	연중		초·중기 이유식 때는 물에 불려주기
	미역	연중		물에 담가 소금기 빼주기
	다시마	7~9월		잘게 자르거나 찢어서 사용
	매생이	11월~5월		건조 매생이 추천
	파래	12~2월		
	톳	3~5월		꼼꼼한 손질 필수
채소	애호박	3~10월		초기 이유식에는 껍질과 씨를 제거하고 부드러워질 때까지 가열
	고구마	8~10월		
	감자	6~9월		손질 후 물에 담가 전분기 제거
	단호박	연중		전자레인지 가열, 단맛 포인트로 활용
	청경채	연중		
	비타민	연중		
	오이	4~7월		뻣뻣한 껍질을 벗기고 조리
	브로콜리/콜리플라워	10~12월		데치거나 찌기
	양배추/적양배추	3~6월		섬유질이 많아서 부드러워질 때까지 가열하고 잘라주기
	무	10~12월		껍질을 두껍게 깎아내고 조리, 단맛이 있는 초록색 부위를 사용
	당근	9~11월	빠른 섭취	삶아서 부드럽게 먹이기
	시금치	7~10월	빠른 섭취	보관이 오래될수록 철분 흡수를 방해
	배추	11~12월	빠른 섭취	섬유질이 많아서 부드러워질 때까지 가열하고 잘라주기
	양파	7~9월		매운맛이 강할 땐 물에 담가두기
	연근	10~3월		부드러워질 때까지 충분히 가열
	버섯	연중		잘게 다져주는 게 중요
	비트	3~6월		손질이나 조리 시에 색 오염이 심하므로 종이호일 깔기
	근대	7~8월		
	콜라비	연중		
	아욱	7~8월		치대면서 씻어야 쓴맛이 사라짐
	콩나물	연중		콩 머리, 뿌리 제거
	숙주나물	연중		뿌리 제거
	가지	4~8월	빠른 섭취	
	아스파라거스	4~5월		미니 아스파라거스 사용, 혹은 껍질을 벗겨 부드럽게 섭취
	파프리카/피망	5~7월		향에 예민하다면 돌 이후 권장
	토마토/방울토마토	7~9월	알레르기	중기부터 가능, 껍질과 씨 제거 후 익혀서 제공
	부추	3~9월		향에 예민하다면 돌 이후 권장

월령별 섭취 가능 식재료

구분		초기이유식 (6개월)	중기이유식 (7~8개월)	후기이유식 (9~11개월)	완료기 (12개월~)
과일	사과	○	○	○	○
	배	○	○	○	○
	바나나	○	○	○	○
	수박	○	○	○	○
	자두	○	○	○	○
	참외		○	○	○
	귤		○	○	○
	아보카도		○	○	○
	멜론		○	○	○
	블루베리			○	○
	홍시			○	○
	포도			○	○
	감				○
	망고				○
	오렌지				○
	키위				○
	석류				○
	딸기				○
	복숭아				○
	파인애플				○
유제품	아기치즈		○	○	○
	요구르트		○	○	○
	노른자		○	○	○
	메추리알			○	○
	버터				○
	생크림				○
	생우유				○
양념류	참기름	○	○	○	○
	들기름	○	○	○	○
	식용유	○	○	○	○
	올리브유	○	○	○	○

구분		제철시기	주의사항	특징 및 손질법
과일	사과	10~12월	익힐 경우 변비	
	배	9~11월	많이 먹으면 변비	
	바나나	연중	껍질 반점이 익었을 때 먹기	
	수박	78월	알레르기	미지근한 온도로 제공
	자두	7~8월		신 맛 적은 것으로 선택
	참외	6~8월		씨 제거
	귤	9~12월		하얀 속껍질 제거
	아보카도	연중		지방이 많으므로 소량 제공
	멜론	7~10월	알레르기	
	블루베리	7~9월		하루 20개 이하 권장
	홍시	10~11월	변비 주의	
	포도	7~8월		씨 주의, 목에 걸리지 않게 잘라서 제공
	감	9~11월	변비 주의	
	망고	5~10월	알레르기	
	오렌지	6~10월	알레르기	
	키위	5~8월	알레르기	털 있는 과일은 돌 이후에도 주의 요망
	석류	9~12월		과량 섭취 시 성조숙증 유발
	딸기	1~5월	알레르기	털 있는 과일은 돌 이후에도 주의 요망
	복숭아	6~8월	알레르기	
	파인애플	3~9월		
유제품	아기치즈			나트륨 포함
	요구르트			
	달걀노른자		알레르기	최근 초기 이유식부터 사용하는 추세
	메추리알			
	버터			무염버터 사용
	생크림			
	생우유			돌 이후 권장
양념류	참기름			
	들기름			
	식용유			
	올리브유			

재료별 궁합

구분		GOOD	BAD
채소	고구마	밤, 감자, 브로콜리, 양배추, 당근, 비트, 사과	땅콩, 소고기
	감자	고구마, 애호박, 양송이버섯, 치즈, 우유	흰살생선, 사과, 바나나, 파인애플, 우유
	단호박	현미, 양파, 계란	당근
	오이	배, 계란	땅콩, 무, 당근
	브로콜리/ 콜리플라워	호두, 고구마, 양파, 치즈	두부, 멸치, 근대
	양배추/ 적양배추	호두, 흰살생선, 고구마, 브로콜리, 양파, 사과, 파인애플, 우유, 치즈	두부, 멸치, 당근, 근대
	당근	고구마, 감자, 시금치, 양파, 계란	오이, 양배추, 무
	시금치	참깨, 당근, 양파, 사과, 바나나, 계란, 우유, 두유	두부, 멸치, 근대
	양파	단호박, 양배추, 당근, 시금치, 콩나물, 사과, 치즈	
	표고	멸치, 소고기, 닭고기, 돼지고기	
	팽이	소고기	
	양송이	감자, 계란	
	토마토/ 방울토마토	계란	

구분		GOOD	BAD
육류	소고기	애호박, 비타민, 브로콜리, 양배추, 무, 당근, 시금치, 표고버섯, 팽이버섯, 아욱, 콩나물, 두부, 배, 키위	밤, 고구마, 부추
	닭안심/닭가슴살	밤, 고구마, 단호박, 청경채, 브로콜리, 당근, 시금치, 표고버섯, 비트, 부추, 키위	검은깨, 자두
	돼지고기	감자, 무, 양파, 표고버섯, 부추, 사과, 키위, 메추리알, 마늘	버터
생선류	흰살생선	완두콩, 두부, 브로콜리, 양배추, 무, 당근, 양파, 노른자	옥수수
	멸치	연어, 표고버섯, 노른자, 우유	시금치
	게살	브로콜리, 파프리카	양배추, 무
과일	사과	고구마, 양배추, 양파, 바나나	
	바나나	단호박, 아보카도, 파인애플, 우유	
유제품	계란	미역, 단호박, 애호박, 청경채, 오이, 당근, 시금치, 토마토	감
	두부	흰살생선, 김, 미역, 비타민	시금치
	우유	고구마, 감자, 단호박, 양배추, 시금치, 양파, 토마토, 옥수수, 딸기	
	치즈	감자, 단호박, 브로콜리, 양파	콩

토핑이유식 준비물

이유식을 시작하면 '제2의 혼수 장만'이라고 부를 만큼 다양한 이유식 관련 용품을 구매하게 됩니다. 그만큼 종류도 다양하고 이른바 국민템이라고 불리는 추천 용품이 정말 많아요.

저는 이토록 드넓은 정보의 바다 속에서 우리 아기에게 꼭 맞는 제품을 선택하는 일이 너무 어렵더라고요. 그래서 첫째 때는 무조건 사람들이 추천하는 거라면 죄다 구매했어요. 그렇게 제 기준 없이 남들 따라 구매하다 보니 결국 몇 번 쓰지도 않고 처박아 두는 용품이 넘쳐났습니다.

그러니 사람들이 추천한다고 해서, 또 이유식 준비물 리스트에 있다고 해서 모두 구매해야 한다는 생각은 버리세요. 자기에게 맞는 제품으로, 소신껏 선택해서 구매하는 게 제일입니다.

또빵이 때는 첫째 때 사용하던 것을 그대로 사용하는 경우도 있고, 또 새로 구매할 때는 얼마나 많이, 자주 사용할 것인지 활용도에 중점을 두고 구매했습니다. 지금부터 소개하는 제품은 나름의 시행착오를 거쳐 정착한 아이템들이니 참고해 나에게 꼭 필요한 제품들이 무엇인지 잘 살펴보세요. 결코 모두 갖추어야 할 필요가 없다는 점, 다시 한번 강조합니다!

아기 준비물

이유식 보관 용기

초반에 너무 작은 크기의 용기를 구매하면 이유식 단계가 높아질수록 활용도가 떨어져요. 초기부터 후기까지 모두 사용 가능한 넉넉한 크기를 골라 구매합니다.

무엇보다 전자레인지 사용 가능한 제품인지 꼭 확인해야 합니다. 또 열탕 소독이 가능한 제품으로 구매해 주세요. 주로 베이스 죽을 담아 보관하기 때문에 한 끼씩 소분해 담는 크기(80~230ml)면 적당합니다.

이유식 용기는 락앤락과 푸고 제품을 사용했어요. 푸고는 최대 250ml까지 담을 수 있어 유아식 반찬이나 국 보관도 가능해 오래 사용할 수 있습니다.

자기주도 이유식용 식판

뜨거운 이유식을 식히기도 편하고, 아기 스스로 먹기에도 편리한 넓적한 식판이 좋아요.

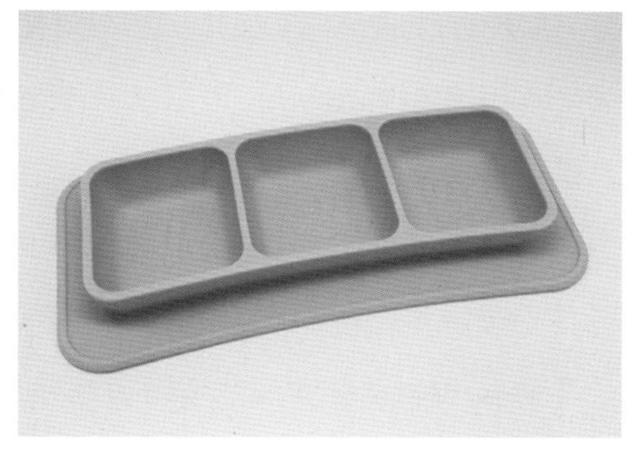

자기주도 식사를 진행하면 아기가 그릇을 움직이거나 밀어내는 경우도 많아 미끄럼 방지나 흡착 기능이 있는 제품을 선택해야 합니다. 그래야 유아식까지 계속 사용할 수 있습니다.

토핑이유식은 토핑마다 따로 담아내야 하기 때문에 섞이지 않도록 칸 구분이 있는 게 좋고, 어느 정도 높이도 있어야 흘러내리지 않아요.

저는 주로 세 칸으로 나눠져 있는 알렉사 미니플레이트를 사용했는데, 베이스죽과 토핑 두 개만을 담을 수 있는 구성이라 식판을 채워야 한다는 부담이 적더라고요. 다른 흡착 식판과는 다르게 직사각형 형태라 아기가 손을 뻗어 먹더라도 옷에 이유식이 묻어나지 않아서 더욱 좋았습니다.

큐브 틀

토핑이유식의 가장 기본 아이템이라고 할 수 있는 큐브 틀은 정말 여러 제품을 써봤는데요. 그만큼 종류도 많고 큐브마다 특징이 제각각이더라고요.

수많은 시행착오 끝에 깨달은 점은 큐브 틀을 구매할 때는 첫째로 우수한 밀폐력을 가진 제품, 둘째로 토핑을 큐브에서 쉽게 빼낼 수 있는 제품을 골라야 한다는 거예요!

식재료를 한 번에 손질한 뒤 냉동 보관하는 만큼 큐브에 다른 음식물 냄새가 배지 않고, 세균이 번식하지 않는 큐브를 선택하는 것이 중요해요. 따라서 그만큼 우수한 밀폐력을 가지고 있어야 합니다. 또 큐브가 한 번에 쏙 빠져야 식재료가 부서지지 않고 깔끔하게 분리될 수 있어요. 큐브 틀은 기본적으로 실리콘으로 된 것을 사용합니다.

너무 작은 용량보다는 중간 용량이 더 실용적이에요. 고기나 채소는 보통 30g씩 보관하기 때문에 30~40ml 이상 용량의 틀이 토핑 보관용으로 적절합니다. 90ml 이상 대용량 큐브 틀은 베이스죽 보관용으로 활용하기 좋아요. 저는 홍스파파 제품을 가장 잘 썼는데요. 30ml짜리 4개, 90ml짜리 3개를 구비해 두고 사용하고 있습니다.

이유식 턱받이

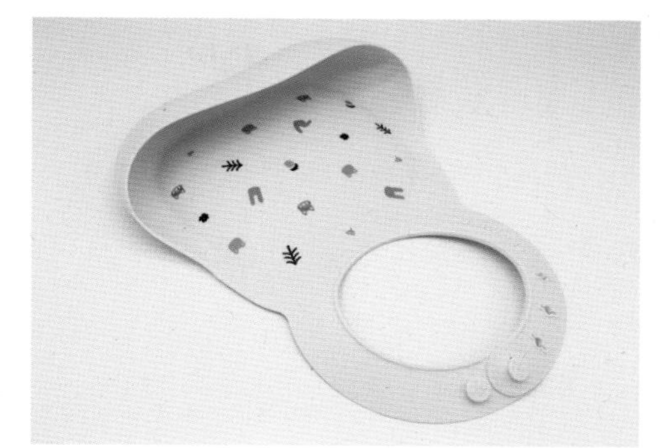

턱받이는 사실 있어도 그만, 없어도 그만인 제품이에요. 저희는 첫째 빵야, 둘째 또빵이 모두 턱받이 하는 걸 무척 싫어했어요. 얇은 비닐부터 실리콘까지 다양한 재질의 턱받이를 시도해 봤지만 모두 실패했답니다. 아기마다 성향이 다르기 때문에 턱받이는 엄마 마음에 드는 걸로 사서 쓰는 게 제일이에요.

비닐 재질의 턱받이는 가볍지만 흘리는 음식물을 담아내지 못해서 옷에 묻는 것을 방지하는 정도의 역할만 해요. 실리콘으로 된 턱받이는 주머니 같은 공간이 있기 때문에 음식물이 흘러도 턱받이 안으로 떨어져서 훨씬 깔끔해요. 하지만 그만큼 무거워서 아기가 거부하는 경우가 많고, 목이 아픈지 계속 뜯어 내기도 합니다.

어차피 이유식을 먹을 땐 옷이며 얼굴에 묻는 게 당연합니다. 그러니 턱받이를 맹신하기보다 엄마의 수고로움을 덜어주는 도구 정도로 생각해 주세요.

이유식 스푼

이유식 스푼은 가장 인기 좋은, 말그대로 '국민템'인 제품을 고르세요. 스푼만큼은 국민템을 믿으셔도 좋습니다.

또빵이도 가장 유명한 릿첼 제품을 사용했어요. 이 제품은 스푼 케이스를 포함해 초기·중기용이 한 세트로 구성되어 있는데 초기 이유식용은 말랑한 편이고 중기 이유식용은 조금 더 딱딱한 재질입니다.

중·후기 단계에 들어서면 아기들이 스푼을 치발기처럼 씹기 시작하는데요. 이때는 스푼에 자국이 남지 않도록 딱딱한 제품을 사용해요. 저는 디자인앤쿠 애니멀스푼을 가장 많이 사용했는데 이 제품의 경우 케이스와 스푼 구성으로, 스푼이 하나뿐이라 추가로 스푼을 하나 더 구입하는 것을 추천해요.

중기부터는 스푼과 친해질 수 있도록 식사 시간에 아기용 스푼을 따로 챙겨줘요. 아기가 직접 손으로 스푼을 쥐고 자기주도 식사를 연습할 수 있도록 도와주세요.

범보 의자

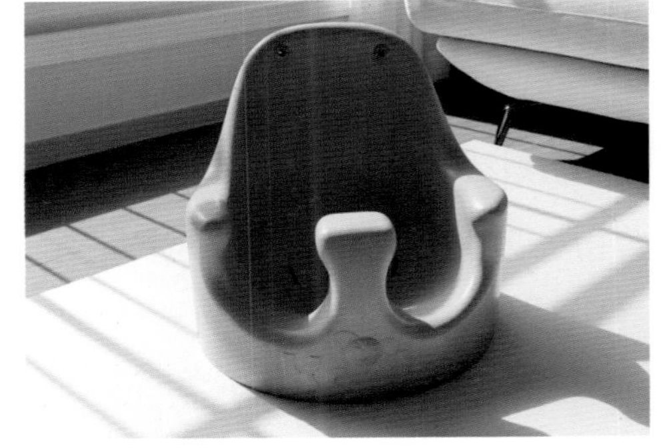

초기 이유식 때는 아기 스스로 의자에 앉아 있는 게 매우 힘들어요. 그러니 등받이가 높고 푹신한 재질의 의자를 골라야 합니다. 범보 의자는 대부분 탈부착이 가능한 트레이를 포함하고 있어서 아기가 앞으로 기울어 넘어지는 걸 예방할 수 있어요.

식탁 의자

식탁 의자는 정말 종류도 많고 가격대도 천차만별인 제품 중 하나죠. 첫째 때는 쿠션이 포함된 제품을 사용했는데, 아기가 흘린 음식물을 매일 닦아내다 보니 금세 헤지고 쿠션 틈새에 음식물이 끼어 청소하기 너무 힘들었어요. 그래서 또빵이는 미음 섭취 시기까지는 범보의자에서 진행했고, 그 이후부터는 이케아 안틸로프 하이체어와 퍼기 하이체어를 사용했습니다.

이케아 안틸로프는 쿠션이 없어서 딱딱

하지만 에어쿠션을 추가 구매하면 등받이로도 활용 가능하고, 또 튜브 형태라 아기 발육 상태에 따라 크기를 조절할 수 있다는 장점이 있습니다. 무엇보다 의자 사이에 틈이 적고 플라스틱 재질로 만들어져 청소가 쉽다는 것이 가장 큰 장점이에요. 퍼기 하이체어는 아기 성장에 따른 조절이 가능해 최대 7살까지 사용할 수 있어요.

조리도구

이유식 냄비

이유식 시작과 동시에 가장 먼저 구매해야 하는, 그만큼 가장 손이 많이 가는 도구 중 하나예요.

이유식은 양이 매우 적기 때문에 큰 냄비보다는 이유식용으로 나온 미니 냄비가 적당합니다. 또 이유식을 만들며 바닥에 눌어붙지 않도록 수시로 저어줘야 하기 때문에 손잡이가 길게 달린 형태가 좋아요.

첫째 때는 스테인리스 냄비를 사용했는데 사실 스테인레스 냄비의 장점을 크게 느끼지 못했어요. 그러니 엄마가 사용했을 때 더 편리한 제품으로 선택하면 돼요. 기존에 미니 냄비가 있다면 굳이 새로 살 필요 없이 기존 것을 사용해도 좋습니다. 다만 이유식 양을 가늠할 수 있는 눈금이 표시된 것, 또 이유식을 쉽게 옮겨 담을 수 있도록 주둥이가 있는 제품이 더 편리합니다.

계량 저울

계량 저울은 하나 사두면 정말 오래 사용할 수 있어요. 저울은 기능이나 성능이 거의 비슷하기 때문에 엄마의 취향이나 가격 등을 고려해 선택하면 됩니다. 저는 벨라쿠진 제품을 사용하는데요. g과 ml로 변환하여 측정이 가능하다는 점이 무척 편리해요. 최대 중량은 1kg지만 이유식에서 이 무게를 넘는 일은 거의 없어서 이유식용으로 사용하기에 무리 없습니다.

칼과 도마

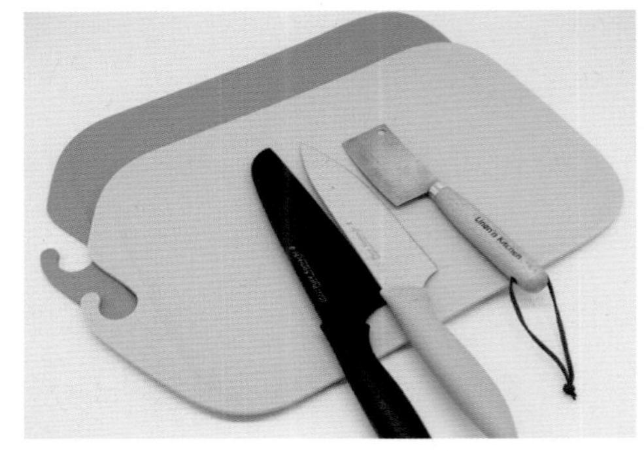

도마는 위생을 위해 육류용, 채소용으로 따로 구분해 사용하는 게 좋아요. 저는 네 개 도마로 구성된 모도리 도마를 구매해서 두 개는 일반식, 두 개는 이유식용으로 사용했어요.

칼 역시 위생을 위해 채소용과 육류용을 따로 구분했습니다. 저는 퓨어코마치 제품을 사용했는데요. 디자인도 예쁘고 가벼워서 쓰기 편리하더라고요.

마지막으로 구매한 제품은 모던하우스 손도끼 미니 치즈나이프인데 간식 만들거나 소량의 채소를 다질 때 유용해서 추천하는 제품입니다 .

거름망(체)

이유식은 물론 간식을 만들 때도 다양하게 활용 가능합니다. 초기 이유식 때는 베이스 죽도 체에 걸러 고운 입자의 미음을 만들어야 하기 때문에 반드시 필요한 제품이기도 해요.

큐브를 활용한 간식을 만들 때 재료의 양이 너무 소량이면 믹서기에 잘 갈리지 않아요. 그때는 체를 활용해 으깨줄 때가 많아요. 국물 요리의 건더기를 건져낼 때나 된장을 풀 때 등 이유식이 끝나도 활용도가 높은 만능 제품이니 구매하시기를 추천해요.

멀티스푼 + 스파출라

손잡이가 긴 제품으로 고르세요. 초기 이유식에서 미음을 만들 때는 내용물을 계속 저어줘야 하기 때문에 손잡이가 짧으면 너무 뜨거워서 힘들어요.

스파출라는 초기 이유식 미음, 멀티 스푼은 프라이팬에서 토핑을 해동하거나 이유식 용기에 옮길 때 주로 사용했어요. 이 제품들은 세트 상품을 사는 게 실용적이에요.

매셔 + 찜기

매셔는 주로 이유식 간식을 만들 때 사용합니다. 삶은 감자나 고구마, 단호박과 두부 등을 으깰 때 유용해요. 숟가락보다 훨씬 쉽게 한 번에 많은 양을 으깨기 때문에 요리 시간을 단축해 주는 고마운 존재이기도 해요.

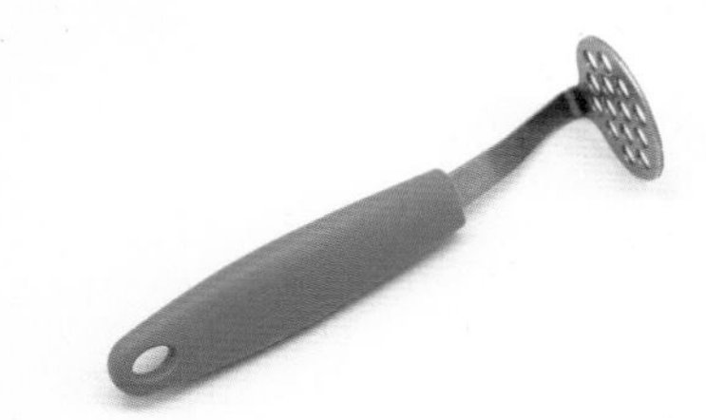

찜기는 채소를 익힐 때 자주 사용하는데 저는 이유식용으로 따로 구매하지는 않았어

요. 최근에는 전자레인지에 돌려도 무방한 실리콘 찜기도 많이 사용하니 구매 전 비교해 보세요.

믹서기+초퍼

이유식에서는 거의 모든 재료를 다지고 갈아야 하기 때문에 손목을 보호할 수 있는 제품으로 무엇이든 꼭! 구매해야 해요.

저는 믹서기도 써보고, 초퍼도 써봤는데 믹서기는 재료 양이 너무 적으면 잘 갈리지 않아 불편하고 또 믹서기에 포함된 다지기 기능은 거의 사용하지 않게 되더라고요. 어떤 제품이 되었든 이유식의 시기를 불문하고 재료를 다지는 일이 무척 많기 때문에 자신에게 잘 맞는 제품으로 구매합니다.

믹서기는 뜨거운 재료를 바로 넣고 갈면 터질 위험이 있어요. 그러니 익힌 재료를 갈 때는 꼭 한 김 식혀서 사용해야 합니다. 이유식은 사용하는 재료의 양이 매우 적기 때문에 미니 사이즈로 구매하는 편이 좋아요.

PART 1

베이스죽 만들기

초기(생후 6개월)

미음(10배죽)
↓
9배죽

중기 1단계(생후 7개월)

8배죽
↓
6배죽

중기 2단계(생후 8개월)

5배죽
↓
4배죽

후기(생후 9개월~11개월)

4배죽
↓
무른밥

베이스죽 만들기

지금부터는 토핑이유식의 기본이자 식단의 '밥'에 해당하는 베이스죽 만드는 방법을 소개합니다. 베이스죽 하나만 잘 만들어도 이유식 준비가 훨씬 간편하고 든든해요. 베이스죽도 다른 토핑 큐브와 동일하게 어느 정도 양을 미리 만들어 두고 냉동 보관했다가 식사 시간에 맞춰 데워주면 됩니다.

배죽이란?

토핑이유식뿐만 아니라 이유식을 만들겠다 마음먹고 조금이라도 정보를 찾아본 엄마들이라면 모두 배죽이라는 단어를 들어봤을 거예요. 배죽이라니, 이 생소한 개념은 무엇이고 도대체 우리 아이 이유식에 어떻게 적용해야 할지 복잡하고 막막한 것도 사실이죠.

그런데 사실 배죽의 개념은 어려운 것이 아니에요. 쉽게 말해 쌀 분량의 배로 물을 넣는다고 생각하면 돼요. 만약 쌀 15g으로 10배죽을 만든다면 150ml의 물이 필요합니다.

배죽
쌀 분량의 배로 물의 양을 맞추는 방식

이유식이 낯선 엄마들은 배죽을 맞춰야 한다는 걱정에 이유식 포기까지 고민하는데, 그런 생각일랑 마세요! 특히 토핑이유식에서는 배죽의 의미가 크지 않습니다!

베이스죽 큐브를 해동할 때 질감이 너무 되직하면 물을 추가해 데워주면 되고, 반대로 너무 묽다면 한 번 더 끓여 농도를 맞출 수 있어요. 그러니 나에게 맞는 쉬운 방법을 선택해 마음 편히, 부담 없이 이유식에 도전하세요.

베이스죽을 만들어봅시다

지금부터는 이유식 초기, 중기 1·2단계, 후기까지 각 단계에 맞는 베이스죽 만드는 법을 자세히 소개합니다. 이유식 단계에 알맞은 재료는 무엇인지 알아보고, 가장 쉽고 맛있게 베이스죽을 완성하는 방식을 알려드려요.

어른들도 맛있는 밥 한 그릇이면 식사 걱정 끝이라는 이야기를 할 만큼 밥맛은 한국인의 밥상에서 빼놓을 수 없는 중요한 요소잖아요. 맛있는 베이스죽으로 우리 아기들에게 맛있는 밥맛의 매력을 선보입시다.

초기
(생후 6개월)

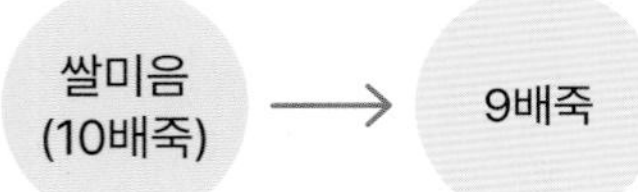

이유식 초기에는 쌀미음으로 간단한 테스트를 거친 뒤 쌀과 찹쌀, 오트밀 등을 활용해 베이스죽을 만듭니다.

쌀미음은 10배죽으로 묽은 수프 정도의 농도예요. 아기가 쌀알의 입자에 익숙해지고 씹는 활동을 연습해 나가면서, 초기 이유식은 거의 9배죽으로 진행해요. 속도가 빠른 아기들은 중기로 넘어가기 직전 7배죽까지 가능합니다.

쌀가루 초기 베이스죽을 만들 때는 주로 쌀가루를 사용합니다. 이때 아기들은 이도 나지 않은 상태고, 또 씹는 활동 자체가 어색하기 때문에 최대한 부드러운 형태로 만들어 줘야 해요. 쌀가루로 베이스죽을 만드는 경우 물의 양을 불린 쌀 기준 2배로 맞추면 적당해요.

쌀 쌀은 충분히 불려 부드럽게 만든 뒤 믹서기에 갈아서 베이스죽을 만들어요. 그래서 쌀을 이용하면 결국 일을 두 번 하는 셈이에요. 게다가 불린 쌀은 총량을 가늠하기가 어려워서 배죽 계산에 애를 먹을 때도 있습니다. 저는 생쌀을 20~30분 불렸을 때 생쌀 무게에서 10~20g 정도 늘어난다고 계산했어요.

9배죽 베이스죽 큐브 6개
(각 40g)

=

쌀가루 20g + 물 360ml

쌀 30g (30분 불린 후 40g) + 물 360ml

냄비 초기에는 모든 베이스죽을 냄비를 활용해 만들어요. 베이스죽 재료를 물과 함께 냄비에서 끓여 완성하는 방식입니다. 더 자세한 조리 방법은 뒷장에 소개해 두었으니 참고해 주세요. 끓이는 시간이나 화력 등에 따라 완성된 베이스죽의 총량은 달라질 수 있습니다.

쌀미음

본격적인 이유식 시작 전 테스트하는 단계예요. 아기의 상태에 따라 미음 단계는 생략하고 바로 9배죽으로 진행할 수도 있어요. 미음은 10배죽으로, 쌀가루를 물에 넣고 끓이기만 하면 완성이기 때문에 매우 빠른 시간 내에 만들 수 있으며 물처럼 흐르는 식감이면 완성입니다. 정확한 배죽 계산은 옆에 자세히 소개해 두었으니 참고해 주세요.

재료 토핑 큐브 3개(각 60g) 

☐ 쌀가루 15g ☐ 물 360ml

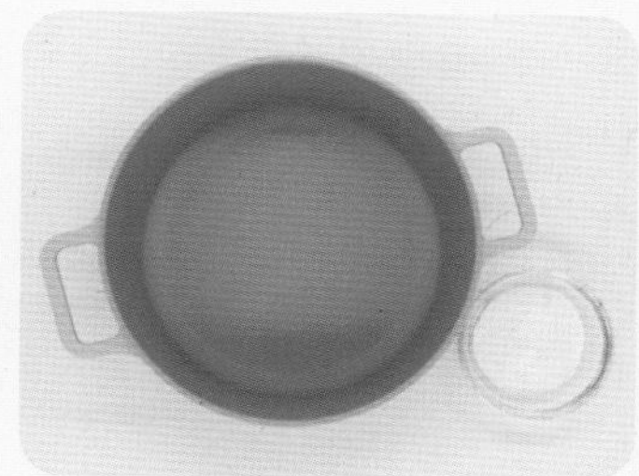

1 찬물 300ml를 채운 냄비와 쌀가루 15g을 준비합니다. 뜨거운 물에 쌀가루를 풀면 쉽게 뭉칠 수 있으니 꼭 찬물로 준비해 주세요.

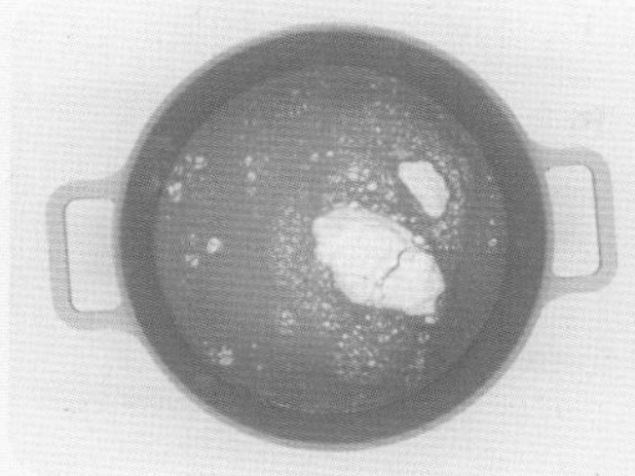

2 쌀가루 15g을 넣고 쌀가루가 곱게 풀릴 때까지 천천히 저어주세요.

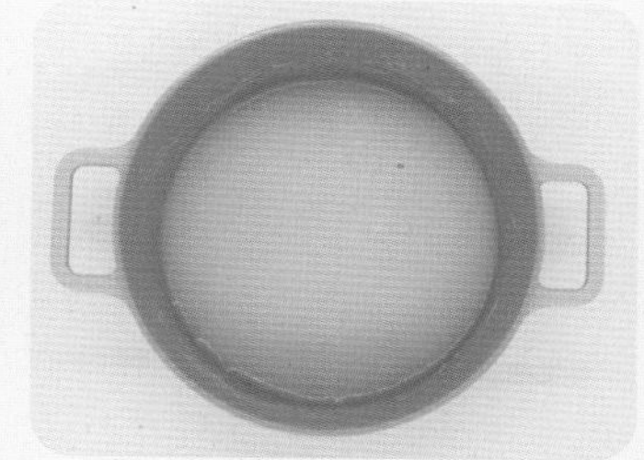

3 냄비를 센불에 올리고 끓여주세요. 미음이 한번 끓어오르면 약불로 줄인 뒤 5분간 더 끓입니다. 쌀가루가 눌어붙지 않도록 계속 저어주세요.

4 미음이 주르륵 흘러내리는 농도가 되면 불을 끕니다.

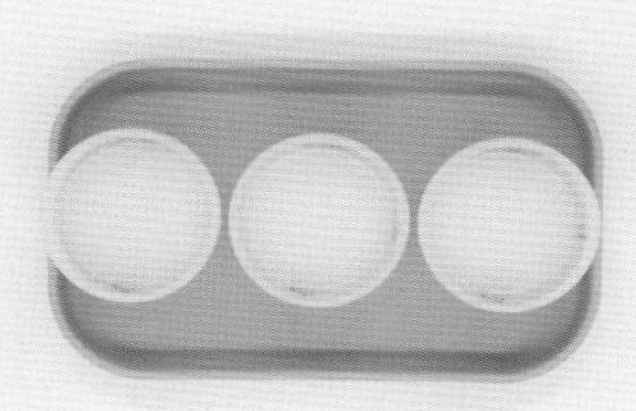

5 완성한 쌀미음을 보관 용기에 옮겨 담고 한 김 식힌 후 냉장 보관합니다. 3회 분량이라 냉동 보관하지 않아도 괜찮아요.

쌀죽

진짜 베이스죽을 시작하는 단계입니다. 베이스 쌀죽은 한 번에 1주(6일) 분량을 만든 뒤 냉동 보관해 두고 이유식을 먹기 전날 냉장고로 옮겨 해동한 다음 전자레인지에 데워주거나 중탕해서 식사를 준비해요. 아기가 처음 만든 쌀죽 큐브를 거부 없이 잘 먹었다면 그다음 큐브를 만들 때는 다른 잡곡을 추가하거나 전체 양을 늘려서 만듭니다.

재료 토핑 큐브 6개(각 40g) 

☐ 쌀가루 20g ☐ 물 360ml

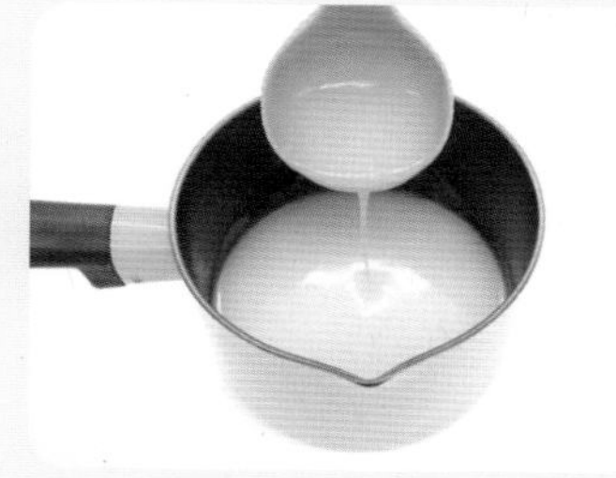

1 찬물 360ml를 채운 냄비에 쌀가루 20g을 넣고 곱게 풀릴 때까지 천천히 저어주세요.

2 쌀가루가 잘 풀렸다면 냄비를 센 불에 올리고 끓여줍니다. 한 번 끓어오르면 약불로 줄이고 5분간 더 끓입니다. 쌀죽이 눌어붙지 않도록 계속 저어주세요.

3 죽을 떴을 때 찰기가 살아 있는 수프 정도의 농도가 되면 불을 끕니다.

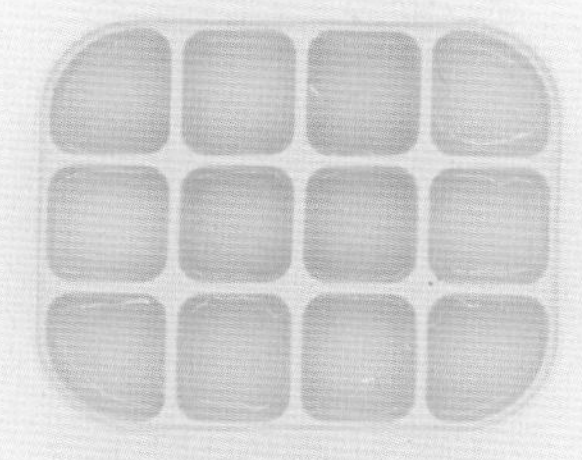

4 큐브 틀에 쌀죽을 넣고 냉동 보관합니다.

- 이유식을 처음 시작할 때는 아기가 먹는 양보다 흘리는 양이 더 많고, 또 처음 접하는 되직한 쌀죽의 식감 때문에 변비가 생기는 경우가 종종 있습니다. 엄마와 아기 모두 연습하는 시기라고 생각하고 처음부터 너무 많은 양을 만들기보다는 쌀죽 만드는 방법을 손에 익히는 데 집중하세요.
- 두 번째 쌀죽 큐브를 만들 때 잡곡을 추가한다면 쌀죽 20g+잡곡 20g의 비율로 섞어주세요. 돌 전까지 쌀과 잡곡의 비율은 최대 5:5입니다. 현미, 보리, 밀가루 등을 활용할 수 있어요.

찹쌀죽

찹쌀은 위벽을 보호하고 소화를 돕는 데다가, 찹쌀에 포함된 풍부한 식이섬유가 장내 활동을 촉진해 장을 튼튼하게 만들어요. 그래서 쌀죽 이후에 처음 잡곡류로 진행하는 베이스죽 재료로 찹쌀을 선택했습니다. 찹쌀은 자주 먹는 식재료가 아니기 때문에 찹쌀가루를 사용해 베이스죽을 만드는 게 더욱 효율적이에요.

재료 토핑 큐브 9개(각 20g) 

☐ 찹쌀가루 15g ☐ 물 270ml

1 찬물 270ml를 채운 냄비에 찹쌀가루 15g을 넣고 곱게 풀릴 때까지 천천히 저어주세요.

2 찹쌀가루가 잘 풀렸다면 냄비를 센불에 올리고 끓여줍니다. 한 번 끓어오르면 약불로 줄이고 5분간 더 끓입니다. 찹쌀죽이 눌어붙지 않도록 계속 저어주세요.

3 찹쌀죽을 펐을 때 주르륵 흘러내리는 수프 농도가 되면 불을 끕니다.

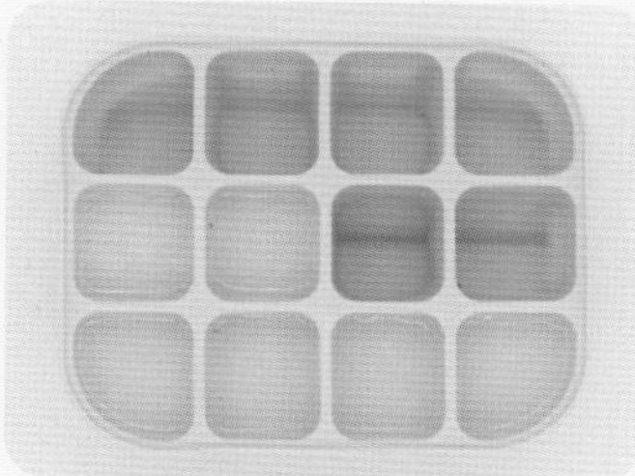

4 큐브 틀에 찹쌀죽을 넣고 냉동 보관합니다.

오트밀죽

오트밀죽도 다른 베이스죽과 만드는 방법은 동일해요. 다만 시중에 파는 오트밀 중에는 첨가물이 들어간 것도 있으니 꼭 성분을 확인하고 100% 오트밀로 구매하세요. 입자가 작은 퀵롤드오트밀(귀리를 자르지 않고 가열하여 눌러서 만든 제품)은 물을 넣고 전자레인지에 돌려주기만 하면 죽이 완성되니 이유식이 진행될수록 손이 자주 갈 재료이기도 합니다.

재료 토핑 큐브 12개(각 20g) 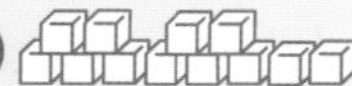

☐ 오트밀 40g ☐ 물 360ml

1 물 30ml와 오트밀 40g을 믹서기에 넣고 갈아주세요.

2 갈린 오트밀 가루와 남은 물 330ml를 냄비에 넣고 센불에 올려 끓여 줍니다.

3 오트밀죽이 한번 끓어오르면 약불로 줄이고 5분간 더 끓입니다. 오트밀죽이 눌어붙지 않도록 계속 저어주세요. 농도가 너무 되직하다면 물을 추가해도 괜찮아요.

4 오트밀죽을 펐을 때 되직한 농도가 되면 불을 끕니다.

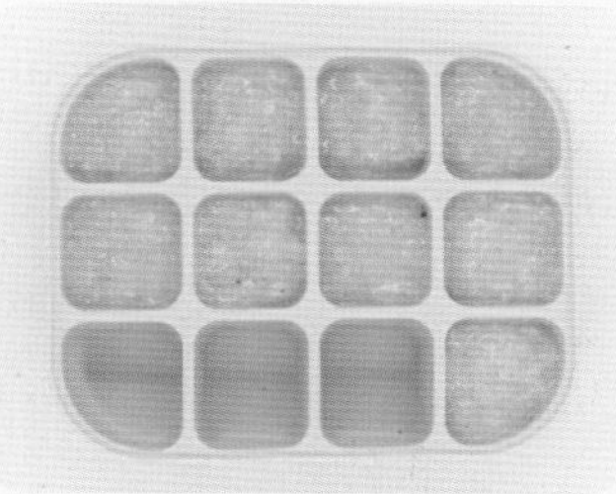

5 큐브 틀에 오트밀죽을 넣고 냉동 보관합니다.

냉동 보관했던 오트밀죽을 해동하면 처음 만들었을 때보다 농도가 더 되직해졌다고 느낄 수도 있어요. 이때는 아기가 먹기 적당한 농도로 물이나 분유를 추가해 데우면 알맞은 농도를 맞출 수 있어요.

중기 1단계
(생후 7개월)

중기 이유식은 1, 2단계로 나누고, 베이스죽의 농도도 각 시기에 맞추어 진행합니다. 중기 1단계는 보통 8배죽에 맞추어 진행해요.

이 시기 아기들은 첫 이가 나기 시작하죠. 이때는 스스로 오물거리는 훈련을 하는 것이 가장 중요하기 때문에 이유식의 농도가 지나치게 묽어서는 안 돼요. 만약 이가 나지 않은 상태라고 하더라도 기본적으로 잇몸으로 부드럽게 으깰 수 있는 두부 정도의 질감으로 맞춰주세요.

중기부터는 이유식을 하루에 두 번 먹어요. 그래서 베이스죽도 반드시 큐브로 만들어 냉동 보관해야 지치지 않고 편리하게 이유식을 진행할 수 있어요. 저는 평균 일주일(6일)을 기준으로 한 번에 12개 큐브를 만드는 것을 목표로 했습니다.

밥 중기 1단계 베이스죽을 만들 때 재료는 무엇을 사용할까요? 바로 밥입니다! 저는 이 방법을 정말 강력 추천해요. 만드는 법도 쉽고, 시간도 적게 걸리고, 무엇보다 간편합니다!

밥은 이미 수분을 머금고 있는 상태죠. 밥 100g이 불린 쌀 50g과 비슷한 양이라고 생각하고 물의 양을 조절해 주세요. 중기 1단계에서는 쌀의 입자를 밥알의 1/3 크기로 진행해 주세요.

=

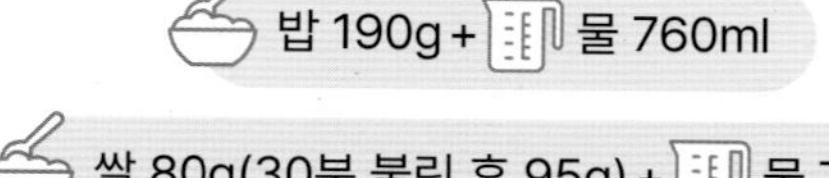

쌀 80g(30분 불린 후 95g) + 물 760ml

냄비 밥을 활용해 베이스죽을 만드는 방법은 초기 때 쌀죽을 만든 방법과 동일합니다. 다만 중기에 접어든 만큼 배죽만 조절해 주세요. 하지만 앞서 설명했듯 물의 양에 너무 스트레스 받을 필요는 없습니다. 냄비에서 끓이는 동안 농도를 확인하며 물의 양을 추가하거나 졸이면 되니까요.

전기밥솥 전기밥솥의 '죽 모드'를 활용해 베이스죽을 만들 수도 있어요. 깨끗하게 씻은 쌀을 넣고 배죽에 맞춰 물을 추가한 뒤 죽 모드로 돌리면 끝이에요. 다만 취사 완료 알람이 울린 뒤에 바로 뚜껑을 열지 말고 20~30분간 더 뜸 들여주세요. 그래야 밥알이 부드럽게 퍼져 아기들이 먹기 더욱 수월합니다.

또빵맘 TIP

베이스죽 만들 때 육수를 사용해야 하나요?

이 질문은 제 SNS를 통해 가장 많이 받은 질문 중 하나예요. 결론부터 말하자면 저는 베이스죽 만들 때 따로 육수를 사용하지 않았습니다. 물론 육수를 활용할 수도 있어요. 이는 전적으로 엄마의 취향에 따라 결정하세요.
제가 육수를 활용하지 않은 이유는 앞으로 평생 먹을 밥인데 매번 육수를 활용할 수는 없고, 또 육수를 사용하는 것이 식재료 본연의 맛을 그대로 느낄 수 있다는 토핑이유식의 장점이자 의의에 맞지 않다고 생각했기 때문이에요.

쌀죽

중기 이유식부터는 하루에 두 번 이유식을 먹어요. 그래서 베이스죽도 큐브로 만들어 보관해야 더 수월합니다. 하지만 초기 이유식 때와 달리 중기 이유식에서는 기본적인 밥 양이 너무 많아 보관이 어렵습니다. 따라서 1주치(6일)을 기준으로, 총 12개의 큐브를 만드는 것을 목표로 합니다.

재료 토핑 큐브 12개(각 60g) 

☐ 밥 190g ☐ 물 760ml

1 물 760ml와 잘 지은 밥 190g을 준비합니다.

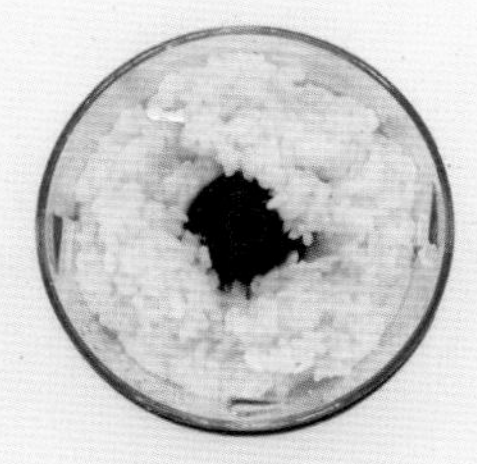

2 물 200ml와 밥 190g을 믹서기에 함께 넣고 10초씩 끊어가며 갈아주세요. 이때 물을 너무 많이 넣으면 밥이 잘 갈리지 않아요. 밥 양보다 약 10ml 더 많으면 적당합니다.

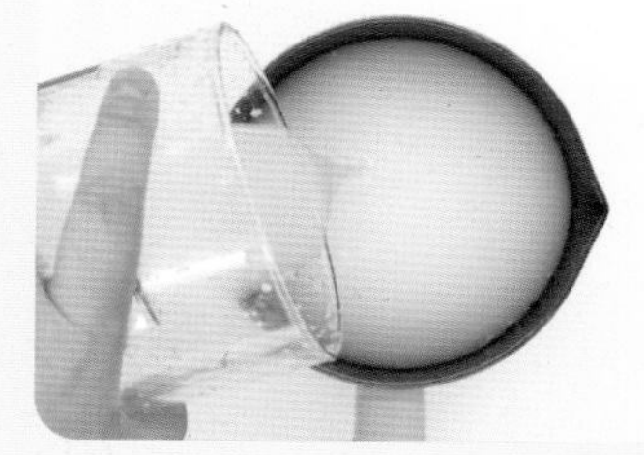

3 잘 갈린 밥과 남은 물 560ml를 냄비에 넣고 센불에 올려 끓여줍니다. 쌀죽이 한 번 끓어오르면 약불로 줄이고 10분간 더 끓입니다. 쌀죽이 눌어붙지 않도록 계속 저어주세요.

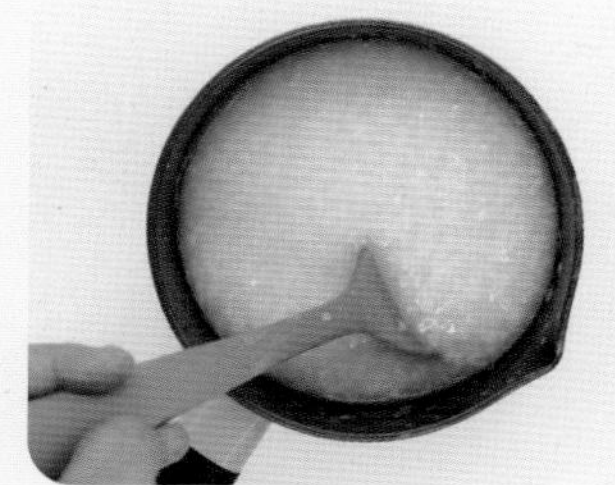

4 쌀죽이 수프처럼 떨어지는 농도가 되면 불을 끕니다.

5 큐브 틀에 쌀죽을 옮겨 담고 냉동 보관합니다.

잡곡을 추가할 경우 쌀죽 30g+잡곡 30g 정도의 비율로 섞어주세요. 돌 전까지 쌀과 잡곡의 비율은 최대 5:5입니다. 쌀, 찹쌀, 오트밀, 현미, 보리, 퀴노아, 수수, 녹미, 차조 등을 활용해 베이스죽을 만들 수 있어요.

중기 2단계
(생후 8개월)

벌써 중기 이유식도 2단계에 접어들었어요. 2단계 베이스죽은 조리 방법이나 재료 모두 1단계 베이스죽과 동일합니다. 다만 베이스죽 큐브의 양과 배죽에 변화가 있어요. 정량은 한 회 60~70g이 기본이지만 아기가 잘 먹는다면 밥의 양을 더 늘리고 배죽도 더 줄여주세요.

중기 2단계에서는 베이스죽의 입자도 커지고 질감도 더 되직해져서 보관이 더욱 어려워요. 이때 베이스죽을 보관할 큐브 틀의 용량은 정량보다 넉넉한 90g짜리가 적절합니다. 그래야 뚜껑에 베이스죽이 묻지 않아 쉽게 열 수 있고 틀에서 빼낼 때도 수월합니다.

이때는 사실 배죽에 집중하기보다는 아기가 베이스죽의 입자를 잘 씹는지, 또 소화는 잘 시키는지를 확인하는 것이 우선이에요. 아기의 상태에 따라 이유식의 농도를 조절해 주세요.

밥 중기 이유식 2단계에도 밥을 활용해 베이스죽을 만듭니다. 다만 큐브의 입자가 더 살아 있어야 하니 물의 양을 잘 조절해 주세요. 중기 2단계에서는 쌀의 입자가 밥알의 1/2 크기가 될 수 있도록 조절해 주세요.

5배죽 베이스죽 큐브 12개
(각 70g)
=
밥 300g + 물 750ml
쌀 120g(30분 불린 후 150g) + 물 750ml

냄비 중기 2단계 베이스죽은 1단계 때와 만드는 방식에 차이가 없어요. 다만 이때는 전체 베이스죽 양이 많아지기 때문에 불린 쌀로 만들기가 더욱 버거워요. 잘 완성된 밥을 냄비에 넣고 배죽을 조절해 베이스죽을 만드는 방식이 더 적절하고 수월합니다.

전기밥솥 1단계 때와 마찬가지로 '죽 모드'를 활용해요. 물의 양만 조절해 아기가 좀 더 입자감을 느낄 수 있도록 신경 써주세요.

쌀죽

중기 1단계 베이스죽 만드는 법과 동일해요. 다만 배죽에 맞춰 물의 양만 달라집니다. 또빵이는 워낙 잘 먹어서 중기 2단계부터는 밥의 양이 많이 늘었어요. 또빵이처럼 잘 먹는 아기라면 밥의 양을 더 늘리거나 배죽을 높여주세요. 이 때는 배죽이나 토핑 입자의 크기에 너무 집중하기보다 아기가 잘 씹는지, 또 소화는 잘 시키는지 확인해 재량껏 이유식의 농도를 조절해 주세요.

재료 토핑 큐브 12개(각 70g) 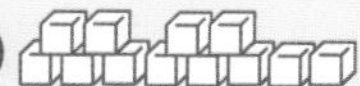

☐ 밥 300g ☐ 물 750ml

1 물 750ml와 잘 지은 밥 300g을 준비합니다.

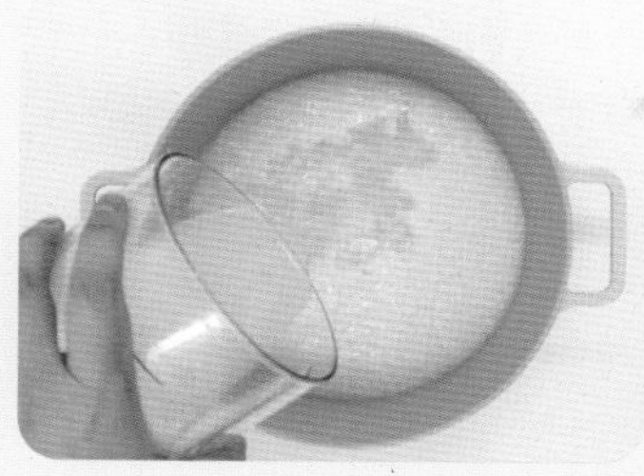

2 물 330ml와 밥 300g을 믹서기에 함께 넣고 5초씩 끊어가며 갈아주세요. 이때 물을 너무 많이 넣으면 밥이 잘 갈리지 않아요. 중기 2단계에서는 입자감이 어느 정도 살아 있어야 하니 밥 양보다 약 30ml 더 많은 물의 양이 적당합니다.

3 잘 갈린 밥과 남은 물 420ml를 냄비에 넣고 센불에 올려 끓여줍니다. 쌀죽이 한 번 끓어오르면 약불로 줄이고 10분간 더 끓입니다. 쌀죽이 눌어붙지 않도록 계속 저어주세요. 쌀죽을 폈을 때 뚝뚝 떨어지는 농도가 되면 불을 꺼요.

4 큐브 틀에 쌀죽을 옮겨 담고 냉동 보관합니다.

후기
(생후 9~11개월)

4배죽 ⟶ 무른밥

후기 이유식 때부터는 베이스죽이 아닌 무른밥으로 진행합니다. 죽을 먹더라도 4배죽, 3배죽이고 이마저도 빠르게 무른밥으로 변경해요. 이때는 아기가 스스로 오물오물 씹을 수 있을 정도의 농도를 유지해야 씹는 연습이 제대로 이루어져요. 이때 저작 훈련을 무사히 마쳐야 나중에 단단한 음식도 스스로 씹어 삼킬 수 있고 먹는 양도 늘릴 수 있습니다.

후기부터는 하루에 세 번, 말 그대로 삼시세끼 이유식을 진행하기 때문에 만들어야 할 베이스죽 큐브의 양도 어마어마합니다. 그러니 대량으로 만들기보다 최대 5일치(15개)까지 만들어 냉동 보관하고 그중 당장 3일치 큐브(9개)는 냉장 보관하세요.

무른밥 사실상 이때부터는 배죽 계산이 무의미하죠. 우리가 밥을 지을 때 흔히 '망했다!'라고 말할 정도의 무른밥을 짓는다고 생각하면 간단합니다. 무른밥을 먹였을 때 아기가 거부하지 않고 잘 먹고 소화도 잘 시킨다면 곧바로 초기 유아식으로 넘어가도 좋아요.

무른밥 베이스죽 큐브 3개
(각 100g)

=

 밥 100g + 물 200ml

냄비 후기 이유식부터는 밥 양이 많아 냄비로 만드는 데 한계가 있어요. 이때부터는 밥솥을 더 자주 사용합니다. 다만 급하게 베이스죽을 만들어야 할 때는 냄비도 유용해요. 이때는 밥으로 2배죽을 만든다고 생각하고 계산하면 돼요.

전기밥솥 전기밥솥을 사용할 때는 '찰진 밥 모드'를 활용해 주세요. 취사까지 30분 정도 걸렸고, 후에 뜸 들이기로 10~20분 정도 보온을 유지해 완성했습니다. 쌀을 불릴 필요도 없어 후기 이유식에 활용하기 매우 간단해요.

무른밥

기본적으로 후기 이유식의 베이스죽은 밥솥을 이용해 만든 무른밥이지만, 베이스죽이 준비되지 않은 상태에서 급하게 준비해야 할 때는 냄비를 활용해 만들어줍니다. 밥솥을 활용할 때는 쌀을 씻어 밥솥에 넣고 취사 버튼만 눌러주세요.

재료 토핑 큐브 12개(각 100g) 

□ 밥 610g □ 물 1,220ml

1 냄비에 밥 610g과 물 1,220ml을 넣고 섞어줍니다.

2 냄비를 센불에 올리고 끓여주세요. 한 번 끓어오르면 약불로 줄이고 3분간 더 끓입니다. 쌀알이 눌어붙지 않도록 계속 저어가며 밥이 촉촉해질 수 있도록 해요.

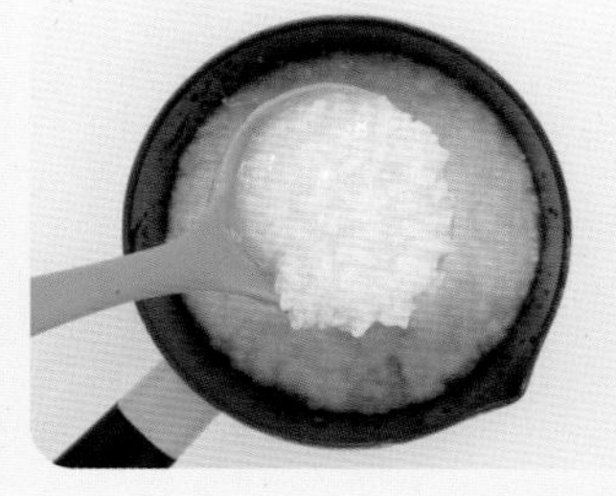

3 밥이 충분히 불었다면 불을 꺼주세요. 밥에 수분이 스며들기 시작하면 물 양이 급격하게 줄어드니 너무 오래끓이지 않도록 주의해요. 밥알이 퍽퍽해 보인다면 물을 더 추가해도 좋아요.

4 완성한 밥을 이유식 용기에 옮겨 담고 냉동 보관합니다.

PART

2

초기 이유식

생후 6개월

- 1일 이유식 횟수: 1회
- 이유식 1회 분량: 50~100g
- 1일 수유량: 700~900ml

초기 이유식 시작 시기 및 특징

진짜 음식이 아기의 입에 닿는 최초의 순간

어느덧 우리 아기가 이유식을 먹는 순간이 오다니! 이유식 시작은 엄마들에겐 잊을 수 없는 소중한 순간이죠. 엄마가 정성스레 만든 이유식이니 잘 먹어 줄 것이라는 기대도 당연해요. 하지만 엄마들의 꿈과 희망이 산산조각 나는 데는 그리 긴 시간이 필요하지 않습니다. 단 며칠, 빠르면 몇 번의 식사로 냉혹한 현실을 마주하기 때문이죠.

이유식을 시작한 뒤로 하루는 왜 이리 빨리 흘러가는지, 하루 종일 이유식 생각에 사로잡혀 다른 일은 엄두도 못 내기 일쑤예요. 쌀가루를 써야 하는지, 그냥 쌀을 써도 되는지, 쌀을 활용한다면 얼마나 불려야 하는지, 물은 얼마나 넣어야 하는지, 다 씻은 쌀은 얼마나 끓여야 하는 건지, 쌀이 얼마나 물러져야 완성인 건지 수만 가지 선택과 고민으로 머릿속이 가득 차 정신없이 하루를 보내곤 해요.

이유식 시작, 대체 언제인가요?

대부분 초기 이유식의 시작 시기를 생후 4~6개월부터라고 말합니다. 통계가 그렇다고 하더라도 초보 엄마들은 갈팡질팡합니다. '그래서 대체 정확히 언제부터 시작하라는 거야?' 하고 말이죠. 그렇지만 너무 고민하지 말길 바랍니다.

제가 겪어보니 아기 대부분이 스스로 이유식을 시작할 시기가 되었다고 본능적으로 느끼는 때에 나름의 신호를 보내더라고요. 예를 들면 식사 시간에 가족들이 밥 먹는 모습을 유독 유심히 구경하거나 숟가락, 포크 같은 식기에 관심을 보이고 손에 잡히는 음식을 입에 욱여 넣고 삼키려고 하는 등 다양한 신호가 있습니다. 아기를 오래 지켜본 부모라면 반드시 알아챌 수 있는 신호들이죠. 그밖에도 아기가 혼자 잘 앉아 있거나 고개를 가눌 수 있다고 판단되는 때 이유식을 시작하셔도 됩니다. 이때 몸무게를 재보면 태어났을 때보다 약 2배 정도 늘어나 있을 거예요. 이유식을 시작해도 충분한 시점입니다.

처음 아기가 이유식을 먹을 때에는 아기와 엄마의 눈높이가 비슷해야 하기 때문에 범보 의자를 활용하는 것이 편리해요. 범보 의자는 말랑말랑한 재질로 선택하는 것이 좋고 등받이가 높아야 안정적입니다. 아기가 앞으로 고꾸라지거나 의자에서 나오려고 자주 몸을 뒤틀기 때문에 안전벨트나 트레이를 활용해 아기 몸을 고정하는 것도 중요해요.

또빵이는 완모(분유를 섞어 먹이지 않고 모유로만 수유한 경우) 아기였기 때문에 180(6개월)일이 되는 날 이유식을 시작했어요. 그 덕분인지 이유식 진행 속도가 매우 빨랐습니다. 초기 5일 정도 미음을 진행한 뒤 곧바로 쌀죽에 토핑을 더해 다양한 재료의 맛과 식감을 익혔어요. 책에서 소개하는 레시피도 6개월을 기준으로 한 달 동안 초기 이유식을 진행하도록 정리했으니 참고해 주세요.

처음 시도하는 식재료가 있다면 가능한 오전에!

아기는 이유식을 진행하며 처음 접하는 식재료가 많은데 그만큼 재료가 몸에 맞는지 안 맞는지 알레르기 반응을 체크하는 것도 중요합니다. 따라서 초기 이유식은 되도록 오전에 시작하는 편이 좋아요. 처음 시도한 식재료가 아기에게 잘 맞지 않았을 때 상태를 지켜보다가 병원에 가기에도 좋고 대처가 조금은 수월하기 때문이죠.

저 역시 새로운 식재료를 처음 먹일 때는 오전 9~10시 사이에 진행했어요. 알레르기 반응을 보이면 바로 병원으로 달려가기 위해서였습니다. 단, 이는 제 노하우일 뿐 반드시 저와 똑같이 할 필요는 없어요. 부모가 가장 고려해야 할 것은 뭐니 뭐니 해도 아기의 컨디션이기 때문이죠. 어느 순간에도 아기의 기분과 몸 상태를 잘 파악한 뒤 이유식을 진행하는 것이 먼저입니다.

하루에 한 번, 하나의 재료로 시작

이유식은 흔히 쌀로 만든 미음으로 시작해요. 쌀은 알레르기 반응이 가장 적고 거부감도 덜한 재료이기 때문입니다. 초기 이유식 단계에서는 베이스죽을 기본으로, 3~4일 주기로 한 번에 한 가지 재료를 테스트해요. 저는 쌀죽을 시작으로 사흘 후에는 고기 토핑을 추가했고, 그 다음 사흘 뒤에는 채소(잎채소, 노란색 채소) 토핑을 테스트했어요. 테스트가 끝난 재료는 베이스죽과 함께 그대로 반찬처럼 활용하고, 하나씩 다른 식재료를 추가하며 토핑의 종류를 늘려갑니다.

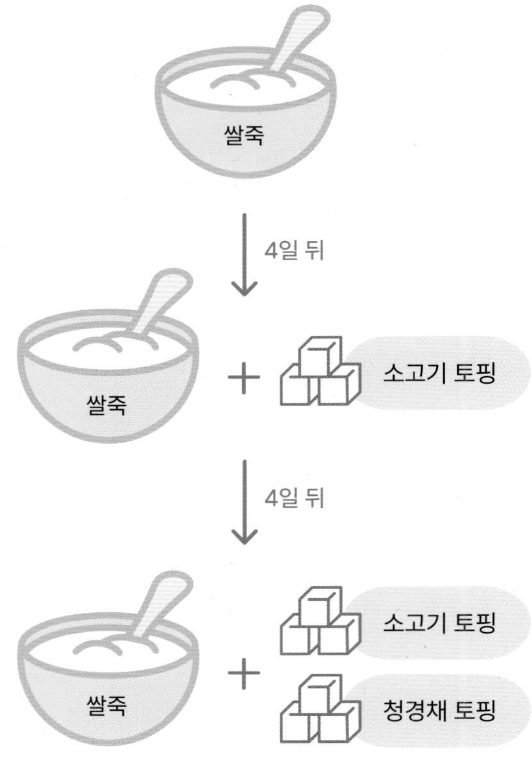

이렇게 하나의 재료마다 사이클이 모두 완료되면 이후 식단은 테스트가 끝난 재료들을 활용해 자유롭게 구성할 수 있어요.

처음에는 오전에 한 번, 숟가락 한 술로 이유식을 시작하세요. 아기가 음식을 거부하지 않고 잘 먹는다면 점점 양을 늘려갑니다. 비로소 이유식의 세계가 열린 거예요!

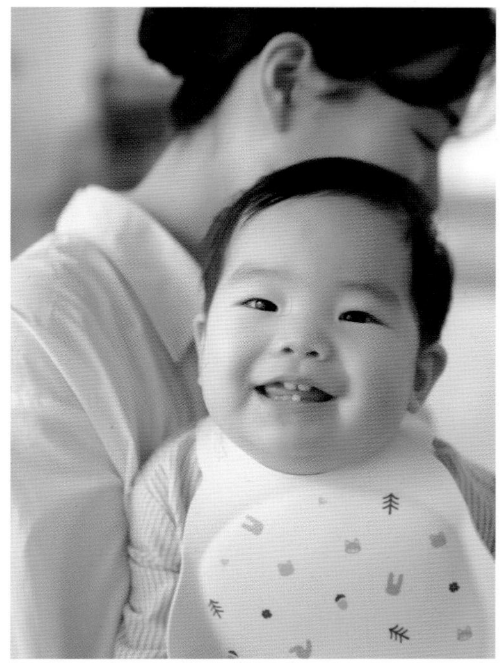

○ 또빵맘마 초기 이유식 식단표 ○

구분	Day 1	Day 2	Day 3
베이스	쌀 미음	쌀미음	쌀미음
토핑			
배죽	10배죽	10배죽	10배죽

구분	Day 7	Day 8	Day 9
베이스	쌀죽	쌀죽	쌀죽
토핑	소고기+ 애호박	소고기+애호박	소고기+애호박
배죽	9배죽	9배죽	9배죽

구분	Day 13	Day 14	Day 15
베이스	쌀죽+찹쌀죽	쌀죽+찹쌀죽	쌀죽+찹쌀죽
토핑	소고기+애호박 + 청경채 (시금치, 비타민)	소고기+애호박+청경채	소고기+애호박+청경채
배죽	9배죽	9배죽	9배죽

구분	Day 19	Day 20	Day 21
베이스	쌀죽+ 오트밀 죽	쌀죽+오트밀죽	쌀죽+오트밀죽
토핑	소고기+청경채+브로콜리	소고기+청경채+브로콜리	소고기+청경채+브로콜리
배죽	9배죽	9배죽	9배죽

구분	Day 25	Day 26	Day 27
베이스	쌀죽(쌀 양 늘리기)	쌀죽	쌀죽
토핑	소고기+오이 + 달걀노른자	소고기+오이+달걀노른자	소고기+달걀노른자 + 양배추(적채)
배죽	9배죽	9배죽	9배죽

Day 4	Day 5	Day 6
쌀죽	쌀죽	쌀죽
소고기	소고기	소고기
9배죽	9배죽	9배죽

Day 10	Day 11	Day 12
쌀죽+찹쌀죽	쌀죽+찹쌀죽	쌀죽+찹쌀죽
소고기+애호박	소고기+애호박	소고기+애호박
9배죽	9배죽	9배죽

Day 16	Day 17	Day 18
쌀죽+찹쌀죽	쌀죽+찹쌀죽	쌀죽+찹쌀죽
소고기+청경채 + 브로콜리(콜리플라워)	소고기+청경채+브로콜리	소고기+청경채+브로콜리
9배죽	9배죽	9배죽

Day 22	Day 23	Day 24
쌀죽+오트밀죽	쌀죽+오트밀죽	쌀죽+오트밀죽
소고기+브로콜리+오이	소고기+브로콜리+오이	소고기+브로콜리+오이
9배죽	9배죽	9배죽

Day 28	Day 29	Day 30
쌀죽	쌀죽	쌀죽
소고기+오이+양배추	소고기+오이+양배추+밀가루	소고기+오이+양배추+밀가루
9배죽	9배죽	9배죽

※ 최근 연구에 따르면 밀가루 섭취 시기가 늦어질수록 알레르기 반응을 일으킬 확률이 높다고 해요. 그래서 저는 초기 이유식 말미 베이스죽에 밀가루 한 꼬집을 추가했어요. 완성된 베이스죽에 밀가루를 추가하는 것이 아니라 만드는 과정에 함께 넣고 끓여줘야 하는 점을 유의해주세요.

소고기

소고기는 이유식을 시작하면서 아기가 가장 처음 먹는 육류예요. 아기가 6개월이 되면 체내에 철분이 부족해지므로 하루에 한 번은 꼭 소고기로 철분을 보충해 주어야 합니다.
지금부터는 거의 모든 이유식 식단에 소고기가 들어간다고 생각하세요. 처음에는 기름기가 적은 소고기 부위를 선택해 활용하는 것이 좋아요.

재료 토핑 큐브 5개(각 15g) 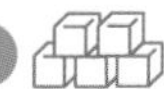

☐ 소고기 50g ☐ 물 500ml

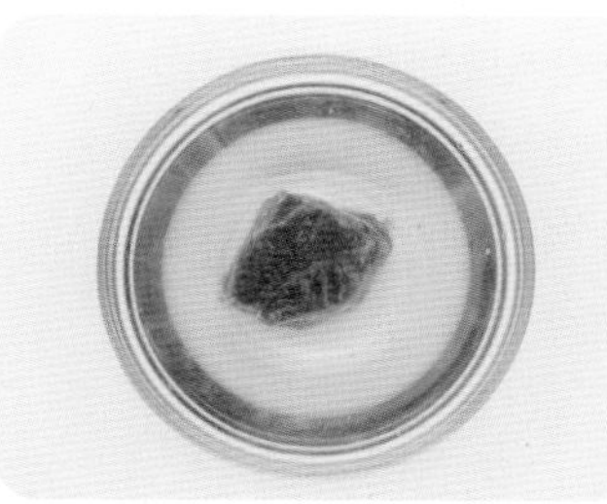

1 소고기는 미지근한 물에 10~20분 정도 담가 핏물을 빼주세요. 냉동 소고기의 경우에는 30분 정도 담가둡니다.

2 냄비에 물 500ml와 핏물을 뺀 소고기를 넣고 센불에서 10분간 팔팔 끓입니다. 소고기 삶을 때 생긴 육수는 버리지 말고 따로 담아두세요.

3 믹서기에 잘 갈릴 수 있게 삶은 소고기를 듬성듬성 썰어주세요.

4 미리 빼둔 소고기 삶은 육수 100ml와 썰어둔 소고기를 함께 믹서기에 넣고 갈아요.

5 믹서기에 간 소고기는 체에 걸러 육수와 고기를 분리해 주세요.

6 큐브 틀에 소고기를 10~12g씩 담고, 소고기 삶은 육수를 5g 정도 함께 담아주세요. 그럼 큐브당 20g 내외로 소고기 토핑과 육수를 보관할 수 있어요.

육수과 고기를 분리하는 단계를 거쳐야 큐브마다 소고기 양을 동일하게 보관할 수 있어요. 육수와 고기를 분리하지 않은 상태 그대로 큐브 틀에 담으면 큐브 하나에 담기는 소고기의 양이 동일하지 않아 어떤 큐브는 해동했을 때 육수만 담겨있는 상황이 발생하기도 해요. 그러니 번거롭더라도 고기와 육수를 꼭 분리한 뒤 담아주세요.

소고기 고르는 방법

이유식에는 소고기 안심을 가장 많이 추천하지만 가격의 부담이 있지요. 이때는 우둔살, 설도, 홍두깨살 등 기름기가 적은 부위로 골라 사용해도 괜찮습니다. 고기를 정육점에서 구매할 때 이유식용이라고 말하면 고기를 다져주기도 해요. 다진 소고기는 인터넷에서도 손쉽게 구매할 수 있으니 편리한 방법을 선택하세요.

애호박

소고기 적응이 끝났다면 이제부터는 채소를 하나씩 추가합니다. 지금이야말로 각각의 재료를 토핑처럼 식판에 담아 본격적인 토핑이유식을 시작하는 순간이라 할 수 있어요. 보통 잎채소로 시작해 노란색 채소의 순서로 진행하지만 애호박은 알레르기 반응이 가장 적은 재료이기 때문에 처음 먹는 채소로 자주 사용되곤 합니다. 애호박은 소화기를 보호하고 레시틴 성분을 포함해 두뇌 발달에도 도움을 줘요.

재료 토핑 큐브 8개(각 10~12g) 

☐ 애호박 1/2개(120g) ☐ 물 200ml

1 애호박은 껍질을 벗긴 뒤 티스푼으로 가운데 씨를 제거해 준비합니다.

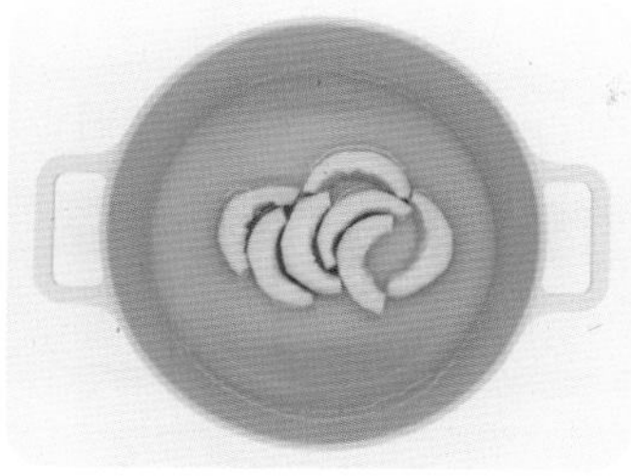

2 물 200ml와 손질한 애호박을 냄비에 넣고 중불에서 애호박이 투명해질 때까지 5분 이상 삶아주세요.

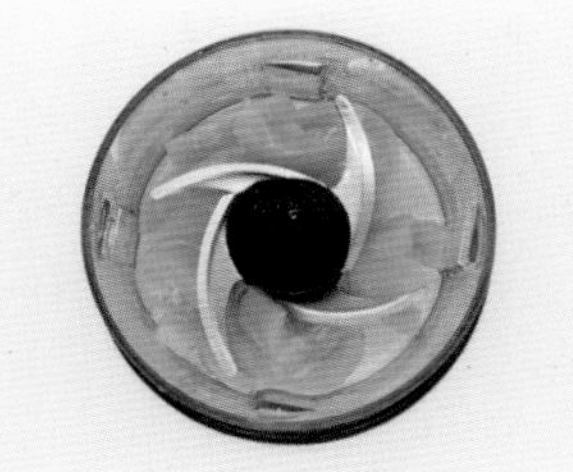

3 푹 삶은 애호박을 건져내고 애호박 삶은 물 50ml와 함께 믹서기에 넣고 곱게 갈아주세요.

4 애호박을 체에 걸러 남아 있을 수 있는 씨를 모두 없애주세요.

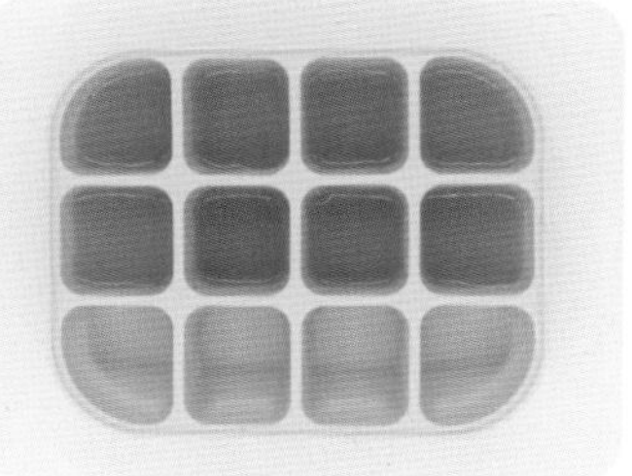

5 큐브 틀에 잘 갈린 애호박을 담고 냉동 보관합니다.

- 애호박 껍질에는 섬유질이 많아 소화가 어렵고, 애호박 씨는 알레르기를 유발할 수도 있어요. 그러니 이유식 초기에는 모두 제거한 뒤 사용합니다.
- 토핑이유식은 한 번 만들어 두면 해동 후 데우는 과정밖에 없어요. 그러니 처음 재료를 삶을 때 푹 삶아 완전히 익히는 것이 중요합니다.

애호박 고르는 방법

상처 없이 표면이 고른, 작고 윤기가 흐르는 애호박을 골라야 해요. 애호박 꼭지가 마르지 않고 신선한 상태로 달려 있어야 과육도 연하고 달아요.

초기
토핑

청경채

애호박 테스트가 끝났다면 잎채소 테스트를 시작합니다. 첫 잎채소는 청경채예요. 청경채는 치아와 골격 발육에 도움을 주는 칼슘과 미네랄, 비타민 C가 풍부한 재료예요. 청경채 줄기에는 섬유질이 많아 아기가 먹기에는 질길 수도 있기 때문에 초기 이유식 단계에서는 부드러운 잎 부분만 사용합니다.

재료 토핑 큐브 8개(각 10~12g) 

- ☐ 청경채 220g
- ☐ 물 200ml

1 청경채를 깨끗이 씻은 뒤 줄기를 제거하고 잎 부분만 떼어내 준비합니다.

2 냄비에 200ml 물을 채우고 센불에 올린 뒤 물이 끓어오르면 손질한 청경채 잎을 넣고 3분간 데쳐요.

3 데친 청경채를 건져낸 뒤 찬물에 헹궈주고 물기를 꽉 짜요.

4 물기를 짠 청경채와 물 100ml를 믹서기에 넣고 갈아주세요. 이때 청경채를 데치며 발생한 채수를 물 대신 활용해도 좋아요.

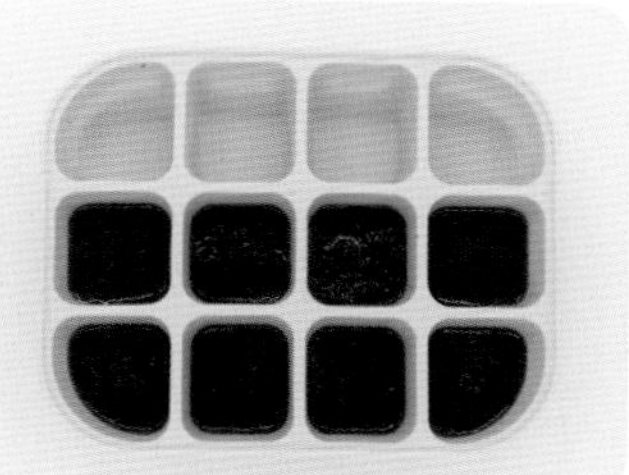

5 큐브 틀에 청경채를 담고 냉동 보관합니다.

잎채소를 처음 접하는 아기는 낯선 식감에 헛구역질을 할 수도 있어요. 그러니 재료를 믹서기로 최대한 곱게 갈아줘야 해요. 믹서기를 사용하지 않고 칼로 다지는 경우 커다란 덩어리가 남아 있어 아기 목에 걸릴 수도 있으니 거름망으로 한 번 거른 뒤 실리콘 큐브에 보관해 주세요.

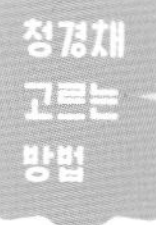

수분을 머금어 싱싱해 보이는 것으로, 이물질이 껴 있거나 잎이 시든 것은 피하세요. 좋은 청경채는 잎 부분의 폭이 넓고 줄기가 굵으면서 두툼하고 단단합니다. 부드러운 잎은 이유식에 사용하고 질긴 줄기 부분은 볶아서 어른 반찬으로 만들면 알뜰하게 활용할 수 있어요.

브로콜리

타임지가 선정한 세계 10대 푸드 중 하나인 브로콜리는 웰빙식품이라 불리며 몸에 좋은 먹거리로 손꼽힙니다. 실제로 브로콜리에는 비타민C와 칼슘이 풍부해서 이유식 재료로 더할 나위 없이 좋아요. 요즘은 계절에 상관없이 쉽게 구할 수 있는 재료라 부담 없이 사용할 수 있으니 더 자주, 더 많이 활용해 주세요.

재료 토핑 큐브 10개(각 10~12g) 

☐ 브로콜리 1개 ☐ 물 200ml

1 브로콜리는 부드러운 꽃 부분만 사용합니다. 두껍고 단단한 줄기 부분은 잘라서 제거해 주세요.

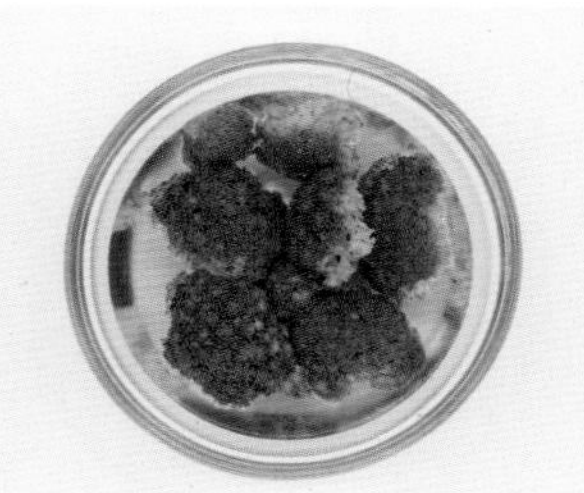

2 소금, 식초, 베이킹소다 한 스푼을 넣어 희석한 물에 잘라낸 브로콜리 꽃을 넣고 5분간 담가 불순물을 제거해 주세요.

3 냄비에 200ml 물을 채우고 센불에 올린 뒤 물이 끓어 오르면 깨끗하게 씻은 브로콜리를 넣고 2분간 삶아주세요.

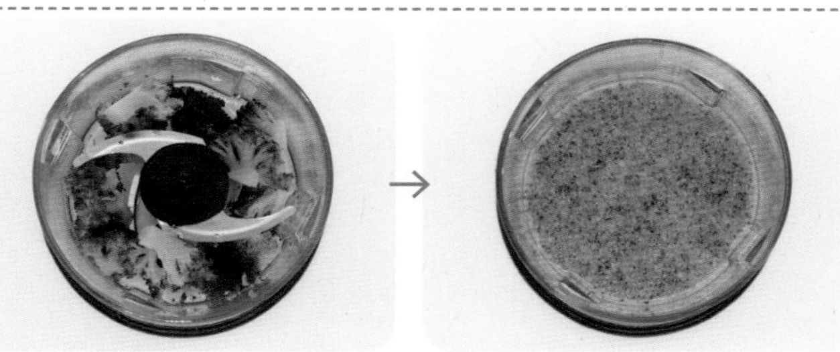

4 잘 삶은 브로콜리를 건져낸 뒤 물 30ml와 함께 믹서기에 넣고 갈아줍니다. 이때 브로콜리를 삶으며 발생한 채수를 물 대신 활용해도 좋아요.

5 큐브 틀에 브로콜리를 담고 냉동 보관합니다.

브로콜리 표면에는 왁스 코팅이 되어 있으니 꼭 깨끗하게 씻어주세요!

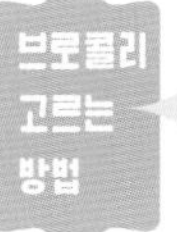

브로콜리 고르는 방법

싱싱한 브로콜리는 송이가 단단하고 꽃 부분이 볼록 솟아올라 꽉 차 있어요. 황갈색으로 변한 브로콜리는 맛과 영양이 떨어지기 때문에 피합니다.

오이

오이는 아이가 4개월에 접어들었을 때부터 섭취가 가능한 재료인 만큼 초기 이유식 단계에서 빠질 수가 없죠. 다만 특유의 오이 향 때문에 호불호가 갈리기도 해요. 저는 또빵이가 단맛이 나는 다른 식재료를 접하기 전에 먼저 오이를 먹고 친숙해지길 원했어요. 그래서 오이 섭취를 빠르게 진행했습니다. 오이는 껍질과 씨를 제거하고 중간의 과육만 활용해요.

재료 토핑 큐브 10개(각 10~12g)

- ☐ 오이 220g
- ☐ 물 100ml

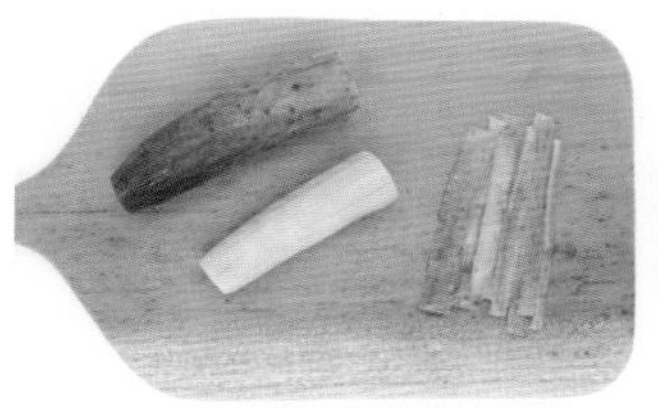

1 씻은 오이는 앞뒤 꼭지를 잘라 버리고 껍질을 제거합니다.

2 껍질을 제거한 오이는 손가락 한 마디 길이로 자르고 4등분해주세요.

3 티스푼으로 오이 가운데 씨를 긁어내 제거합니다.

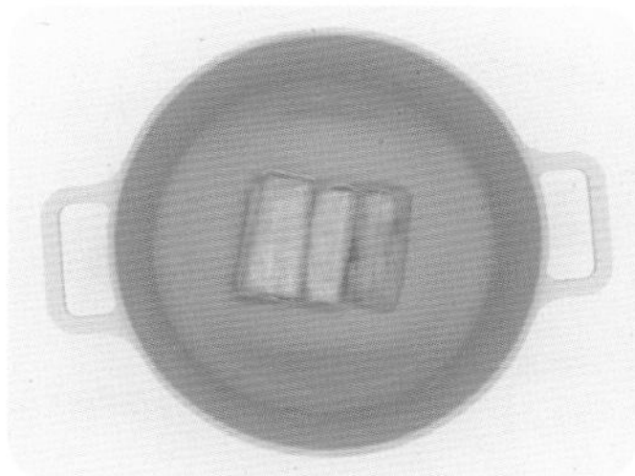

4 냄비에 100ml 물을 채우고 센불에 올린 뒤 물이 끓어 오르면 손질한 오이를 넣고 10분간 삶아주세요.

5 삶은 오이를 건져낸 뒤 물 20ml와 함께 믹서기에 넣고 갈아줍니다. 이때 오이를 삶으며 발생한 채수를 물 대신 사용해도 좋아요,

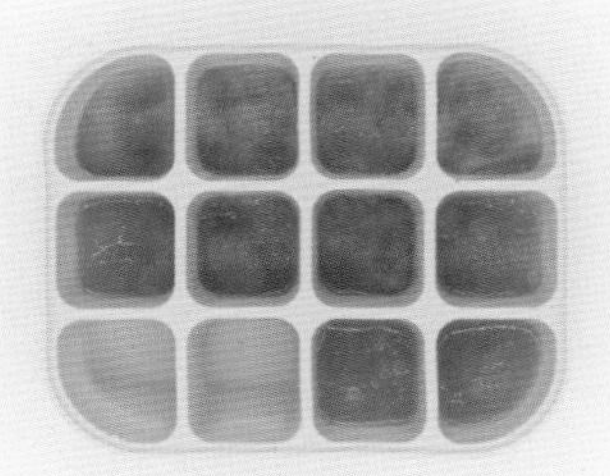

6 큐브 틀에 오이를 담고 냉동 보관합니다.

오이 고르는 방법

껍질 색이 선명하고 두께와 모양이 일정하면서 곧게 뻗어 있는 것이 좋아요. 만져봤을 때 단단하고 표면에 돌기가 살아 있어야 신선해요. 다만 오이가 너무 굵으면 씨가 많아 맛이 떨어지니 적당한 크기의, 꼭지가 마르지 않은 오이를 골라주세요.

초기

토핑

달걀노른자

예전에는 알레르기 때문에 달걀노른자는 7개월, 흰자는 돌 이후에 섭취하도록 권장했지만 요즘에는 초기 이유식부터 섭취해도 괜찮다고 봅니다. 다만 노른자를 먼저 먹고 알레르기 반응을 확인한 뒤 흰자를 먹기까지 한 달 정도의 간격을 둬서 아이가 적응할 수 있도록 해주세요. 처음 알레르기가 생겼다 해도 어느 시점이 지나면 극복할 수 있다고 하니 시도를 너무 두려워하지 마세요.

재료 토핑 큐브 4개(각 5~10g) 

□ 달걀 3개

1 달걀은 30분 정도 실온에 두어 찬기를 제거해 주세요. 달걀이 차가운 상태에서 삶으면 껍질이 쉽게 깨지고 흰자가 분리되어 지저분해져요.

2 냄비에 물을 채운 뒤 달걀을 15분간 삶아주세요. 완숙이 될 때까지 삶아야 하는데 보통 물이 끓기 시작한 후로는 12분, 불을 켠 후로는 15분 정도 삶으면 됩니다.

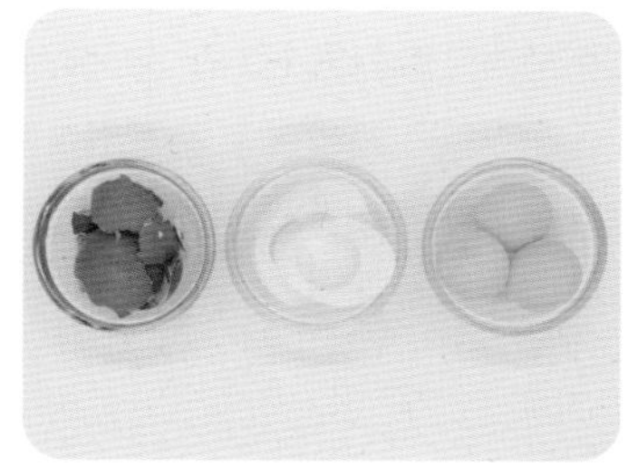

3 삶은 계란을 건져내고 찬물 샤워해준 뒤 껍질을 벗겨 흰자와 노른자를 분리합니다.

초기 이유식

4 분리한 노른자를 체에 걸러줍니다. 매셔나 포크로 노른자를 으깨면 입자감이 고르지 않을 때가 많고 입자의 크기도 커서 아기가 먹기 힘들어요. 번거롭더라도 체에 거르면 부드럽고 고운 노른자 토핑이 완성됩니다.

5 큐브 틀에 달걀노른자를 담고 냉동 보관해 주세요.

돌 전 아기들의 달걀 권장량은 주 1~2개입니다. 저는 테스트 기간 동안 주 3회(약 2개 분량) 진행했고, 나머지 분량은 냉동 보관했습니다.

초기
토핑

양배추

양배추는 식이섬유와 수분이 풍부해서 아기에게 변비가 생겼을 때 자주 챙겨 먹이는 재료예요. 그동안 먹었던 채소들과는 다른 단맛이 있어 아기에게 호기심을 불러일으키기 좋아요. 워낙 소량이라 얇게 썰어서 끓는 물에 데쳐주면 빨리 만들 수 있는 고마운 재료이기도 합니다. 양배추가 투명해지면 다 익은 것으로, 믹서기에 잘 갈리지 않을 때에는 물을 조금 추가하면 잘 갈려요.

재료 토핑 큐브 6개(각 10~12g) 

☐ 양배추 40g ☐ 물 100ml

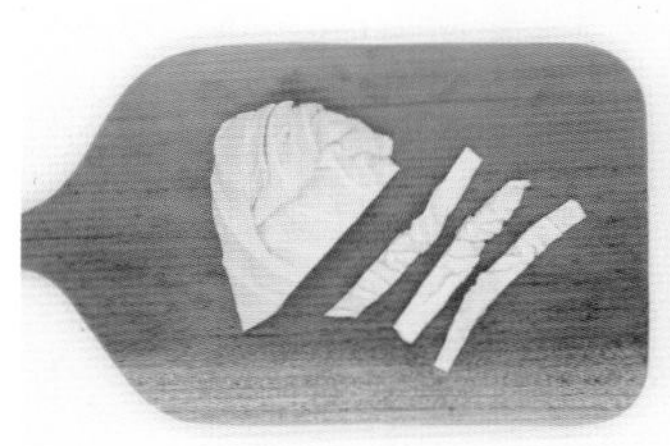

1 양배추의 두꺼운 심을 제거하고 잎부분만 사용합니다. 분리한 양배추 잎을 얇고 가늘게 잘라요.

2 냄비에 100ml 물을 채우고 센불에 올린 뒤 물이 끓어오르면 손질한 양배추를 넣고 투명해질 때까지 중불에서 10분 간 삶아주세요.

3 양배추를 건져낸 뒤 물 50ml와 함께 믹서기에 넣고 갈아줍니다. 이때 양배추 삶은 물을 사용해도 좋아요.

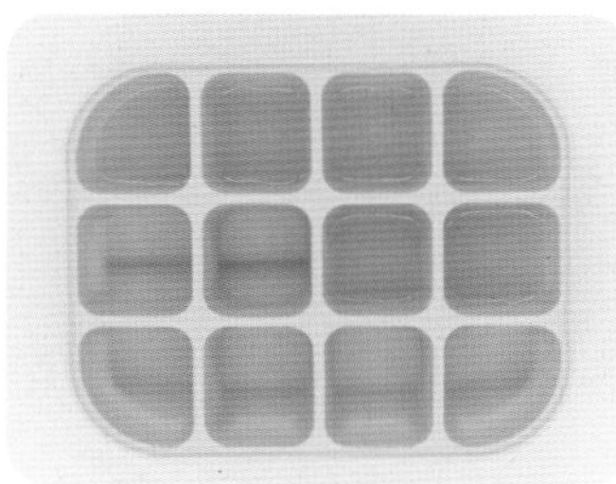

4 큐브 틀에 양배추를 담고 냉동 보관해 주세요. 이때 큰 덩어리가 남아 있다면 모두 골라내 제거해 주세요.

양배추 고르는 방법

양배추는 재배할 때 벌레가 생기지 않도록 농약을 사용하는 경우가 많아요. 그래서 무농약, 유기농 제품으로 고르는 게 중요합니다. 전체적으로 둥글고 들어서 단단하고 묵직한 것이 좋은 양배추예요. 표면에 상처가 있는 양배추는 피하세요.

초기 토핑이유식 Q&A

또빵맘마 알려주세요!

초기 이유식에서는 엄마와 아기가 처음으로 합을 맞춰 나가는 단계이기 때문에 이유식을 만드는 방법과 아기에게 잘 먹이는 방법에 대한 질문이 가장 많았어요.
분유는 정확한 계량이 쉬운 데 반해 이유식은 조리 환경이나 약간의 계량 차이로 결과가 달라지죠. 거기서 멘붕을 경험하는 엄마들도 많아요. '레시피 그대로 만들었는데 왜 다르지?' '레시피 대로라면 큐브가 6개 만들어져야 하는데 왜 4개뿐인 거야?'와 같은 상황을 마주하며 점점 이유식 만드는 시간이 두려워집니다.
하지만 너무 수치에 의존하지 마세요! 초기 이유식은 책과 똑같은 음식을 완성하는 게 아니라, 이유식을 이런 식으로 만들면 된다는 감을 잡는 게 중요해요. 아기와 엄마 모두 연습하는 단계라고 생각하고 부담 없이 도전해도 괜찮습니다.

Q. 열심히 이유식을 만들었는데 아기가 도통 먹질 않아요.

A. 이유식을 만들어 완성하는 것도 쉽지 않았는데 아기가 먹어주지 않는다? 초보 엄마들이 식은땀을 흘리는 것도 당연합니다. 이때 엄마들이 저지르는 가장 흔한 실수는 아기가 잘 먹지 않는 이유를 자신에게서 찾는다는 점입니다. 하지만 조금만 생각을 달리해도 왜 아기가 잘 먹지 않고 입을 꾹 닫고 있는지 알 수 있어요.

아기들이 이유식을 거부하는 이유는 매우 다양합니다. 아기는 아직 준비되지 않았는데 엄마의 욕심으로 이유식을 빠르게 시작했을 수도 있고, 이유식의 온도나 양, 이유식 먹는 시간 등 매우 기본적인 요소를 놓쳤을 수도 있어요.
아기들은 엄마가 얼마나 정성스레 이유식을 만들었는지 전혀 신경 쓰지 않죠. 그저 자신의 컨디션이 가장 중요할 뿐이에요. 그러니 엄마의 욕심과 기대를 내려놓으세요. 조금은 편안한 마음으로 아기의 시각에서, 아기의 속도에 맞춰 진행하면 훨씬 수월하게 이유식을 시작할 수 있을 거예요.
아래 아기가 이유식에 더 쉽게 마음을 열 수 있는 노하우를 공유합니다. 아기가 이유식에 거부감을 보인다면 하나씩 시도해 보세요.

이유식 스푼과 친해지기: 이유식 스푼에 익숙해지는 게 가장 먼저예요. 이유식을 진행할 스푼을 아기에게 쥐어주고 장난감처럼 스스로 갖고 놀 수 있도록 합니다. 직접 손에 쥐고 스푼을 입에 넣으며 음식을 먹는 새로운 방식에 좀 더 친숙해질 수 있을 거예요.
이유식 온도: 이유식을 엄마 손등에 떨어뜨렸을 때 따뜻한 정도여야 합니다. 우리 체온과 비슷한 온도라고 생각하고 이유식의 온도를 조절해 주세요.
이유식 시간: 초기 때는 이유식을 하루에 한 번 먹기 때문에 오전이나 오후 중 아기 컨디션이 가장 좋은 시간을 선택해 진행하세요. 다만 처음 접하는 식재료에 알레르기 반응을 일으킬 수도 있으니 바로 병원에 방문할 수 있는 오전에 진행하는 게 제일 좋아요. 늦어도 오후 2~3시 전까지 진행하는 편이 안전합니다.

Q. 아기에게 맞는 이유식 질감을 파악하기 너무 어려워요.

A. 이유식을 직접 만들겠다 결심한 엄마들을 가장 처음 좌절하게 만드는 존재, 바로 '배죽'이죠. 어떤 개념인지 겨우 파악했다 해도 실제로 적용하는 것은 또 다른 문제인 듯하고, 쌀가루를 사용할지 불린 쌀을 사용할지, 아니면 밥을 갈아 만들어야 할지 경우의 수도 너무 많아요.

하지만 단어의 뜻 그대로 생각하면 그리 어려운 개념은 아닙니다. 단계에 맞는 배죽에 맞춰 준비한 쌀의 배죽에 맞는 물을 넣어 이유식을 만들면 돼요(자세한 배죽 계산법은 [베이스죽] (p.52)에서 설명했으니 참고해 주세요).

앞서 말했듯 초기 이유식에서는 정확한 계량에 맞춰 요리를 하는 것이 목표가 아니에요. 그러니 배죽과 비슷한 양의 물을 넣고 조리하다가 너무 되직하면 물을 추가하고, 너무 묽다면 더 졸여서 질감을 완성해 주세요.

게다가 토핑이유식에서는 배죽의 의미가 더더욱 무의미합니다. 베이스죽 역시 큐브로 만들어 냉동 보관하는데, 큐브를 해동하는 과정에서 처음의 질감과 달라질 때가 많기 때문이에요. 큐브를 해동할 때 물을 추가해 섞어주거나 불에 한 번 더 졸여서 농도를 맞춰주세요. 배죽은 그야말로 이유식 단계에 맞는 평균 수치일 뿐이니 우리 아기가 잘 먹는 식감에 맞춰 조절해 주시면 됩니다!

Q. 이유식 만들 때 재료별 궁합을 반드시 따져야 할까요?

A. 첫째 때만 해도 식재료 궁합을 소개한 표를 냉장고에 붙여두고 매번 확인하며 식단을 짜곤 했는데요, 사실 자세히 살펴보면 우리가 평소 먹는 많은 요리가 식재료 궁합표와 맞지 않는다는 걸 눈치챌 수 있습니다.

식재료 궁합에서 우리가 기억해야 할 큰 틀은 단 하나예요. '소고기와 고구마의 궁합은 좋지 않다!' 소고기와 고구마는 소화에 필요한 위산의 농도가 달라 함께 먹었을 때 소화에 방해가 되기 때문입니다.

게다가 식재료 궁합 표에 소개된 식재료간의 궁합은 절대로 먹지 말아야 할 상극이라기보다 같이 먹었을 때 영양소 흡수를 방해하는 정도이기 때문에 모든 재료를 충분히 익혀 먹는 이유식을 만들 때는 크게 영향이 없습니다. 그러니 기억하세요. 우리 아기에게 필요한 것은 재료별 궁합이 아니라 골고루 잘 먹는 것이라는 사실!

Q. 이유식을 진행하며 간식을 꼭 챙겨줘야 하나요?

A. 우선 제 대답은 '아니오'입니다. 간식이라는 단어의 정의는 다음과 같습니다. 밥 이외에 먹거나, 밥과 밥 사이에 먹는 음식. 단어의 뜻 풀이만으로도 충분한 대답이 되었겠죠?

간식을 줄 때 반드시 지켜야 할 단 하나 조건은 '밥을 잘 먹었을 때 간식을 준다'는 거예요. 간혹 아기가 간식을 너무 잘 먹고 그 모습이 예뻐 간식을 챙겨주고 싶어하는 엄마도 있는데 절대로 안 됩니다. 떡뻥이나 과일, 치즈는 아무 간도 되어 있지 않은 이유식보다 맛있는 게 당연해요. 하지만 어른도 간식을 먹으면 입맛이 없고 밥을 먹기 싫어지듯, 아기도 똑같아요.

특히 초기 때는 이유식과 친숙해지고 식사의 개념을 잡는 단계이기 때문에 간식을 너무 자주 먹어 이유식이나 분유·모유의 섭취량과 스케줄이 달라지면 앞으로의 이유식 단계가 더욱 힘들어집니다. 이유식과 친해지고, 이유식을 잘 먹은 그 다음이 간식이라는 점 잊지마세요!

PART
3

중기 이유식

7~8개월

큐브 결합

- 1일 이유식 횟수: 2회
- 이유식 1회 분량: 80~120g
- 1일 간식 횟수: 1회
- 간식 1회 분량: 70g
- 1일 수유량: 600~800ml

중기 이유식 시작 시기 및 특징

이유식의 꽃, 중기 이유식!

초기 이유식이 처음으로 다양한 식재료를 경험하고 알레르기 유무를 체크하기 위한 단계였다면, 중기 이유식은 본격적으로 이유식을 시작하는 단계입니다. 저는 중기 이유식이야 말로 '이유식의 꽃'이라고 생각해요. 아기가 점점 음식과 재료에 재미와 흥미를 보이면서 엄마의 요리 욕심이 커지는 단계거든요.

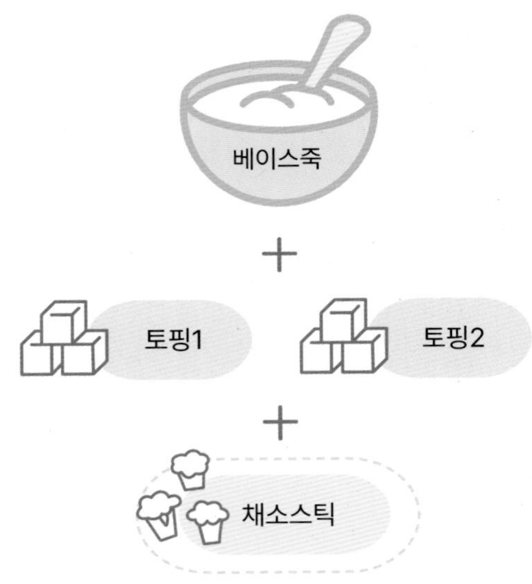

초기 단계에서 토핑이유식의 기본 개념을 익히고 이유식과 친해지는 것이 목표였다면 중기에는 다양한 토핑을 활용해 최대한 많은 식재료에 익숙해지는 것이 목표입니다. 그래서 베이스죽과 함께 단독 토핑을 올리거나, 다른 토핑과 결합해 제공하는 형태를 기본으로 잡았어요. 여기에 채소스틱을 추가하는 구성을 더하기도 했습니다.

단독 토핑을 제공하는 이유는 중기에 처음 접하는 식재료에 어떻게 반응하는지 테스트하기 위해서예요. 테스트를 마친 식재료는 토핑끼리 결합해 다양한 맛의 변화를 느낄 수 있도록 했습니다.

중요한 것은 횟수가 아닌 총량

중기 이유식은 오전에 한 번, 오후에 한 번 총 두 번 진행합니다. 이유식을 잘 먹는 아기라면 이때부터 분리 수유를 시작해요. 중기 이유식 한 끼 1회 분량은 80~120g 정도가 적정량인데요. 또빵이는 잘 먹는 편이어서 한 번에 120~150g 정도 먹었어요.

중기 단계는 수유량은 줄고 이유식 비중이 늘어나는 시기예요. 그래서 가끔 아기가 잘 먹는 편이니 하루에 이유식을 세 번 먹여도 괜찮을까 질문하시는 분도 있어요. 하지만 이유식에서 중요한 것은 횟수가 아닌 총량이라는 것! 평균적으로 한 끼에 섭취하는 분유·모유의 양이 600~800ml이고 이유식은 80~120g 정도이니, 결국 하루에 먹는 이유식의 총량은 최대 240g 정도입니다. 이 총량을 넘지만 않는다면 이유식을 두 번 먹이든, 세 번 먹이든 횟수는 상관없습니다.

반대로 아이가 이유식을 너무 적게 먹는 경우라면 모자란 양을 간식으로 보충해 줘야 해요. 수유량이 줄고, 분리 수유도 가능한 시기이기 때문에 분유나 모유에 대한 관심을 이유식이나 간식으로 유도하세요. 이때 주의할 점은 보충용 간식을 유제품(치즈, 요거트)보다는 탄수화물이나 단백질로 구성해야 한다는 거예요. 그래야 부족한 영양분을 충분히 채울 수 있답니다.

자기주도 식사 훈련도 가능해요

중기 이유식을 진행할 때는 핑거푸드나 채소스틱처럼 새로운 식감과 형태의 음식을 함께 제공할 때도 많기 때문에 자기주도 식사 훈련도 가능해요. 다양한 크기와 식감의 채소스틱을 직접 손으로 쥐고, 씹고, 맛보며 아이들은 음식에 대한 주체성을 기를 수 있습니다. 동시에 엄마들은 우리 아기가 좋아하는 식재료는 무엇인지, 또 선호하는 식감은 어떤 것인지 파악할 수 있어요. 결국 중기 이유식 시기를 튼튼하게 잘 다져놓으면 이후 아이의 식습관 형성에 많은 도움이 되는 셈이죠.

토핑 결합이니, 자기주도 식사니 그저 복잡하다고 어렵게 느껴진다고요? 사실은 무척 단순합니다. 토핑 결합은 이미 만들어 놓은 토핑 큐브를 한 끼에 여러 개 해동해 함께 먹는 방식이고, 채소스틱은 다져서 줬던 채소를 아기가 잡고 먹기 쉽게 크기별로 잘라서 쪄주는 방식일 뿐이에요! 마치 다양한 반찬과 풍성한 쌈 채소가 한데 놓인 어른들의 밥상과도 같다고 해야 할까요? 그러니 다들 겁먹지 말고 시도해 봅시다.

중기 이유식 육수 만들기

중기 이유식 때는 드디어 육수를 활용해 이유식을 만들 수 있습니다. 이유식에 사용하는 육수는 소고기와 닭, 채소를 활용해 만드는 세 가지가 기본이에요.

그런데 사실 저는 육수를 따로 만들어 사용하진 않았어요. 대량으로 육수를 만드는 과정은 시간도 오래 걸리고 사실 매우 귀찮은 작업이잖아요? 대신 저는 토핑을 만들기 위해 소고기를 삶거나 닭고기를 삶을 때, 또 채소를 찌면서 생기는 채수를 모아 큐브로 만들고 냉동 보관해 활용했습니다.

이 방식으로는 육수를 보관하기 위해 시중에 판매하는 200ml짜리 대용량 모유저장팩을 사용할 필요가 없어요. 정작 필요한 10ml의 육수를 얻기 위해 냉동해 둔 육수를 전부 해동해야 하는 번거로움도 자연스레 사라집니다. 큐브 틀의 크기와 용량도 다양하니 내가 필요한 육수의 양에 따라 선택해 사용하면 돼요.

만약 육수를 따로 모으는 방식 또한 번거롭다면 토핑 큐브를 만들 때 토핑 건더기와 육수를 함께 담아 얼려주세요. 큐브가 해동되며 육수도 함께 녹아 더욱 촉촉한 토핑이 완성됩니다. 부드러운 식감은 물론이고 음식의 감칠맛도 살릴 수 있는 방식이니 모두 활용해 보세요.

소고기 육수

큐브 20개(각 25g) 10회 분량

재료

대파 1뿌리나 표고버섯 4~5개를 추가해도 좋아요.

- ☐ 소고기(양지 또는 사태) 300g ☐ 양파 1개(200g) ☐ 무 1/2토막(100g)
- ☐ 물 3,000ml

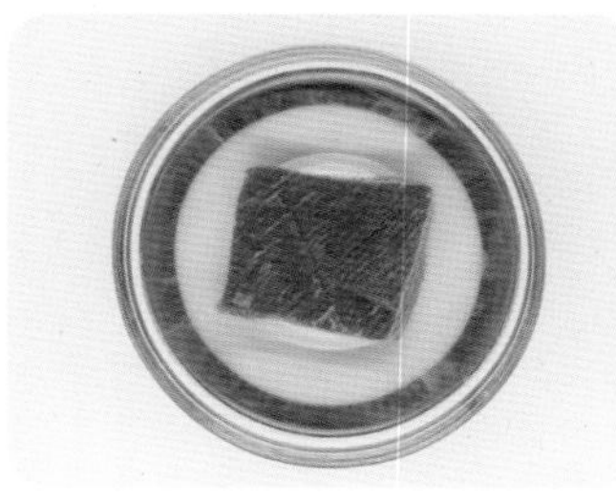

1 소고기는 미지근한 물에 20~30분 정도 담가 핏물을 빼주세요.

2 냄비에 물 3,000ml와 핏물을 뺀 소고기, 양파와 무를 넣고 센불에서 끓여줍니다.

3 한 번 재료가 끓어오르면 약불로 줄인 뒤 1시간 정도 더 끓여주세요. 이때 떠오르는 불순물은 깨끗하게 걷어냅니다.

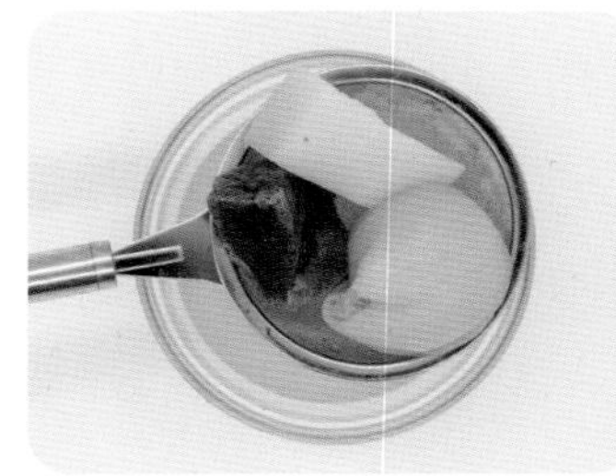

4 육수가 충분히 우러나면 한 김 식힌 뒤 체에 거르고 반나절 정도 냉장 보관해 주세요.

TIP 육수를 내고 남은 소고기는 장조림 같은 반찬으로 활용해 보세요!

5 냉장고에서 차게 식힌 육수를 꺼내 표면의 고기 기름을 깨끗하게 걷어냅니다.

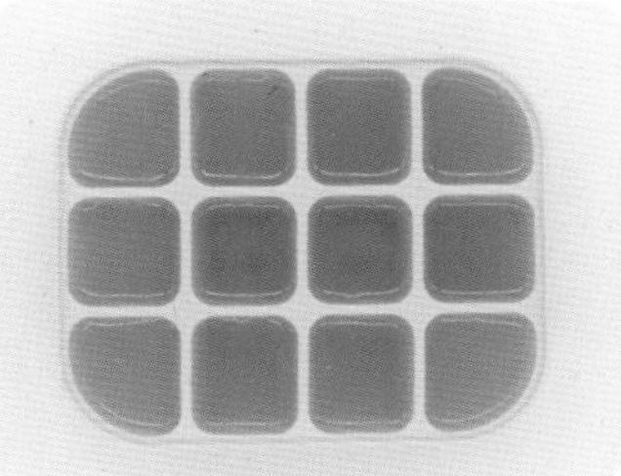

6 육수를 체에 한 번 더 거른 뒤 큐브 틀에 넣고 냉동 보관합니다.

닭 육수

큐브 20개(각 25g) 10회 분량

대파 1뿌리나 당근 1/2개를
추가해도 좋아요.

재료

☐ 닭다리 2~3개(300g) ☐ 닭안심 혹은 닭가슴살 200g ☐ 양파 1개(200g) ☐ 물 3,000ml

1 닭 다리는 껍질을 모두 벗기고 붙어 있는 기름도 모두 제거합니다. 닭안심이나 닭가슴살은 기름기와 힘줄을 제거해 주세요.

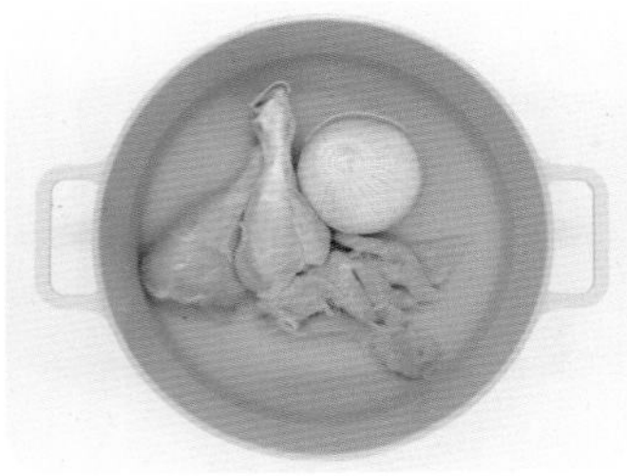

2 닭고기를 찬물에 10분간 담가 핏물을 빼준 뒤 물 3,000ml, 양파와 함께 냄비에 넣고 센불에서 끓여줍니다.

3 한 번 재료가 끓어오르면 약불로 줄인 뒤 1시간 정도 더 끓여주세요. 이때 떠오르는 불순물은 깨끗하게 걷어냅니다.

4 육수가 충분히 우러나면 한 김 식힌 뒤 체에 거르고 반나절 정도 냉장 보관해 주세요.

5 냉장고에서 차게 식힌 육수를 꺼내 표면의 고기 기름을 깨끗하게 걷어냅니다.

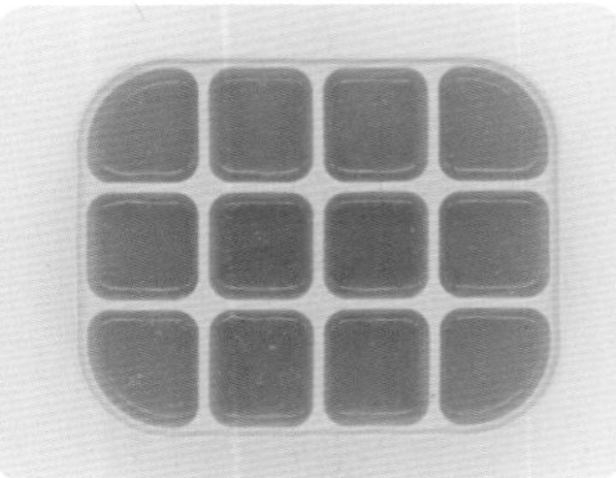

6 육수를 체에 한 번 더 거른 뒤 큐브 틀에 넣고 냉동 보관합니다.

채수

큐브 15개(각 25g) 10회 분량

무 100~150g나 표고버섯 10개 정도를 추가해도 좋아요. 표고버섯의 강한 향 때문에 걱정된다면 중기 이유식에서 가장 기본 재료인 애호박, 당근, 양파로만 만들어도 충분합니다.

재료

☐ 애호박 1/2개(150g) ☐ 당근 1/2개(120g) ☐ 양파 1/2개(100g) ☐ 물 3,000ml

1 채소를 모두 깨끗이 씻어 준비합니다.

2 냄비에 물 3,000ml와 손질한 애호박과 당근, 양파를 넣고 센불에서 끓여주세요.

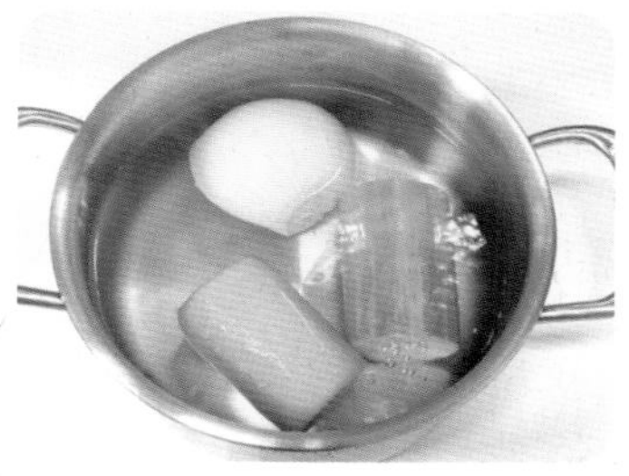

3 한 번 재료가 끓어오르면 약불로 줄인 뒤 30~40분간 더 끓여주세요.

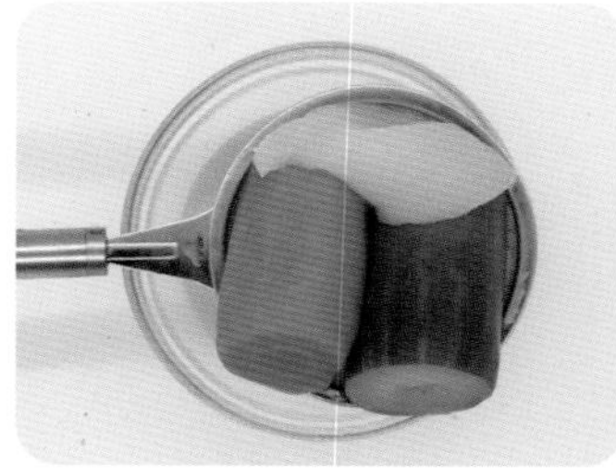

4 육수가 충분히 우러나면 한 김 식힌 뒤 체에 거르고 건더기와 채수를 분리합니다.

5 분리한 채수를 체에 한 번 더 거른 뒤 큐브 틀에 넣고 냉동 보관합니다.

중기 이유식 1단계

(생후 7개월)

○ 또빵맘마 중기 이유식 1단계 식단표 ○

	구분	Day 1	Day 2	Day 3
오전	베이스(8배죽)	쌀오트밀죽	쌀오트밀죽	쌀오트밀죽
	토핑	오이+감자+닭고기	오이+감자+닭고기	오이+감자+닭고기
오후	베이스(8배죽)	쌀죽	쌀죽	쌀죽
	토핑	소고기+애호박+감자스틱	소고기+애호박+감자스틱	소고기+애호박+감자스틱

	구분	Day 7	Day 8	Day 9
오전	베이스(8배죽)	쌀죽	쌀죽	쌀죽
	토핑	소고기+감자 +표고(달걀노른자)	소고기+감자 +표고(달걀노른자)	소고기+감자 +표고(달걀노른자)
오후	베이스(8배죽)	쌀죽	쌀죽	쌀죽
	토핑	소고기+당근+애호박스틱	소고기+당근+애호박스틱	소고기+당근+애호박스틱

	구분	Day 13	Day 14	Day 15
오전	베이스(8배죽)	쌀오트밀죽	쌀오트밀죽	쌀죽
	토핑	소고기+청경채+양파	소고기+청경채+양파	소고기+청경채+양파
오후	베이스(8배죽)	쌀죽	쌀죽	쌀죽
	토핑	소고기+아욱+적채	소고기+아욱+적채	소고기+아욱+적채

	구분	Day 19	Day 20	Day 21
오전	베이스(7배죽)	쌀죽	쌀죽	쌀죽
	토핑	소고기+시금치+무	소고기+시금치+무	소고기+시금치+무
오후	베이스(8배죽)	쌀죽	쌀죽	쌀죽
	토핑	닭고기+채소스틱(+노른자)	닭고기+채소스틱(+노른자)	닭고기+채소스틱(+노른자)

	구분	Day 25	Day 26	Day 27
오전	베이스(7배죽)	쌀죽	쌀죽	쌀죽
	토핑	소고기+당근+배추	소고기+당근+배추	소고기+당근+배추
오후	베이스(7배죽)	쌀죽	쌀죽	쌀죽
	토핑	소고기+애호박+비트스틱	소고기+애호박+비트스틱	소고기+애호박+비트스틱

Day 4	Day 5	Day 6	
쌀오트밀죽	쌀오트밀죽	쌀오트밀죽	오전
소고기+양배추+당근	소고기+양배추+당근	소고기+양배추+당근	
쌀죽	쌀죽	쌀죽	오후
닭고기+당근+브로콜리스틱	닭고기+당근+브로콜리스틱	소고기+애호박+브로콜리스틱	

Day 10	Day 11	Day 12	
쌀죽	쌀죽	쌀죽	오전
소고기+아욱+당근스틱	소고기+아욱+당근스틱	소고기+아욱+당근스틱	
쌀죽	쌀죽	쌀죽	오후
닭고기+청경채+고구마	닭고기+청경채+고구마	닭고기+청경채+고구마	

Day 16	Day 17	Day 18	
쌀오트밀죽	쌀오트밀죽	쌀죽	오전
소고기+적채+시금치	소고기+적채+시금치	소고기+적채+시금치	
쌀죽	쌀죽	쌀죽	오후
닭고기+표고+고구마	닭고기+표고+고구마	닭고기+표고+고구마	

Day 22	Day 23	Day 24	
쌀죽	쌀죽	쌀죽	오전
소고기+비트+무스틱	소고기+비트+무스틱	소고기+비트+무스틱	
쌀죽	쌀죽	쌀죽	오후
소고기+애호박+비트스틱	소고기+애호박+비트스틱	소고기+애호박+비트스틱	

Day 28	Day 29	Day 30	
쌀죽	쌀죽	쌀죽	오전
소고기+배추+두부	소고기+배추+두부	소고기+배추+두부	
쌀죽	쌀죽	쌀죽	오후
소고기+양파+당근스틱	소고기+양파+당근스틱	소고기+양파+당근스틱	

닭고기

닭고기는 생후 7개월부터 먹을 수 있어요. 닭가슴살, 안심 모두 가능합니다. 다만 닭안심은 힘줄을 제거하는 손질 과정이 까다로워서 저는 닭가슴살을 더 자주 활용했어요. 이유식을 만들 때에는 모든 재료를 충분히 푹 익히기 때문에 닭안심과 닭가슴살 모두 부드러운 식감을 유지할 수 있습니다. 그러니 재료 선택은 엄마의 재량에 따라 자유롭게 해주세요.

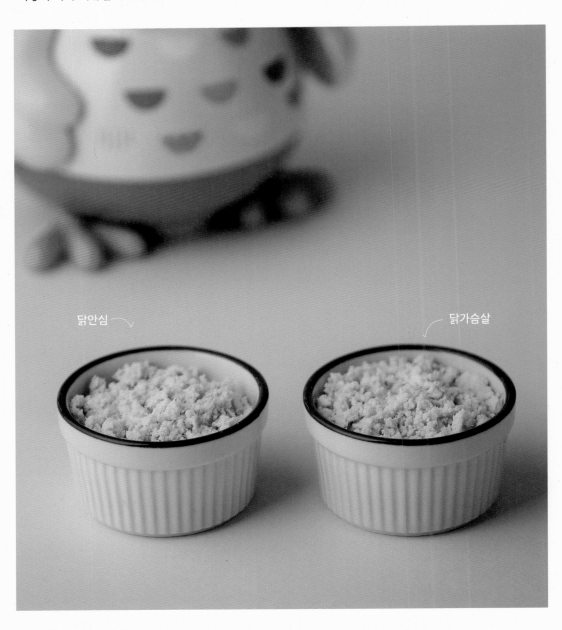

닭안심

닭가슴살

닭안심

재료 토핑 큐브 12개(각 15g) 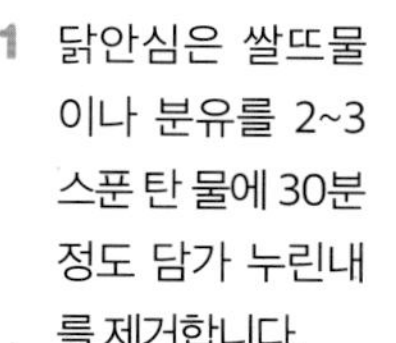

☐ 닭안심 400g ☐ 분유 2~3스푼

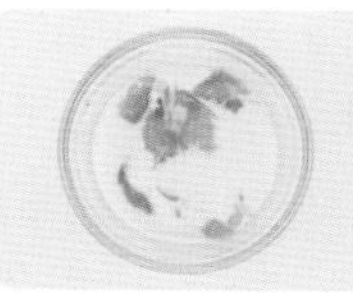

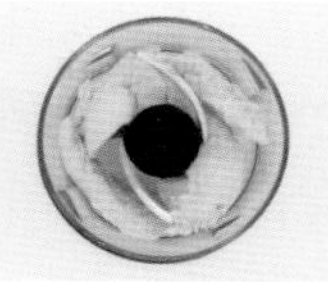

1 닭안심은 쌀뜨물이나 분유를 2~3스푼 탄 물에 30분 정도 담가 누린내를 제거합니다.

2 닭안심을 가볍게 씻은 뒤 흰 막은 손으로 뜯어내고 힘줄은 포크 사이에 끼워 잡아당겨 제거합니다.

3 손질을 마친 닭안심을 끓는 물에 넣고 익혀주세요. 이때 떠오르는 불순물을 깨끗하게 걷어냅니다.

4 닭안심을 건져내 한 김 식힌 뒤 닭안심 삶은 육수와 함께 믹서기에 넣고 갈아요.

5 큐브 틀에 닭안심과 닭안심 삶은 육수를 함께 넣고 냉동 보관합니다.

닭가슴살

재료 토핑 큐브 11개(각 15g) 

☐ 닭가슴살 300g ☐ 분유 2~3스푼

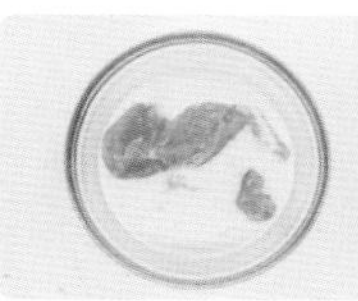

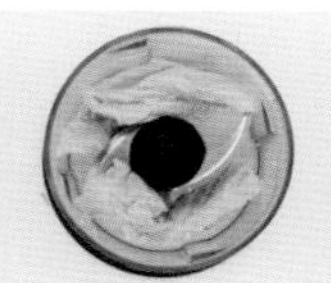

1 닭가슴살은 쌀뜨물이나 분유를 2~3스푼 탄 물에 20분 정도 담가 누린내를 제거합니다.

2 닭가슴살을 가볍게 씻은 뒤 겉의 흰 막을제거해주세요.

3 손질한 닭가슴살을 끓는 물에 넣고 익혀주세요. 이때 떠오르는 불순물을 깨끗하게 걷어냅니다.

4 닭가슴살을 건져내 한 김 식힌 뒤 닭가슴살 삶은 육수와 함께 믹서기에 넣고 갈아요.

5 큐브 틀에 닭가슴살과 닭가슴살 삶은 육수를 함께 넣고 냉동 보관합니다.

- 닭고기 토핑을 큐브에 담을 때 닭고기 삶은 물을 함께 넣어 냉동하면 더욱 촉촉하게 먹을 수 있어요.
- 중기 이유식 단계에서는 재료를 갈 때 믹서기를 두세 번 끊어 돌려주는 정도면 충분해요.

당근

당근은 질산염이 높은 채소이기 때문에 중기 이유식 때 처음 사용합니다. 다만 저처럼 이유식을 늦게 시작한 경우라면(180일 이후) 초기 때 당근 퓌레 형태로 섭취를 시작할 수 있어요. 당근은 단 한 뿌리로 하루에 필요한 비타민A를 전부 섭취할 수 있을 만큼 베타카로틴 함량이 매우 풍부한데요. 이 성분은 아이의 면역력에도 도움이 됩니다. 이 외에도 루테인과 리코펜 성분이 풍부해 눈 건강에도 좋아요.

재료 토핑 큐브 8개(각 15g) 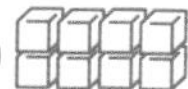

☐ 당근 1개(120g)

1 흐르는 물에 당근을 깨끗이 씻고 감자칼로 당근의 껍질을 제거합니다.

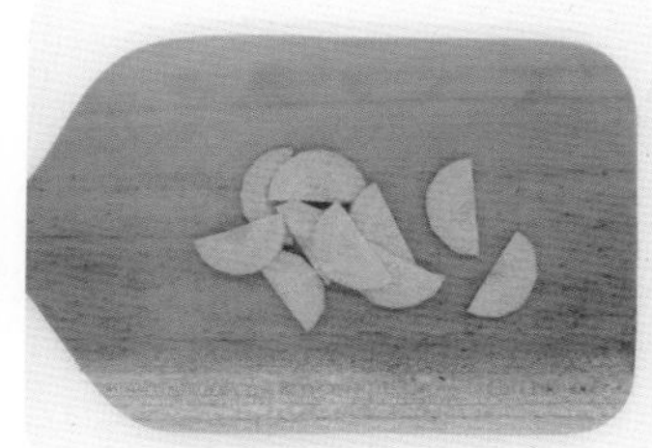

2 껍질을 제거한 당근은 반달 모양으로 잘라주세요.

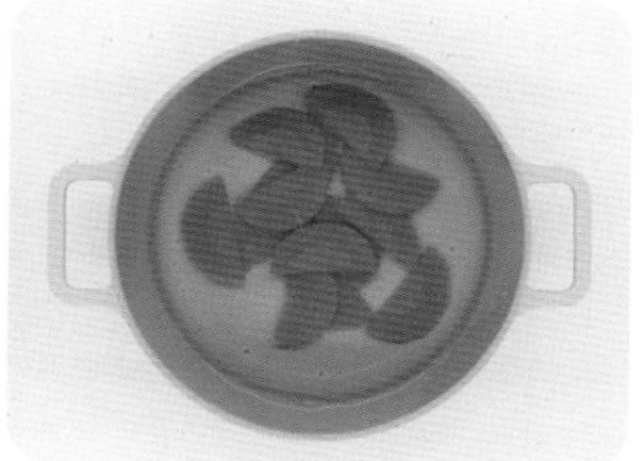

3 냄비에 당근을 넣고 센불에서 익혀주세요. 젓가락이 푹 들어갈 정도록 삶아요.

4 푹 삶은 당근을 믹서기에 넣고 3mm 정도 입자 크기로 갈아요.

5 큐브 틀에 당근을 넣고 냉동 보관합니다.

당근스틱

당근큐브를 만들고 남은 자투리를 길다란 스틱 모양으로 잘라 찜기에 쪄주면 그대로 당근스틱 완성이에요!

당근 고르는 방법

당근의 주황색이 선명하고 진할수록 영양이 풍부합니다. 너무 크지 않고 모양이 단단하면서 곧게 뻗은 것이 좋은 당근이에요. 요새는 세척 당근도 많이 나와있지만 흙당근이 가장 싱싱한 것이니 이유식 할 때만큼은 번거롭긴 해도 흙당근을 사용하길 추천합니다.

버섯(표고버섯/양송이버섯)

버섯은 고단백, 저칼로리 식품으로 식이섬유와 비타민 등 무기질이 풍부한 건강식품이에요. 특히 면역 기능을 높여주기 때문에 이유식 재료로 안성맞춤입니다. 게다가 종류마다 식감과 향이 모두 달라 아이의 취향을 파악하기에도 좋아요. 또빵이는 표고버섯을 가장 좋아했어요!

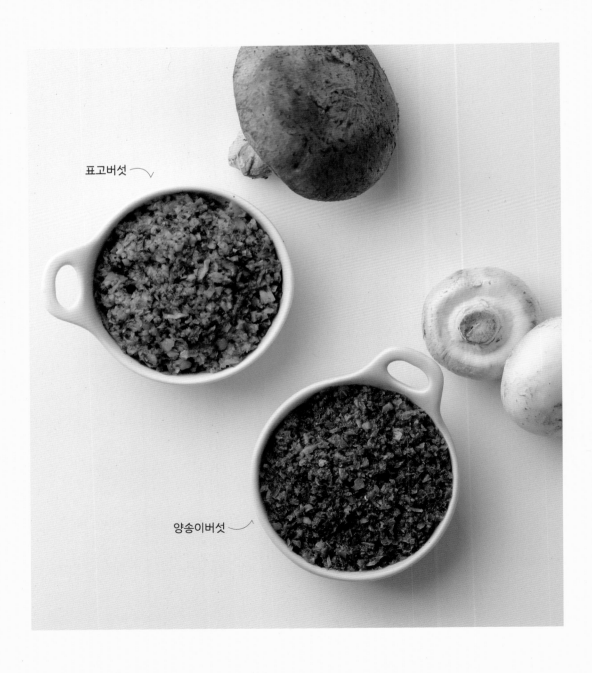

표고버섯

양송이버섯

표고버섯

재료 토핑 큐브 12개(각 15~17g)

☐ 표고버섯 6개(160g)

1 표고버섯의 기둥을 제거하고 먼지를 깨끗이 털어주세요.
TIP 버섯 기둥은 엄마 아빠 국이나 찌개의 육수를 낼 때 활용하세요.

2 표고버섯의 갓을 4등분한 뒤 믹서기에 넣고 갈아주세요.

3 곱게 간 표고버섯을 찜기에 넣고 5분간 쪄주세요. 버섯이 흐물흐물해지고 그릇 안에 버섯 즙이 고일 때까지 쪄요.

4 큐브 틀에 찐 버섯과 버섯 즙을 함께 담아 냉동 보관합니다.

양송이버섯

재료 토핑 큐브 6개(각 15g) 

☐ 양송이버섯 7개(140g)

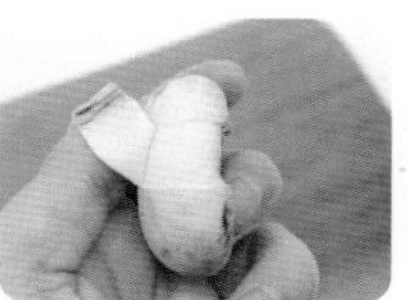

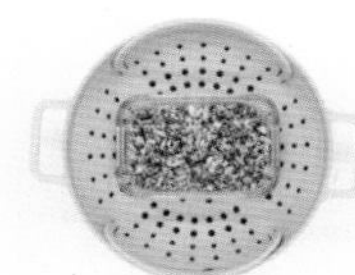

1 양송이버섯의 기둥을 제거합니다. 기둥을 옆으로 살짝 밀면 깔끔하게 분리할 수 있어요.

2 버섯 갓 안쪽 껍질의 끝을 잡고 모두 제거합니다. 양송이버섯 껍질은 아기 목에 걸릴 수 있으니 주의해요.

3 손질을 마친 양송이버섯 갓을 믹서기에 넣고 갈아주세요.

4 곱게 간 양송이버섯을 찜기에 넣고 5분간 쪄주세요. 버섯이 흐물흐물해지고 그릇 안에 버섯 즙이 고일 때까지 쪄요.

5 큐브 틀에 찐 버섯과 버섯 즙을 함께 담아 냉동 보관합니다.

버섯 고르는 방법

- **표고버섯** 갓이 너무 활짝 피지 않고 주름지지 않은 것이 좋아요. 갓 모양은 동글동글하면서 오목한 것으로 골라주세요.
- **양송이버섯** 갓이 너무 활짝 피지 않고 갓 주변이 터지지 않은 채 고른 상태를 유지하는 것으로 선택해요.

버섯(새송이버섯/팽이버섯)

새송이버섯은 쫄깃한 질감이 매력적이죠. 비타민C가 풍부해 웰빙식품이기도 해요. 팽이버섯은 쉽게 구할 수 있지만 맛과 영양분이 풍부해 다양한 요리에 활용됩니다. 앞서 설명했듯이 버섯은 종류마다 식감과 향이 다르기 때문에 아기의 취향에 맞춰 다양하게 활용해 주세요.

새송이버섯

팽이버섯

새송이버섯

재료 토핑 큐브 12개(각 15~17g) 

☐ 새송이버섯 3개(280g)

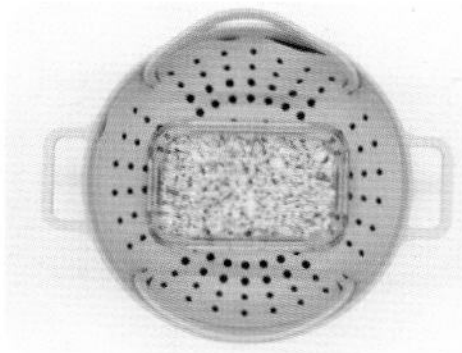

1 흐르는 물에 가볍게 씻은 새송이버섯은 밑동을 제거하고 믹서기에 잘 갈릴 수 있도록 듬성듬성 썰어주세요.

2 썰어둔 새송이버섯을 믹서기에 넣고 갈아주세요.

3 곱게 간 새송이버섯을 찜기에 넣고 5분간 쪄주세요. 버섯이 흐물흐물해지고 그릇 안에 버섯 즙이 고일 때까지 쪄요.

4 큐브 틀에 찐 버섯과 버섯 즙을 함께 담아 냉동 보관합니다.

팽이버섯

재료 토핑 큐브 8개(각 15g) 

☐ 팽이버섯 120g

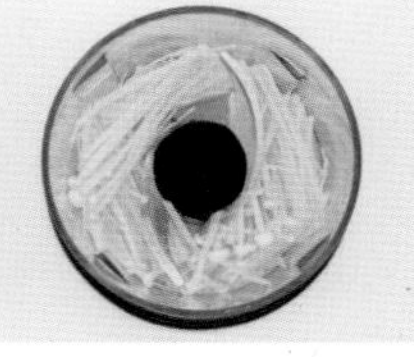

1 흐르는 물에 팽이버섯을 가볍게 씻고 밑동을 제거합니다.

2 손질한 팽이버섯을 믹서기에 넣고 갈아주세요.

3 곱게 간 팽이버섯을 찜기에 넣고 5분간 쪄주세요. 버섯이 흐물흐물해지고 그릇 안에 버섯 즙이 고일 때까지 쪄요.

4 큐브 틀에 찐 버섯과 버섯 즙을 함께 담아 냉동 보관합니다.

버섯 고르는 방법

새송이버섯 대가 굵고 곧으며, 갓은 두껍고 색이 짙은 갈색을 띠는 것이 좋아요. 또한 갓 밑부분이 노랗게 변색되지 않고 하얀색을 유지하는 것이 좋은 상품입니다.

팽이버섯 갓이 고른 크기로 동그랗고, 줄기가 가지런한 것이 좋아요. 버섯에 상처가 있거나 벌레의 충해가 없는 제품으로 골라 사용합니다.

아욱

아욱은 7~8월 여름이 제철인 식재료로 맛과 영양이 뛰어난 채소입니다. 특히 단백질과 칼슘 함량이 풍부해서 성장기 아이들 발육에 좋아요. 손질하는 법이 까다롭긴 하지만 이유식에서 많이 쓰이는 재료이니 꼭 도전해 보세요.

재료 토핑 큐브 6개(각 15g) 

☐ 아욱 1봉지(170g)

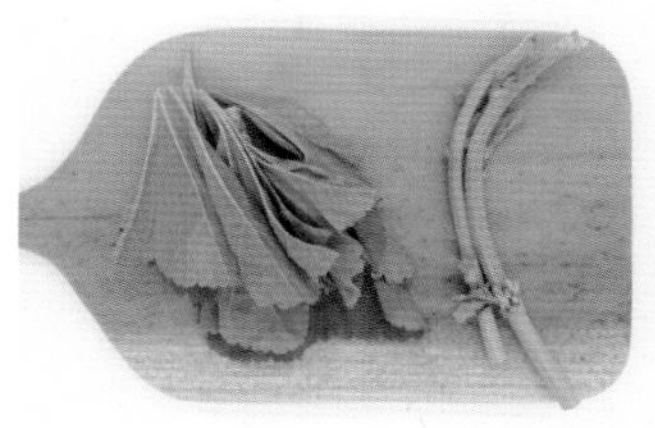

1 아욱의 줄기와 잎을 분리해 주세요. 아욱의 줄기는 질기기 때문에 이유식에 적합하지 않아요.

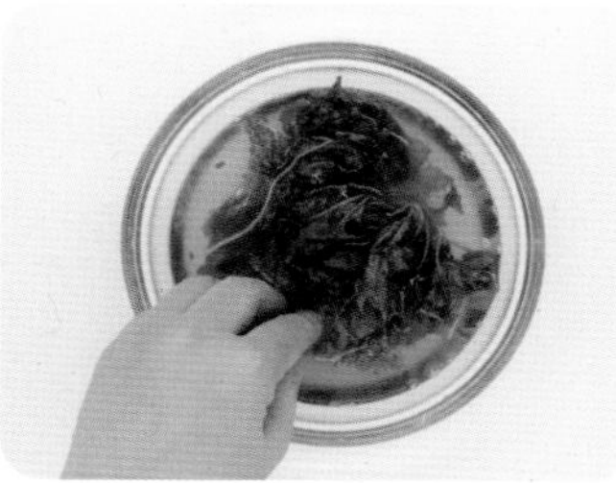

2 분리한 아욱 잎을 그릇에 담고 빨래 빨듯 주물러 씻어준 뒤 흐르는 물에 두세 번 헹궈주세요.

3 끓는 물에 깨끗이 씻은 아욱을 넣고 5분간 데친 뒤 체에 걸러 물기를 꼭 짜주세요.

4 물기를 제거한 아욱을 칼로 잘게 다져요. 아기가 먹을 때 목에 걸려 기침이나 구역질이 나지 않을 크기면 충분합니다.

5 큐브 틀에 다진 아욱을 담고 냉동 보관합니다.

- 아욱은 빨래 빨듯이 여러 번 치대야 풋내가 안 나요.
- 잎채소는 믹서기에 갈면 입자 조절도 어렵고, 믹서기 날이나 컵에 잎사귀가 달라붙어 번거롭기 때문에 칼로 다지는 편이 더욱 편리합니다.

아욱 고르는 방법

아욱은 잎의 크기가 넓고 대가 통통한 것을 골라주세요. 색깔은 진한 연두색이 좋습니다.

근대

근대는 어른들 된장국의 재료로도 많이 활용하는 만큼 친숙한 재료죠? 근대는 수분을 많이 포함하고 식이섬유 함유량도 높은 데다 비타민과 필수 아미노산이 풍부해서 성장기 어린이들의 발육에 도움이 됩니다. 또 면역력 증진에도 효과적이에요. 근대는 6월부터 8월까지가 제철인데 이때는 가격도 저렴한 편이라 이 시기 근대 토핑을 자주 만들어 주면 더욱 좋아요.

재료 토핑 큐브 7개(각 15g) 

☐ 근대 1봉지(155g)

1 근대 잎을 반으로 접은 다음 대각선으로 줄기를 잘라줍니다. 근대의 줄기는 질기기 때문에 사용하지 않아요.

2 손질한 근대 잎을 흐르는 물에 깨끗이 씻어주세요.

3 깨끗이 씻은 근대 잎을 끓는 물에서 3분간 데친 뒤 체에 걸러 물기를 꽉 짜주세요.

4 물기를 짠 근대를 칼로 잘게 다져요. 아기가 먹을 때 목에 걸려 기침이나 구역질이 나지 않을 크기면 충분합니다.

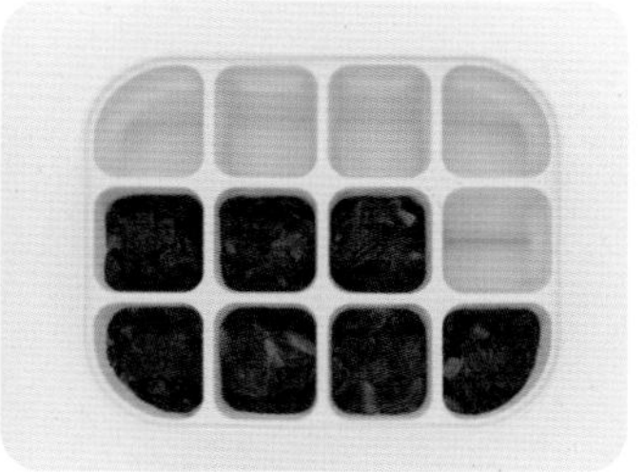

5 큐브 틀에 다진 근대를 담고 냉동 보관합니다.

근대 고르는 방법

근대는 잎이 진한 녹색을 띠고 크기가 작은 것이 좋아요. 줄기는 단단해야 하는데 육안으로는 구분하기가 어려우니 줄기가 지나치게 긴 것만 피해주세요.

적채

적채는 식이섬유가 풍부해 변비 예방에 효과적인 재료예요. 특유의 보라색이 예뻐 샐러드에 많이 사용되기도 하죠. 또빵이도 적채처럼 색감이 있는 식재료를 먹을 때마다 무척 신기해했어요. 당연히 더 잘 먹어주기도 했고요. 그 덕에 이유식을 진행하며 양배추보다 적채를 더 자주 사용했습니다.

재료 토핑 큐브 13개(각 15g) 

☐ 적채 1/4개(260g)

1 적채의 겉잎과 질긴 심 부분을 제거합니다.

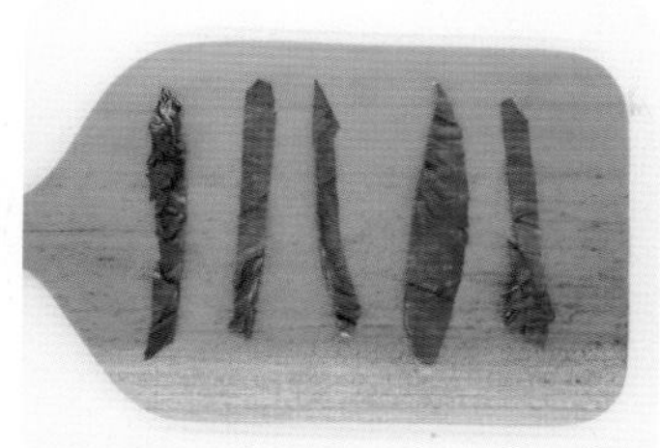

2 손질한 적채의 속잎을 가늘게 채 썰어요.

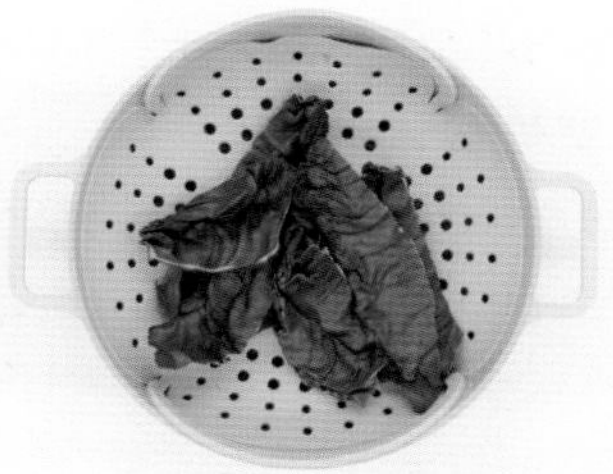

3 적채 잎을 찜기에 넣고 10분간 쪄주세요. 젓가락으로 적채를 찔렀을 때 부드럽게 쑥 들어갈 때까지 쪄요.

4 찐 적채 잎을 믹서기에 넣고 갈아주세요. 믹서기 대신 칼로 다져도 괜찮습니다.

5 큐브 틀에 적채를 담고 냉동 보관합니다.

적채 고르는 방법

적채는 잎의 겉면에 광택이 나면서 들어올렸을 때 어느 정도 무게감이 있는 것으로 골라주세요.

양파

양파는 거의 모든 음식에 사용될 정도로 활용도가 높고 자주 사용하는 재료죠. 그런데 양파 특유의 매운 맛 때문에 먹기를 거부하는 아이들도 있어요. 다행히 잘 익힐수록 매운 맛은 사라지고 단 맛이 올라오기 때문에 양파는 잘 익혀 사용합니다. 양파에는 단백질, 탄수화물, 비타민C, 칼슘 등 다양한 영양소가 다량 함유되어 있기 때문에 이유식 재료로 안성맞춤이니 꼭 시도해 보세요.

재료 토핑 큐브 12개(각 15g)

☐ 양파 1개(210g)

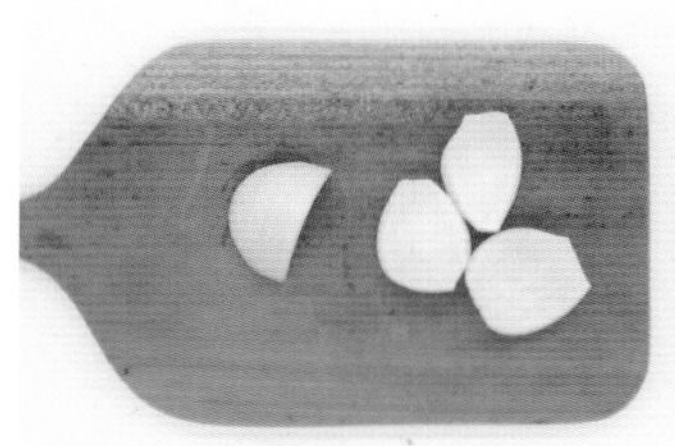

1 껍질을 벗긴 양파를 흐르는 물에 깨끗이 씻고 십(十)자로 잘라 4등분한 뒤 한 조각씩 떼어내 준비합니다.

2 양파를 찜기에 넣고 15분간 쪄주세요. 양파가 더 이상 아삭하지 않고 흐물흐물해질 때까지 쪄요.

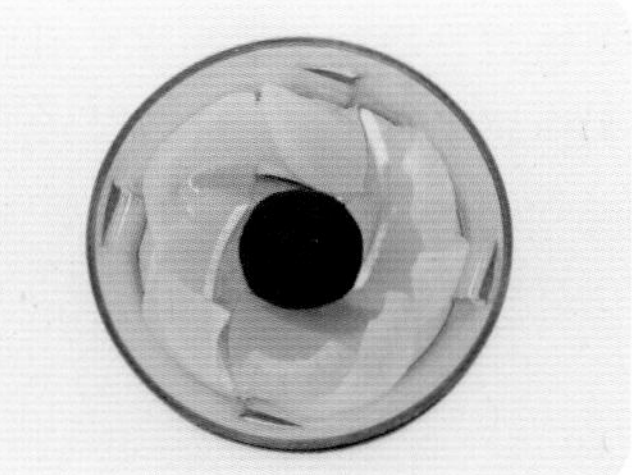

3 양파를 꺼내 한 김 식힌 후 믹서기에 넣고 갈아주세요.

4 큐브 틀에 양파를 담고 냉동 보관합니다.

양파 고르는 방법

양파는 단단하고 껍질 색깔이 선명한 것이 좋아요. 껍질이 물기를 머금지 않은 잘 마른 상태인 것으로 고르는 것이 중요해요. 또 양파를 들었을 때 무겁고 크기가 균일한 것으로 골라주세요.

시금치

시금치는 각종 영양 성분이 꽉꽉 담긴 재료로 특히 철분과 엽산이 풍부해 남녀노소 모두에게 유익해요. 다만 시금치를 오랜 시간 보관하면 질산염이 생성되기 때문에 빠른 시일 내에 먹어야 합니다. 시금치를 구매했다면 곧바로 손질해 큐브를 만들고 냉동 보관해 주세요.

재료 토핑 큐브 8개(각 15g) 

- ☐ 시금치 1단(200g)

1 시금치는 뿌리와 줄기를 제거합니다. 줄기는 질기기 때문에 부드러운 잎만 사용해요.

2 손질한 시금치를 흐르는 물에 깨끗이 씻어주세요.

3 깨끗이 씻은 시금치 잎을 냄비에 넣고 끓는 물에 3분 내로 데친 뒤 체에 걸러 물기를 꼭 짜주세요.

4 물기를 뺀 시금치를 칼로 잘게 다져요. 아기가 먹을 때 목에 걸려 기침이나 구역질이 나지 않을 크기면 충분합니다.

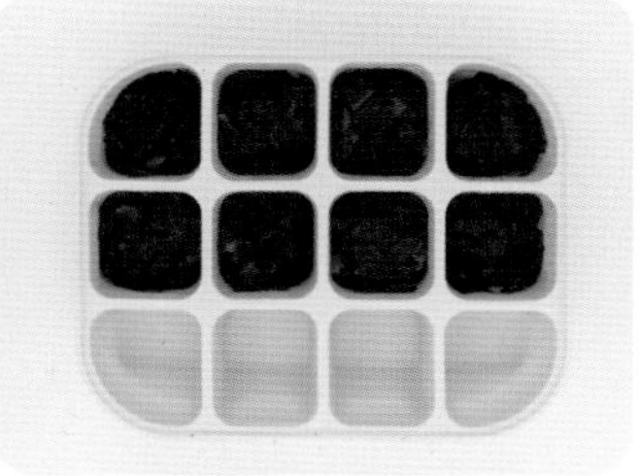

5 큐브 틀에 시금치를 담고 냉동 보관합니다.

시금치 고르는 방법

보통 시금치 뿌리가 붉은색을 띠는 것이 맛있다고 하는데 이유식에서는 뿌리를 포함한 줄기를 모두 제거해 사용하기 때문에 이 부분은 굳이 살피지 않아도 괜찮아요. 대신 시금치 잎이 넓은 것을 골라주세요.

무

한국에서 가장 많이 사용하는 4대 채소 중 하나가 바로 무라고 해요. 무 하나에 포함된 비타민C 함량이 무려 20~25mg 정도로 높아서 아이들 감기 예방에도 효과적이에요. 또 무에 포함된 아밀라아제가 탄수화물을 분해하여 소화를 촉진시키기 때문에 아기가 아플 때 무즙을 갈아 챙겨주면 좋습니다.

재료 토핑 큐브 12개(각 15g)

☐ 무 1/3토막(250g)

1 무를 적당한 크기로 자르고 감자칼로 껍질을 제거합니다.

2 손질한 무를 깨끗이 씻어준 뒤 깍둑썰기 합니다. 무의 크기가 너무 크면 익히는 시간이 길어지니 적당한 크기로 잘라주세요.

3 깍둑썰기한 무를 찜기에 넣고 15분간 쪄주세요. 무가 투명한 색으로 변할 때까지 쪄요.

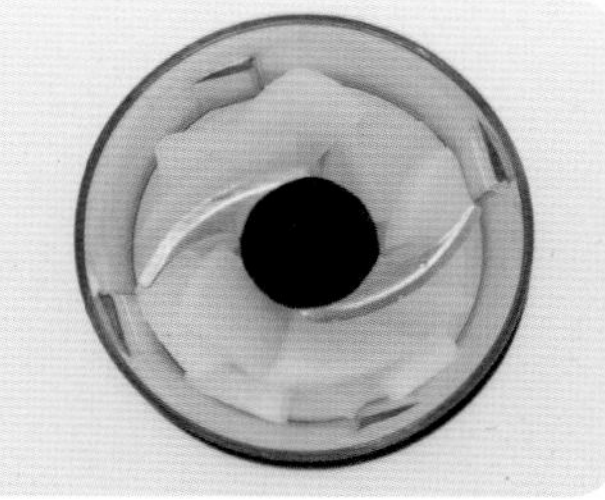

4 찜기에서 꺼낸 무를 믹서기에 넣고 갈아주세요.

5 큐브 틀에 무를 담고 냉동 보관합니다.

무스틱

무큐브를 만들고
남은 자투리를 길다란
스틱 모양으로 잘라
찜기에 쪄주면 그대로
무스틱 완성이에요!

또빵맘 TIP

무는 수분을 많이 포함하고 있기 때문에 갈고 난 뒤 물이 많이 생겨요. 입자감을 살리고 싶다면 믹서기에서 1~2회 정도 끊어가며 다져주세요.

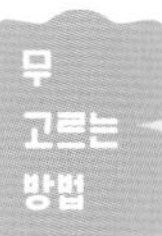

무 고르는 방법

전체적으로 하얗고 표면이 매끈하면서 상처 없이 단단한 것으로 골라주세요.

비트

처음 비트를 사용했을 때는 빨간 비트 물에 놀라기도 하고 손질도 어찌나 어렵던지 굳이 이유식 재료로 활용해야 할까 고민하곤 했어요. 하지만 막상 비트큐브를 완성하고 나면 특유의 색감 덕분에 또빵이가 좋아하고 또 그만큼 잘 먹어 고맙기도 했습니다. 비트의 붉은 색소는 베타인이라는 성분을 포함하고 있어 염증 완화에 효과가 있다고 해요. 아삭한 식감은 물론 풍부한 영양소를 포함한 덕분에 '빨간 무'라는 별명까지 얻었다고 하니 자주 활용해 보세요.

재료 토핑 큐브 11개(각 15g) 

□ 비트 1/2개(200g)

1 감자칼로 비트의 껍질을 제거합니다. 도마와 손에 비트 물이 오염될 수도 있어 비닐장갑을 끼고 바닥에는 키친타월을 깔아줍니다.

2 껍질을 벗긴 비트를 흐르는 물에 깨끗이 씻어준 뒤 깍둑썰기합니다. 비트의 크기가 너무 크면 익히는 시간이 길어지니 적당한 크기로 잘라주세요.

3 비트를 끓는 물에 넣고 센불에서 5분간 익히다가 약불로 줄여 15분간 더 익혀줍니다.

4 비트를 건져내 한 김 식힌 뒤 믹서기에 넣고 갈아주세요.

5 큐브 틀에 비트를 담고 냉동 보관합니다.

또빵맘 TIP 익힌 비트는 칼로 다져도 좋지만 비트의 색감이 매우 강하기 때문에 도마에 물이 들거나 지저분해지기 쉬어요. 이처럼 색이 진한 재료는 칼로 직접 다지기보다 믹서기를 활용하는 편이 더 좋아요.

비트 고르는 방법 비트는 대부분 랩으로 포장되어 있기 때문에 자세히 살펴보기엔 한계가 있어요. 다만 비트 겉면에 흙이 많이 묻어 있다면 수확한 지 얼마 지나지 않은 신선한 것일 확률이 높습니다. 표면이 매끄럽고 전체적으로 동그스름한 것이 좋은 비트예요.

알배추

배추는 사계절 내내 식탁에 올라오는 식재료로 어른들 반찬으로도 활용도가 매우 높지요. 배추의 수분 함량은 95%로 매우 높기 때문에 장 활동 촉진에 매우 좋습니다. 또한 칼슘, 칼륨, 인 등의 무기질과 비타민C도 풍부해서 감기 예방에도 도움이 돼요. 배추는 중기에서 처음 접하는 재료라 먼저 배추 잎을 사용해 테스트하고, 이후 이상 반응이 없으면 줄기까지 모두 사용합니다.

재료 토핑 큐브 10개(각 15g) 

☐ 알배추 1/4포기(280g)

1 배춧잎은 한 장씩 떼어내 준비합니다.

2 배추 줄기 부분을 삼각형 모양으로 잘라 제거합니다. 배추를 찌면 부피가 줄어들기 때문에 손질할 때 많은 양을 준비해야 부족하지 않아요.

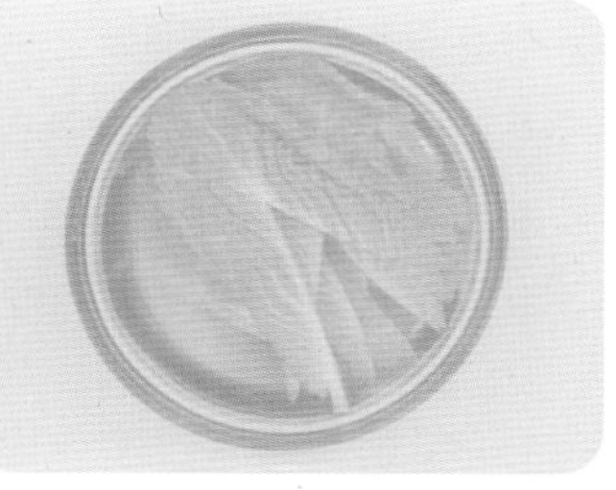

3 베이킹소다 혹은 식초를 푼 물에 손질한 배춧잎을 10분간 담근 뒤 깨끗한 물로 헹궈주세요.

4 손질한 배춧잎을 찜기에 넣고 15분간 쪄주세요.

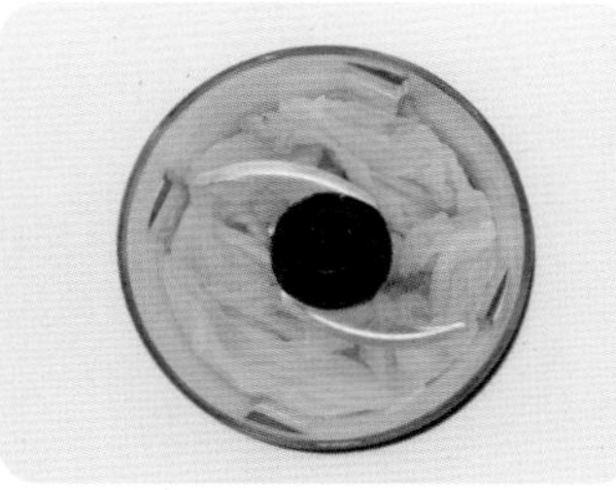

5 배춧잎을 꺼내 한 김 식힌 후 믹서기에 넣어 갈거나 칼로 다집니다.

6 큐브 틀에 배추를 담고 냉동 보관합니다.

배추 고르는 방법

배추의 겉잎은 짙은 초록색이고 안쪽으로 갈수록 진한 노란색을 띠는 것이 좋아요. 포장 때문에 배추 속까지 살펴보기 어렵다면 뿌리 주변을 눌러봤을 때 단단한 걸로 골라주세요.

두부는 완전 식품이라고도 불리죠. 아마 아기 식단에서 두부의 중요성을 모르는 엄마는 없을 거예요. 일반 두부, 연두부, 순두부 등 종류도 다양한데 단독 토핑으로 줄 때는 일반 두부만 사용합니다. 다른 두부는 묽어서 먹기 힘들기 때문에 중기 2단계를 진행할 때 다른 큐브와 결합해 식단에 포함해요. 아기에게 다양한 두부 질감을 경험시키고 싶다면 여러 종류의 두부를 단독으로 먹여도 괜찮아요.

재료 토핑 큐브 3개(각 15g) 

☐ 두부 1/6모(50g)

1 끓는 물에 두부를 넣고 2분간 데쳐주세요.

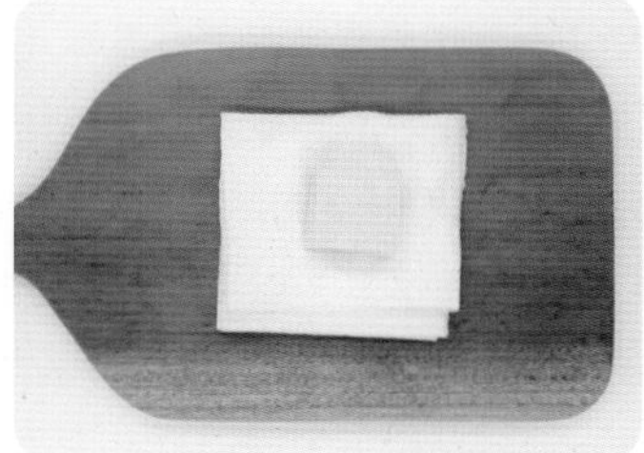

2 데친 두부는 키친타월로 물기를 제거합니다.

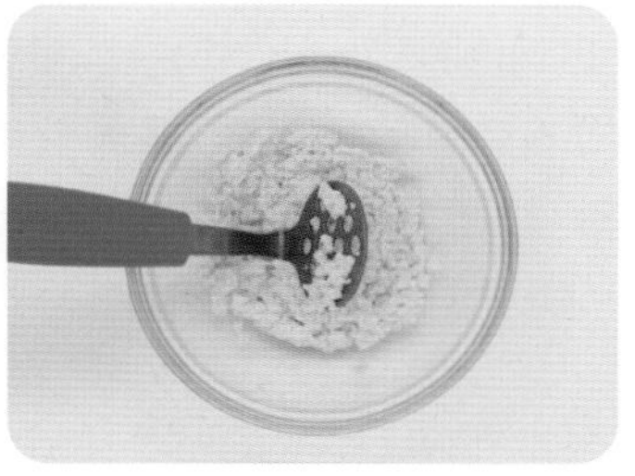

3 두부를 그릇에 옮겨 담은 뒤 매셔로 으깨고 한 김 식혀줍니다.

4 큐브 틀에 두부를 담고 냉장 보관합니다.

두부는 얼리면 식감이 달라지기 때문에 냉동 보관은 추천하지 않아요. 대신 어른들도 평소에 자주 먹는 식재료인 만큼 이유식 큐브를 만들고 남은 두부는 다양한 방식으로 활용해 주세요. 냉장 보관이 가능한 기간은 3일 정도이니 이 기간에 맞춰 소진합니다.

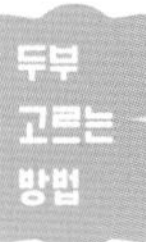

기본적으로 국산 콩 100%로 만들어진 제품을 선택해요. 유기농이라고 적힌 문구만 믿고 무턱대고 구입하기보다는 포장 뒤쪽까지 확인해 국산 콩인지 꼭 확인합니다. 수입 콩은 유전자 변형 등 아직 확인이 어려운 문제가 있어 이왕이면 안전한 국산 콩 두부를 골라요.

연근

비타민C와 비타민B, 식이섬유를 포함한 연근은 피로회복에 도움이 돼요. 덕분에 약재로도 많이 활용됩니다. 아삭한 식감이 특징이지만 이유식에서는 푹 익혀 사용하기 때문에 그 식감을 그대로 전하기에는 무리가 있지만 그럼에도 여전히 매력적인 식재료랍니다. 시중에 손질해 잘라 파는 연근은 갈변을 막기 위해 식초 물에 절인 상태예요. 그러니 번거롭더라도 손질되지 않은 흙연근을 구입해서 활용해 주세요.

재료 토핑 큐브 8개(각 15g) 

☐ 연근 1/2개(170g) ☐ 식초 1스푼

1 흐르는 물에 연근을 깨끗이 씻은 뒤 감자칼로 껍질을 제거해 주세요. 연근 구멍 안에 불순물이 남아 있다면 젓가락을 이용해서 제거합니다.

2 깨끗하게 손질한 연근을 얇게 편으로 썰어주세요.

3 연근의 갈변 현상을 방지하고 아린 맛을 제거하기 위해 끓는 물에 식초 1스푼을 넣은 뒤 30분간 삶아주세요.

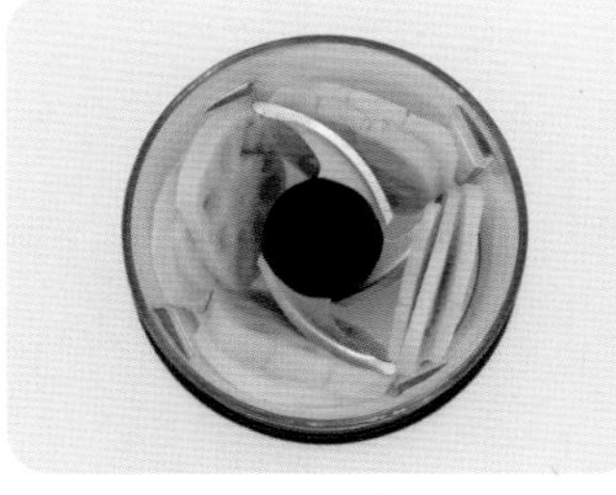

4 삶은 연근을 건져내 한 김 식힌 뒤 믹서기에 넣어 갈거나 칼로 다져줍니다.

5 큐브 틀에 연근을 담고 냉동 보관합니다.

찜기를 사용해 연근을 익히면 아무리 오랜 시간 쪄도 아삭거리는 식감이 남아 있어요. 냄비에 넣고 팔팔 끓여줘야 식감이 부드러워 아이도 더 잘 먹습니다.

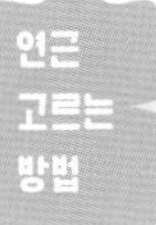

모양이 길고 굵은 게 좋아요. 손질된 연근을 구매할 때는 속이 하얗고 구멍의 크기가 일정한 것으로 골라주세요.

단호박

이유식 시작과 동시에 가장 많이 구매하는 식재료는 단연 단호박일 거예요. 당도가 높지만 열량이 낮고 식이섬유가 풍부해서 이유식에서 활용도가 매우 높은 재료입니다. 삶은 단호박을 으깨서 퓌레로 만들거나 간식의 베이스로 사용해도 좋고, 밥태기가 왔을 때 만들어 둔 단호박 토핑을 하나씩 올려주면 맛도 영양도 모두 챙길 수 있어요.

재료 토핑 큐브 10개(각 15g)

☐ 단호박 1/5개(200g)

1 단호박 꼭지가 아래를 향하도록 전자레인지에 넣고 5분간 익힙니다. 껍질이 단단한 단호박은 자르기가 어렵기 때문에 이 과정을 통해 살짝 익혀줘요.

2 전자레인지에서 단호박을 꺼내고 반으로 자른 뒤 숟가락을 이용해 안쪽의 씨를 긁어내 제거합니다.

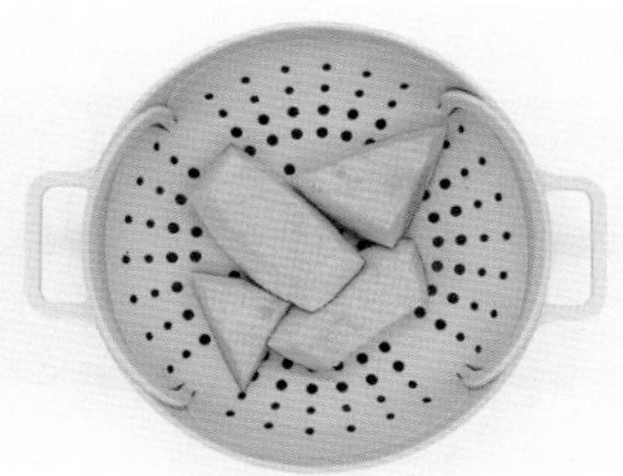

3 손질한 단호박을 적당한 크기로 자른 뒤 찜기에 넣고 20분간 쪄주세요.

5 단호박을 꺼내 한 김 식힌 후 칼로 껍질을 제거합니다.

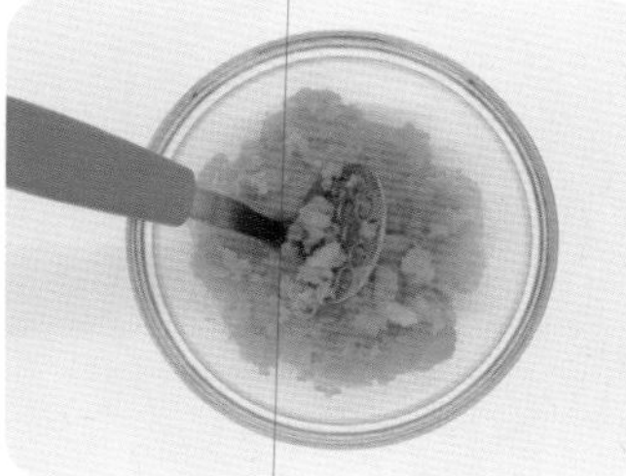

6 단호박을 그릇에 옮겨 담은 뒤 매셔로 으깨주세요.

7 큐브 틀에 단호박을 담고 냉동 보관합니다.

단호박스틱

단호박큐브를 만들고 남은 자투리를 길다란 스틱 모양으로 잘라 찜기에 쪄주면 그대로 단호박스틱 완성이에요!

단호박 고르는 방법

단호박 표면이 상처없이 깨끗한 것이 좋아요. 들었을 때 묵직한 무게감이 느껴지는 것으로 단호박 꼭지가 잘 마른 게 당도가 높습니다. 다만 1~2주 정도 후숙 과정을 거치면 당도를 높일 수 있으니 크게 신경쓰지 않아도 괜찮습니다.

아보카도

아보카도는 기름을 따로 채취할 만큼 지방의 비율이 30%에 달하고 탄수화물과 단백질, 비타민 함량도 높아서 영양가가 높은 과일입니다. 아보카도를 처음 아기에게 먹일 때는 특유의 향에 거부감을 느낄까봐 걱정했는데 다행히 잘 먹어주었어요. 버터와 같이 부드러운 식감을 자랑하는 아보카도큐브에 모두 도전해 보세요.

재료 토핑 큐브 10개(각 15g) 

☐ 아보카도 1/2개(270g)

1 아보카도는 이유식을 시작하기 2~3일 전 미리 구입해 후숙합니다.

2 아보카를 반으로 자른 뒤 가운데에 있는 씨를 칼로 찍어 제거합니다.

3 숟가락으로 아보카도 과육을 긁어 분리해 주세요.

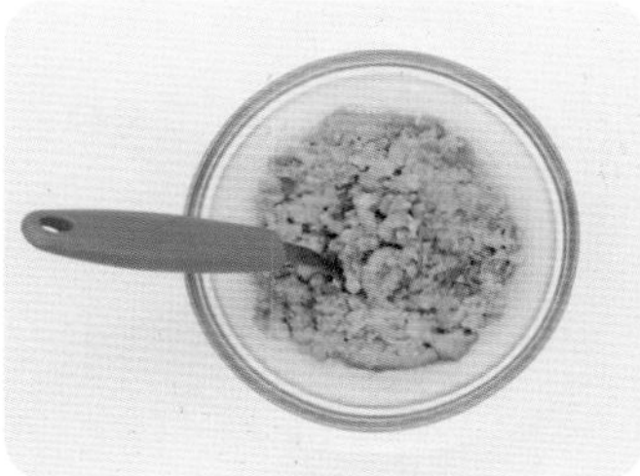

4 아보카도 과육을 그릇에 담고 매셔로 으깨주세요.

5 큐브 틀에 아보카도를 담고 냉동 보관합니다.

또빵맘 TIP

- 후숙이 잘된 아보카도는 손으로 눌렀을 때 단단하지 않고 말랑하며 껍질 색도 검정에 가까운 녹색으로 변해 있어요. 덜 익은 아보카도를 빨리 후숙하고 싶다면 쿠킹호일이나 갈색 종이봉투에 넣어 상온에서 2~3일 정도 보관하거나 사과나 바나나와 함께 두면 맛있게 익어요.
- 처음 아보카도 테스트를 진행할 때 빼고 저는 냉동 아보카도를 사용했어요. 냉동 아보카도는 모두 손질돼 소분된 상태로 포장되어 있기 때문에 후숙 과정이나 큐브를 만들 필요가 없어 매우 편리해요.

아보카도 고르는 방법

구매하고 바로 먹는다면 아보카도 껍질이 짙은 초록색에서 검게 변하려는 것으로 골라요. 손으로 쥐었을 때 너무 단단하지 않고 약간의 탄성이 느껴지는 것이 좋습니다.

밤

밤은 가열해도 영양 손실이 적기 때문에 거의 모든 재료를 익혀 먹어야 하는 이유식에 적합한 재료죠. 배탈이 나거나 설사가 심할 때에도 도움이 되고 비타민A, 비타민B, 비타민C, 칼슘 등이 풍부해서 성장과 발육에도 좋습니다. 밤은 전분 함량이 높아서 삶거나 구워 먹으면 날 것으로 먹을 때보다 소화가 쉬워요. 토핑으로 만들어 놓으면 이유식에서 두루두루 활용할 수 있습니다.

재료 토핑 큐브 8개(각 15g) 

☐ 밤 7개(220g)

1 소금 1스푼을 넣은 물에 밤을 5분간 담가 두면 벌레 먹은 밤이 수면으로 떠올라요. 떠오른 밤은 건져내고 남은 밤은 흙이 묻어나오지 않을 정도로 세척합니다.

2 밤을 찜기에 넣고 센불에서 10분, 약불에서 20분간 찌고, 마지막으로 5~10분 정도 뜸 들여주세요.

3 밤을 꺼내 반으로 자르고 티스푼으로 속을 파내요.

1단계 중기 이유식

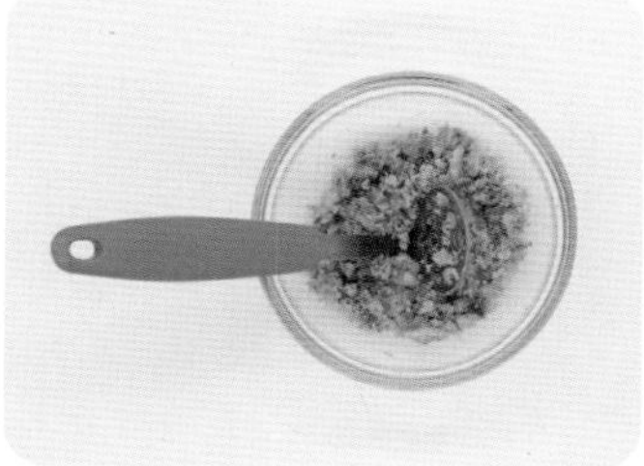

4 밤 속을 그릇에 담고 매셔로 으깨주세요.

5 큐브 틀에 밤을 담고 냉동 보관합니다.

밤은 과육이 꽤나 단단한 편이에요. 평균적인 중기 이유식 입자의 크기로 손질하면 아기가 먹기 힘들어할 수도 있어요. 그럴 땐 밤 찌는 시간을 좀 더 늘려 더 무르게 만들거나 입자를 더욱 곱게 으깨주세요.

밤 고르는 방법

밤알이 굵고 껍질이 윤기 나는 갈색인 것으로 골라주세요. 손으로 눌렀을 때 무른 것은 썩은 밤일 확률이 높으니 단단한 것이 좋아요.

완두콩

완두콩은 동글동글 귀여운 모양은 물론 특유의 짙은 초록색 색감이 기분까지 좋아지게 만드는 재료죠. 콩 중에서도 식이섬유가 가장 풍부해서 변비를 예방하고 몸의 조화를 이루는 데 도움을 준다고 해요. 완두콩은 봄부터 여름까지가 제철인데 그 외 계절이라면 냉동 완두콩으로 구매해 주세요. 물론 제철을 맞은 봄 완두콩의 감칠맛이 더 뛰어납니다.

재료 토핑 큐브 8개(각 15g) 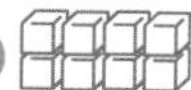

☐ 완두콩 한줌(120g)

1 흐르는 물에 완두콩을 깨끗이 씻어주세요.

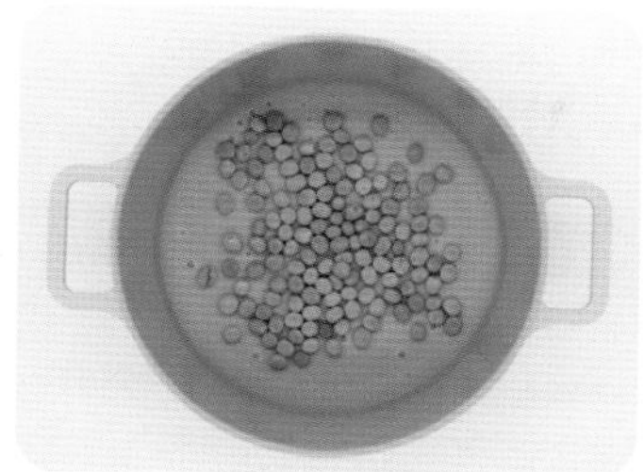

2 끓는 물에 완두콩을 넣고 5분 간 삶아주세요. 이때 너무 푹 익히면 속껍질을 제거할 때 으깨질 수 있으니 완두콩 상태를 체크합니다.

3 완두콩을 건져낸 뒤 속껍질을 제거하고 직접 맛을 보면서 부드럽게 익었는지 확인해주세요. 덜 익었다면 한 번 더 익혀줍니다.

4 삶은 완두콩을 함께 믹서기에 넣고 갈아주세요. 이때 잘 갈리지 않으면 소량의 물을 추가합니다.

5 큐브 틀에 완두콩을 담고 냉동 보관합니다.

완두콩 고르는 방법

콩 모양이 튀지 않고 동그스름한 것이 좋아요. 짙은 초록색을 띠는 제품을 고릅니다.

콜라비

웰빙식품으로 각광받고 있는 콜라비는 양배추에서 분화된 채소로 수분과 비타민C 함유량이 높아요. 또빵이가 무 토핑을 너무 잘 먹기에 비슷한 식감의 식재료를 찾다가 발견한 재료입니다. 처음에는 아무 맛도 나지 않아서 걱정했는데 역시나 이유식을 먹을 때 거부하지는 않지만 그렇게 선호하는 식재료는 아니었답니다.

재료 토핑 큐브 13개(각 15g) 

☐ 콜라비 1/5개(120g)

1 흐르는 물에 콜라비를 깨끗이 씻은 뒤 감자칼로 껍질을 제거합니다.

2 껍질을 제거한 콜라비를 적당한 크기로 깍둑썰기합니다.

3 콜라비를 찜기에 넣고 20분간 쪄 주세요. 젓가락으로 찔렀을 때 쑥 들어갈 때까지 쪄요.

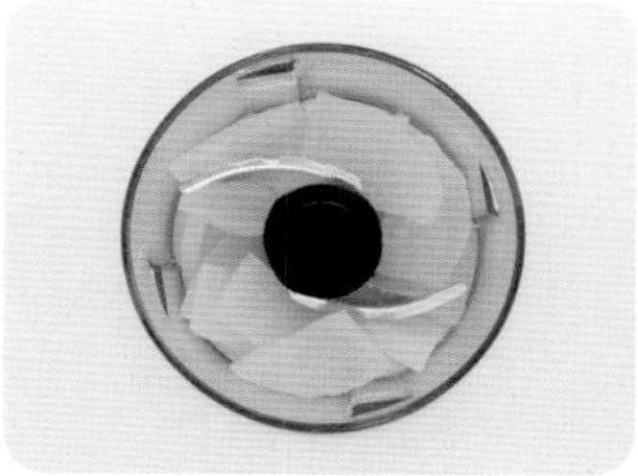

4 콜라비를 찜기에서 꺼내 한 김 식힌 뒤 믹서기에 넣고 갈아주세요.

5 큐브 틀에 콜라비를 담고 냉동 보관합니다.

콜라비 고르는 방법

콜라비는 크기가 클수록 껍질과 과육 모두 딱딱해요. 그러니 양손에 잡히는 적당한 크기인 것을 고릅니다. 또 표면에 상처가 없는 상품으로 골라주세요.

미역

미역은 칼슘 덩어리이지만 요오드 함유량이 높아 이유식으로 먹이기 꺼리는 엄마들도 있어요. 하지만 저는 어떤 음식이든 적당량만 먹는다면 문제될 게 없다고 생각해요. 게다가 토핑이유식에서 사용하는 미역의 양은 매우 적기 때문에 더욱 걱정할 필요가 없습니다. 그래도 너무 걱정된다면 미역 토핑은 진행하지 않아도 괜찮아요.

재료 토핑 큐브 8개(각 15g) 

☐ 건미역 10g

1 건미역을 30분 정도 물에 담가 불려주세요.

2 불린 미역은 찬물에서 두세 번 헹궈 짠맛을 제거합니다.

3 냄비에 미역을 넣고 끓는 물에서 1~2분간 데쳐주세요.

4 미역을 건져낸 뒤 믹서기에 넣고 갈거나 칼로 다져줍니다.

5 큐브 틀에 미역을 넣고 냉동 보관합니다.

- 마른 미역 상태에서는 너무 가벼워서 요리에 필요한 정확한 양을 측정하기가 어렵습니다. 미역을 단독 토핑으로 사용할 땐 더욱 힘들어요. 제가 미역 토핑을 진행할 때는 항상 엄마 아빠 반찬으로 미역국을 끓이며 그중 불린 미역 소량을 덜어내 사용하곤 했답니다.
- 이유식을 진행할 때 미역의 요오드 섭취량 때문에 섭취를 망설이는 엄마들도 있어요. 실제로 건미역의 경우 섭취 권장량이 0.4g 이하라고 합니다. 하지만 미역의 양 자체가 워낙 적고 미역을 섭취하는 만큼 요오드가 그대로 몸에 흡수되는 것이 아니라 우리 신체에서 필요한 만큼만 흡수되고 나머지는 소변으로 배출되어 가끔씩 먹는 건 괜찮다고 해요. 그래도 걱정된다면 미역을 먹일 때 요오드 함량이 높지 않은 소고기나 두부, 버섯 등과 같은 재료를 함께 식단으로 구성해 주세요.

중기 이유식 2단계 (생후 8개월)

○ 또빵맘마 중기 이유식 2단계 식단표 ○

	구분	Day 1	Day 2	Day 3
오전	베이스(7배죽)	쌀죽	쌀죽	쌀죽
	토핑	소고기코코볼+크림시금치+연근	소고기코코볼+크림시금치+연근	소고기코코볼+크림시금치+연근
오후	베이스(7배죽)	쌀죽	쌀죽	쌀죽
	토핑	닭고기청경채무침+두부스틱 +자유토핑	닭고기청경채무침+두부스틱 +자유토핑	닭고기청경채무침+두부스틱 +자유토핑

	구분	Day 7	Day 8	Day 9
오전	베이스(6배죽)	쌀죽	쌀죽	쌀죽
	토핑	소고기+브로콜리두부무침 + 아보카도	소고기+브로콜리두부무침 +아보카도	소고기+달걀찜 (흰자) +아보카도
오후	베이스(6배죽)	쌀죽	쌀죽	쌀죽
	토핑	소고기청경채무침+단호박스틱	소고기청경채무침+단호박스틱	소고기청경채무침+단호박스틱

	구분	Day 13	Day 14	Day 15
오전	베이스(6배죽)	쌀죽	쌀죽	쌀죽
	토핑	소고기당근볶음+ 완두콩	소고기당근볶음+완두콩	소고기당근볶음+완두콩
오후	베이스6배죽)	쌀죽	쌀죽	쌀죽
	토핑	꼬꼬볼+무스틱+밤소보로	꼬꼬볼+무스틱+밤소보로	꼬꼬볼+무스틱+밤소보로

	구분	Day 19	Day 20	Day 21
오전	베이스(6배죽)	쌀죽	쌀죽	쌀죽
	토핑	소고기+비트볼+ 콜라비	소고기+비트볼+콜라비	소고기+비트볼+콜라비
오후	베이스(6배죽)	쌀죽	쌀죽	쌀죽
	토핑	소고기코코볼+연두부달걀찜	소고기코코볼+연두부달걀찜	소고기코코볼+연두부달걀찜

	구분	Day 25	Day 26	Day 27
오전	베이스(5배죽)	쌀죽	쌀죽	쌀죽
	토핑	소고기+ 근대 페스토 + 적채사과샐러드	소고기+근대페스토 +적채사과샐러드	소고기+근대페스토 +적채사과샐러드
오후	베이스5배죽)	쌀죽	쌀죽	쌀죽
	토핑	소고기미역볶음+애호박달걀범벅	소고기미역볶음+애호박달걀범벅	소고기미역볶음+애호박달걀범벅

Day 4	Day 5	Day 6	
쌀죽	쌀죽	쌀죽	오전
소고기+알배추김치+ 단호박	소고기+알배추김치+단호박	소고기+알배추김치+단호박	
쌀죽	쌀죽	쌀죽	오후
소고기+연근+반달애호박찜	소고기+연근+반달애호박찜	소고기+연근+반달애호박찜	

Day 10	Day 11	Day 12	
쌀죽	쌀죽	쌀죽	오전
소고기+달걀찜+ 밤	소고기+ 밤+자유토핑	소고기+밤+자유토핑	
쌀죽	쌀죽	쌀죽	오후
소고기무조림+아보카도큐브	소고기무조림+아보카도큐브	소고기무조림+아보카도큐브	

Day 16	Day 17	Day 18	
쌀죽	쌀죽	쌀죽	오전
꼬꼬볼+ 새송이(양송이/팽이) +비트고구마맛탕	꼬꼬볼+새송이+비트고구마맛탕	꼬꼬볼+새송이+비트고구마맛탕	
쌀죽	쌀죽	쌀죽	오후
소고기+흰자토핑아보카도달걀볼	소고기+흰자토핑아보카도달걀볼	소고기+흰자토핑아보카도달걀볼	

Day 22	Day 23	Day 24	
쌀죽	쌀죽	쌀죽	오전
소고기+새송이+미역	소고기+새송이+미역	소고기+새송이+미역	
쌀죽	쌀죽	쌀죽	오후
닭고기+완두콩감자샐러드	닭고기+완두콩감자샐러드	닭고기+완두콩감자샐러드	

Day 28	Day 29	Day 30	
쌀죽	쌀죽	쌀죽	오전
소고기+ 매생이 달걀찜	소고기+매생이달걀찜	소고기+매생이달걀찜	
쌀죽	쌀죽	쌀죽	오후
소고기+콜라비+자유토핑	소고기+콜라비+자유토핑	소고기+콜라비+자유토핑	

크림시금치

시금치 토핑만 먹었던 아기들이 크림시금치를 처음 먹으면 정말 눈이 번쩍 뜨여요. 크림시금치는 이유식을 모두 끝낸 뒤 유아식을 진행할 때 소금 간과 베이컨 등을 추가하면 얼마든지 활용 가능한 레시피이기도 해서 정말 추천드리는 메뉴랍니다. 시금치를 안 먹거나 시금치 토핑을 지겨워하는 아이들도 매력을 느끼는 맛이니 꼭 한 번 시도해 보세요.

재료 1회 분량 20g

☐ 시금치큐브 1개(15g) ☐ 아기치즈 1/2장 ☐ 물 5~10ml

1 시금치큐브를 해동하고 아기치즈 1/2장을 준비해요.

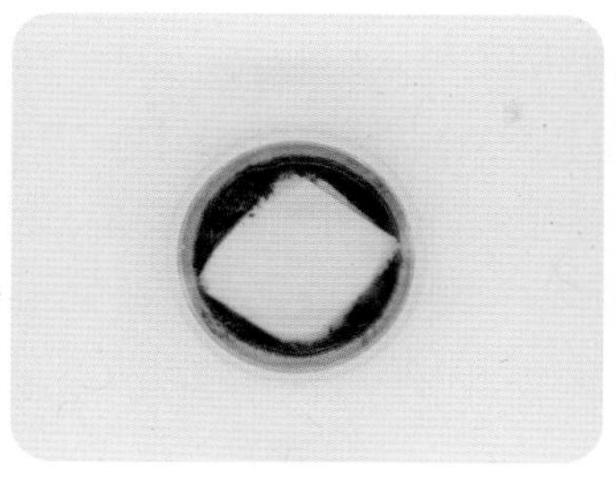

2 시금치큐브와 아기치즈, 물 5~10ml를 전자레인지용 그릇에 함께 넣고 잘 섞어주세요.

3 잘 섞은 재료를 전자레인지에 30초 돌려주세요.

4 이유식용 그릇에 크림시금치를 옮겨 담으면 완성입니다.

해동한 시금치큐브에 이미 많은 수분이 포함되어 있다면 물을 추가하지 않고 아기치즈만 추가합니다. 묽은 수프같은 농도가 아니라 더 되직한 농도의 별도 토핑으로 만들고 싶다면 치즈의 양을 1장으로 늘려주면 됩니다.

소고기코코볼

아이가 고기 섭취를 거부하고 매번 뱉어내나요? 제대로 된 영양 섭취가 안 되는 걸까 걱정되세요? 소고기코코볼과 함께라면 더 이상의 소고기 거부는 없습니다. 소고기코코볼은 한번 만들어 놓으면 베이스죽 위 토핑으로도 활용하고, 과일퓌레나 감자퓌레와도 궁합이 좋아요. 만드는 방법도 아주 간단해서 SNS에서 '국민 이유식'이라는 별명을 얻은 기특한 레시피니 모두들 꼭 도전해 보세요!

재료 1회 분량 35g(약 25개)

☐ 소고기 50g ☐ 찹쌀가루 5g

1 소고기 50g을 믹서기에 넣고 입자가 느껴지지 않을 정도로 곱게 갈아주세요.

2 소고기와 찹쌀가루를 함께 그릇에 담고 잘 섞어줍니다.

3 소고기를 개당 2~3g씩 작은 공 모양으로 만들어주세요. 약 25개의 소고기코코볼을 만들 수 있어요.

4 170도에 맞춘 에어프라이어에 반죽을 넣고 10분간 익혀주세요. 고루 잘 익을 수 있도록 중간중간 뒤집어가며 익혀줍니다.

5 완성된 소고기코코볼을 이유식용 그릇에 옮겨 담으면 완성입니다.

- 골고루 잘 익힌 소고기코코볼은 쉽게 으스러져요. 씹지 않고 삼키는 아기들에겐 위험할 수 있으니 아이들에게 주기 전에 꼭 스푼으로 눌러 단단하게 만든 뒤 먹입니다.
- 소고기에 찹쌀가루를 섞으면 흐트러지지 않고 깔끔하게 공 모양을 만들 수 있습니다. 찹쌀가루가 가장 잘 어울리긴 하지만 쌀가루나 밀가루 등으로 대체해도 괜찮습니다.

중기 2단계

토핑

알배추김치

이유식에서 갑자기 김치라니, 놀라셨나요? 이 레시피는 수분감이 부족한 고기 토핑과 어울릴 채소큐브를 고민하다가 만들었어요. 이번 레시피는 알배추큐브와 과일퓌레를 결합해 알배추의 시원함과 과일의 단맛이 조화로를 이룬 특별한 김치입니다.

재료

1회 분량 25g

- ☐ 알배추큐브 1개(15g)
- ☐ 배퓌레 10g

과일퓌레는 시판 제품을 활용해요. 보통 100g씩 용량으로 판매하니 큐브 틀에 10g씩 소분해 냉동 후 필요할 때마다 꺼내 사용합니다.

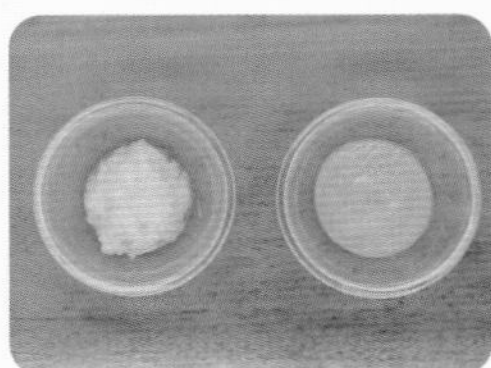

1 알배추큐브를 해동합니다. 배퓌레도 준비해 주세요.

2 해동을 마친 알배추큐브와 배퓌레를 그릇에 넣고 잘 섞어주세요.

3 배추김치를 이유식용 그릇에 옮겨 담으면 완성입니다.

표고양파볶음

표고버섯과 양파 모두 향이 강한 재료지만 서로를 중화하며 오묘한 매력을 뿜냅니다. 표고버섯의 촉촉하고 쫄깃한 식감과 익힌 양파의 은은한 단맛이 조화를 이루면서 맛과 건강 모두를 챙길 수 있는 레시피예요.

재료

1회 분량 30g

- □ 표고버섯큐브 1개(15g)
- □ 양파큐브 1개(15g)

1 표고버섯큐브와 양파큐브를 해동합니다.

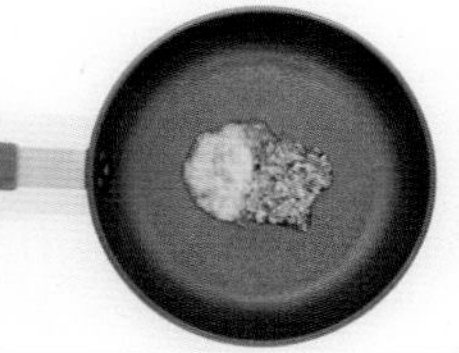

2 해동을 마친 두 큐브를 마른 프라이팬에 올리고 약불에서 2분간 볶아주세요.

3 이유식용 그릇에 표고양파볶음을 옮겨 담으면 완성입니다.

표고버섯큐브와 양파큐브는 모두 수분을 많이 포함하고 있어 수분을 날리기 위해 프라이팬에 볶아줬어요. 이 과정이 번거롭다면 전자레인지에 데우는 방식으로 대체할 수 있습니다.

반달애호박찜

귀염뽀짝한 비주얼로 SNS에서 단숨에 수많은 엄마들의 마음을 사로잡은 바로 그 반달애호박찜! 애호박큐브를 만들다가 애매하게 남은 애호박 조각을 활용한 레시피예요. 애호박의 속을 파내고 그 속에 계란을 채웠을 뿐인데 세상에, 식재료 본연의 색이 이렇게나 예쁠 줄은 저도 몰랐어요. 찐 애호박과 달걀의 부드러움 식감 덕분에 색다른 달걀찜을 해주고 싶을 때 제격입니다.

재료 3회 분량(1회 4개 각 40g)

- ☐ 애호박 1개(200g)
- ☐ 달걀노른자 2개
- ☐ 물 20ml

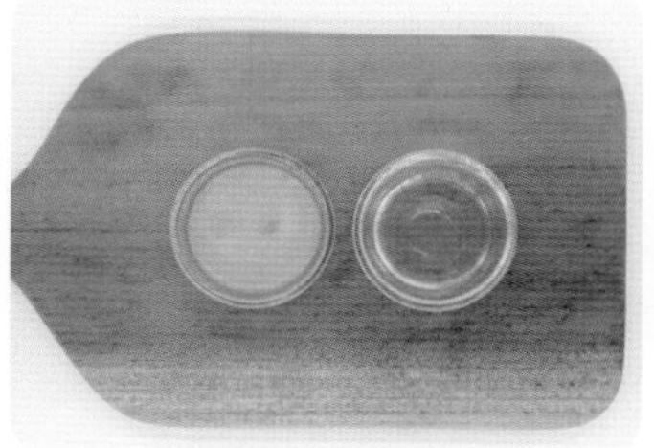

1 애호박을 반으로 자르고 칼로 사각형 테두리를 그린 뒤 틀에 맞춰 숟가락으로 애호박 속을 파주세요.

2 달걀노른자 2개와 물 20ml를 그릇에 담고 잘 섞어요. 흰자 테스트가 끝났다면 달걀 1개를 물 없이 풀어서 사용해요.

3 속을 파낸 애호박을 달걀물로 채워주세요.

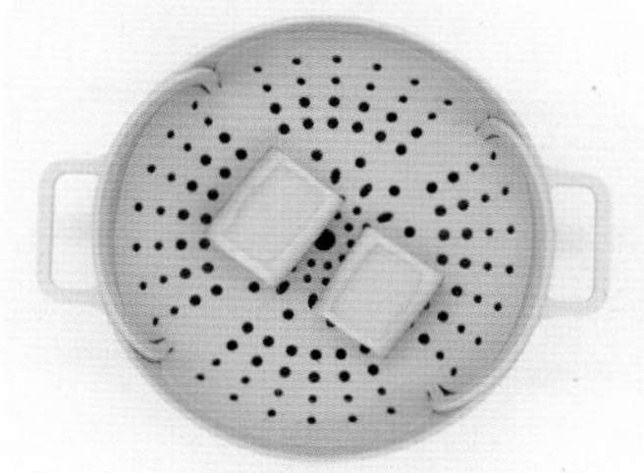

4 애호박을 찜기에 넣고 약불에서 10분간 쪄주세요.

5 반달애호박찜을 편으로 썬 뒤 이유식 그릇에 옮겨 담으면 완성입니다.

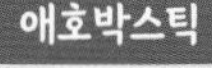

반달애호박찜을 만들고 남은 자투리 호박을 길다란 스틱 모양으로 잘라 찜기에 쪄주면 그대로 애호박스틱 완성이에요!

- 애호박을 찜기에 오래 두면 애호박이 물컹해지기 때문에 다 익힌 즉시 꺼내주세요.
- 달걀이 애호박과 잘 붙지 않고 분리된다면 달걀을 붓기 전 애호박 속에 전분가루나 밀가루를 얇게 발라주세요.

중기 2단계

토핑

완두콩감자샐러드

고소하고 부드러운 재료인 완두콩과 감자를 색다르게 샐러드로 만들었어요. 이유식 반찬으로 활용해도 좋고, 따로 간식으로 챙겨 줘도 활용도가 매우 높은 레시피입니다. 아기의 기호에 따라 입자의 크기를 변화시키면 더욱 다양하게 활용할 수 있어요.

재료

1회 분량 35g

- ☐ 완두콩큐브 1개(15g)
- ☐ 찐 감자 20g

• 완두콩큐브 대신 생 완두콩을 삶아서 칼로 다진 후 감자퓌레와 섞어주면 알알이 씹히는 완두콩 맛을 더 잘 느낄 수 있습니다.

• 완두콩은 완전히 으깨고, 감자는 삶아서 숟가락으로 성기게 부순 뒤 섞으면 완두콩 수프에 감자 토핑을 올린 새로운 요리가 탄생이에요.

1 완두콩큐브를 해동하고 으깬 감자 20g을 준비합니다.

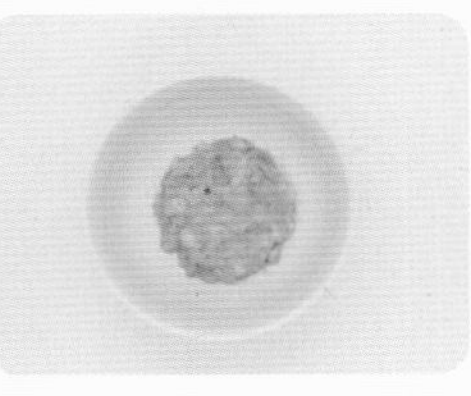

2 완두콩큐브와 으깬 감자를 그릇에 넣고 잘 섞어줍니다.

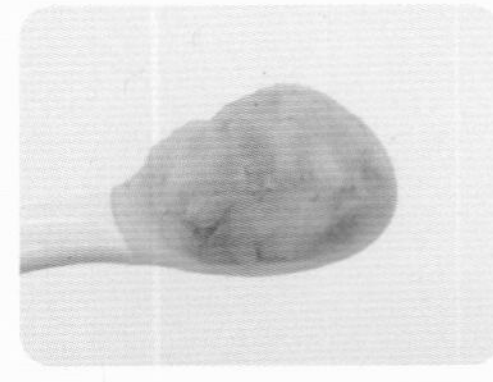

3 이유식용 그릇에 완두콩감자샐러드를 옮겨 담으면 완성입니다.

닭고기청경채무침

닭고기는 섬유질이 풍부해서 소화 흡수에 좋고 청경채는 위장을 튼튼하게 만들고 혈액 순환을 원활하게 도와주기 때문에 이 두 재료를 함께 먹으면 효과가 더 좋아요. 독특한 향이나 쓴맛이 없는 청경채는 닭고기와 맛의 궁합이 매우 좋습니다.

재료

1회 분량 30g

- ☐ 닭고기큐브 1개(15g)
- ☐ 청경채큐브 1개(15g)

1 닭고기큐브와 청경채큐브를 해동합니다.

2 닭고기큐브와 청경채큐브를 그릇에 넣고 잘 섞어주세요.

3 닭고기청경채무침을 이유식용 그릇에 옮겨 담으면 완성입니다.

꼬꼬볼

닭고기도 이유식에서 정말 자주 활용하는 재료죠? 이번엔 닭고기를 갈아서 뭉친 후, 공 모양처럼 둥글게 만들어봤어요. 앞에서 소개한 소고기코코볼과 함께 식단을 구성하는 엄마들도 많더라고요. 두 요리 모두 아기들은 손으로 쉽게 잡고 먹을 수 있어서 재미있고, 엄마는 소고기와 닭고기를 어렵지 않게 챙겨줄 수 있는 효자 레시피입니다.

재료 1회 분량(약 18개 각 3~5g)

☐ 닭안심 50g ☐ 찹쌀가루 5g

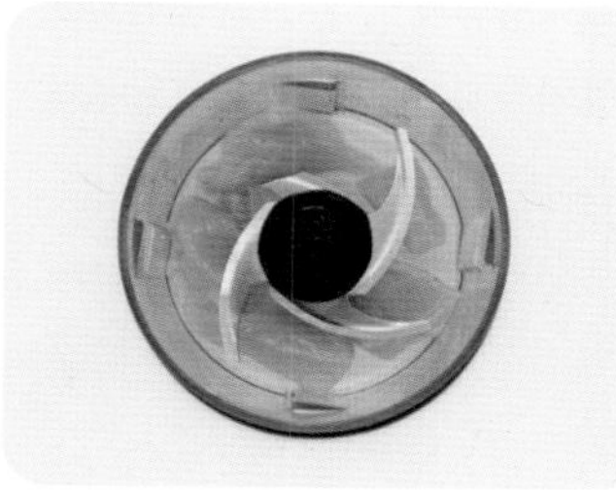

1 손질한 닭안심을 믹서기에 넣고 곱게 갈아주세요(닭안심 손질법: 118쪽 참고).

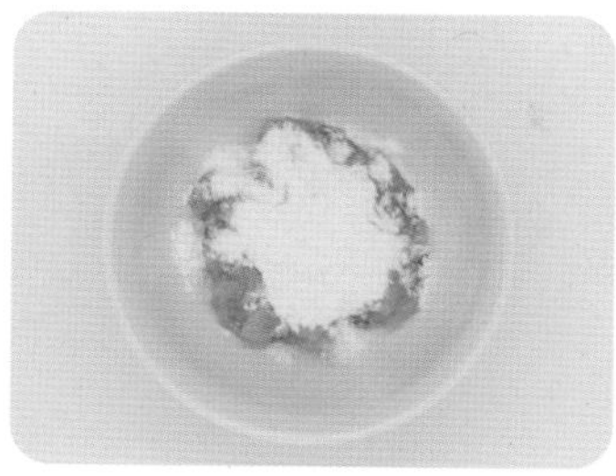

2 닭안심과 쌀가루를 그릇에 함께 담고 잘 섞어줍니다.

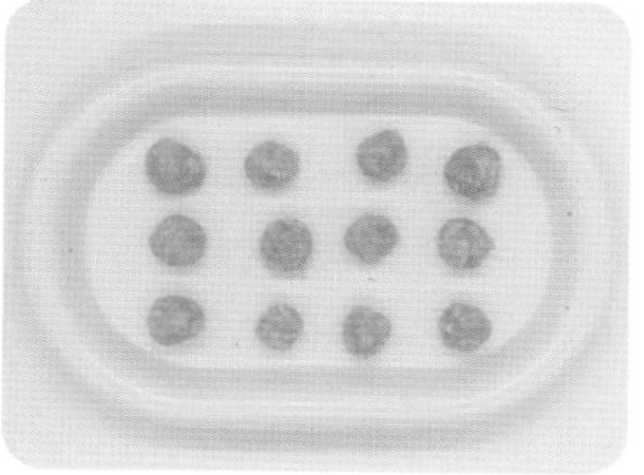

3 닭안심을 개당 3~5g씩 작은 공 모양으로 만들어주세요. 약 18개의 꼬꼬볼을 만들 수 있어요.

4 170도에 맞춘 에어프라이어에 반죽을 넣고 10분간 익혀주세요. 고루 잘 익을 수 있도록 중간중간 뒤집어가며 익혀줍니다.

5 꼬꼬볼을 이유식용 그릇에 옮겨 담으면 완성입니다.

브로콜리두부무침

브로콜리두부무침은 아기도 어른도 모두 잘 먹는 레시피예요. 비타민C와 식이섬유가 많은 브로콜리와 단백질이 풍부한 두부가 만나면 든든함도 채우고 고소함도 배가 됩니다! 참기름과 깨는 생후 6개월부터 섭취 가능해 두 재료 모두 테스트를 마쳤다면 이번 레시피에서 활용해 주세요.

재료

1회 분량 30g

- ☐ 브로콜리큐브 1개(15g)
- ☐ 두부큐브 1개(15g)

1 브로콜리큐브와 두부큐브를 해동합니다.

2 두 큐브를 그릇에 넣고 잘 섞어주세요.

3 브로콜리두부무침을 이유식용 그릇에 옮겨 담으면 완성입니다.

적채사과샐러드

적채는 식감이 부드럽고 수분이 많은 재료라 아기가 거부감 없이 잘 먹어요. 외국에서는 식사 대용 수프로도 먹을 만큼 포만감이 큰 재료이기도 합니다. 이번 레시피는 사과를 다지지 않고 강판이나 믹서기에 갈아 입자가 느껴지지 않을 상태로 만들어 소스처럼 뿌려 부드러운 식감을 더 잘 느낄 수 있어요.

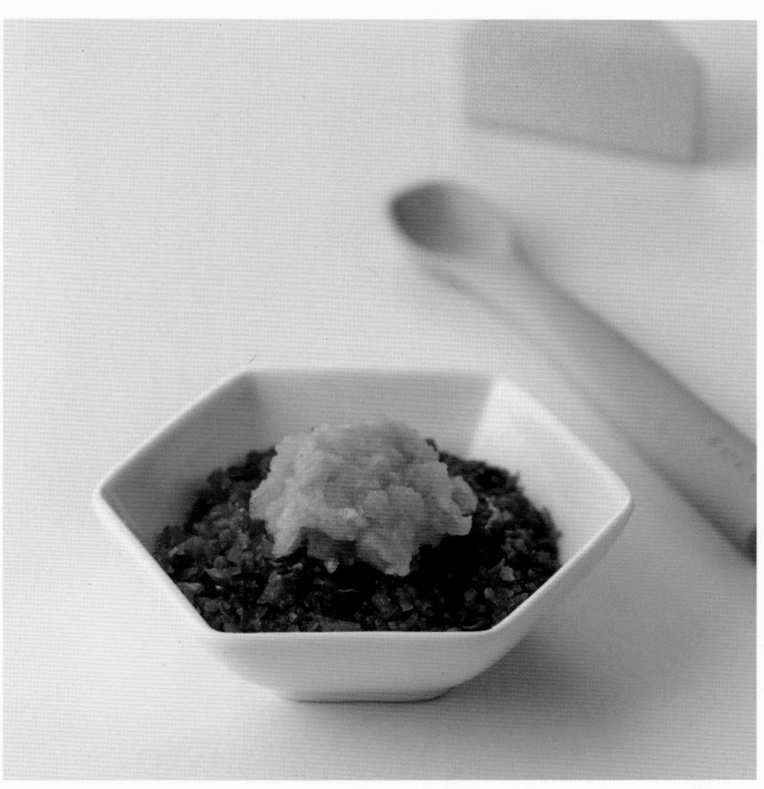

재료

1회 분량 35g

- ☐ 적채큐브 1개 (15g)
- ☐ 사과 15~20g

1 적채큐브를 해동합니다.

2 사과를 강판에 갈아주세요. 입자가 거의 보이지 않을 때까지 잘게 갈아주세요.

3 적채큐브를 이유식용 그릇에 옮겨 담은 뒤 사과를 소스처럼 뿌려주면 완성입니다.

아보카도달걀볼

아보카도와 달걀은 어른들도 샐러드로 만들어 즐겨 먹을 만큼 맛과 영양의 조화가 완벽해요. 각 큐브를 따로 반찬처럼 먹어도 좋지만 둘을 뭉쳐 작은 볼 모양으로 만들어주면 아이 손에 묻히지 않고 깔끔하게 먹을 수 있어요. 저는 볼 모양을 더 잘 유지하려 에어프라이어에 살짝 익혀줬는데 아보카도는 열을 가하면 쓴맛이 날 수도 있어 달걀을 추가해 쓴맛을 중화해줬습니다.

재료 1회 분량 50g(4개 각 12g)

- ☐ 아보카도큐브 2개(30g)
- ☐ 삶은 달걀노른자 1개(15g)
- ☐ 쌀가루 10g

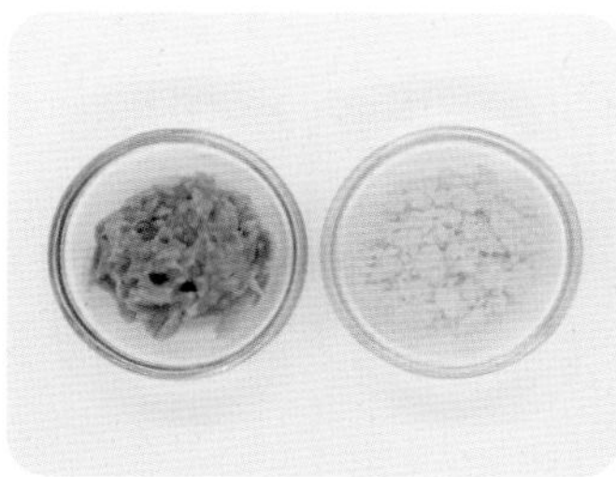

1 아보카도큐브를 해동하고 삶은 달걀노른자 1개를 으깨서 준비해 주세요.

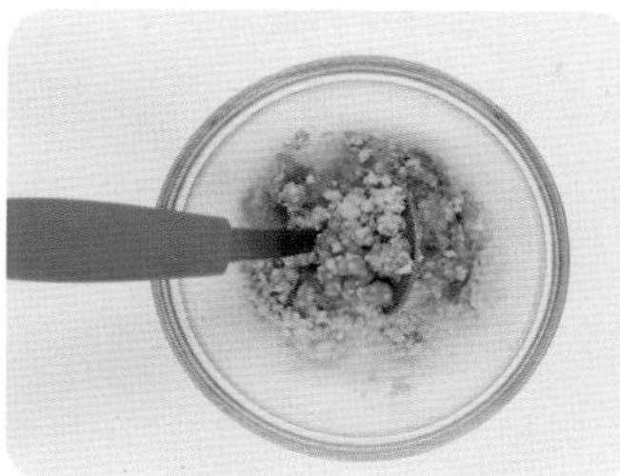

2 아보카도큐브와 노른자를 그릇에 함께 담고 메셔로 곱게 으깹니다.

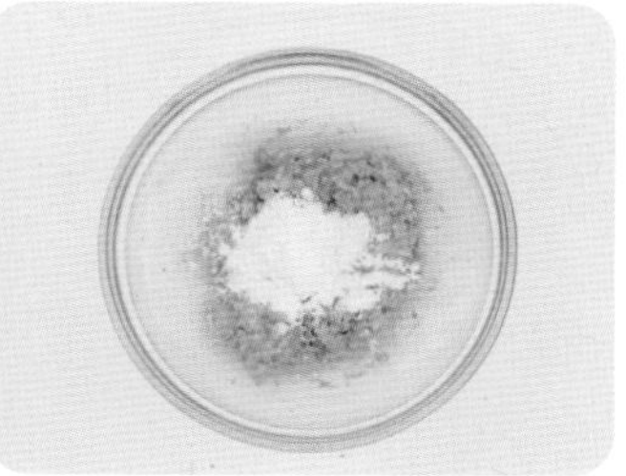

3 으깬 아보카도와 달걀노른자에 쌀가루를 넣고 잘 섞어주세요.

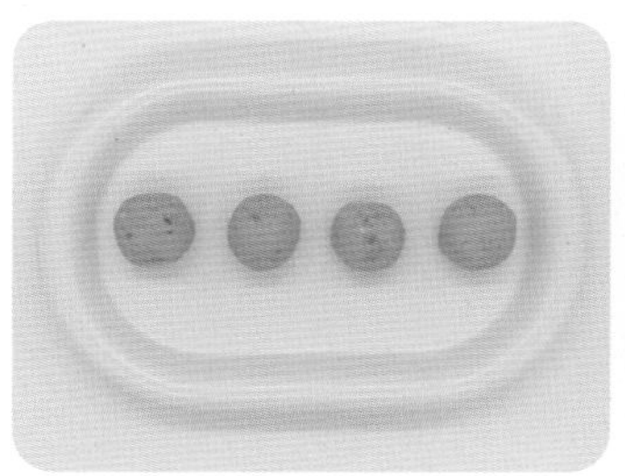

4 반죽을 개당 12g씩 작은 공 모양으로 빚어주세요. 약 4개의 아보카도달걀볼을 만들 수 있어요.

5 170도에 맞춘 에어프라이어에 반죽을 넣고 5분간 익혀주세요. 고루 잘 익을 수 익도록 중간중간 뒤집어가며 익혀줍니다.

6 아보카도달걀볼을 이유식용 그릇에 옮겨 담으면 완성입니다.

소고기무조림

이번 레시피는 소고기뭇국과 비슷한 요리라고 생각해도 좋아요. 소고기큐브에 소고기 육수를 함께 보관했다면 따로 육수를 낼 필요도 없습니다. 또빵이는 처음 육수가 자작한 소고기무조림을 먹었을 때 직접 숟가락을 쥐고 육수까지 남김없이 먹어버렸답니다.

재료

1회 분량 30g

- ☐ 소고기큐브 1개(15g)
- ☐ 무큐브 1개(15g)

육수가 너무 많다면 한 번 끓여서 졸여주세요. 더 깊은 맛을 느낄 수 있어요. 육수가 부족해 보여도 수분을 많이 포함한 무 덕분에 식감이 퍽퍽해지지 않아요.

1 소고기큐브와 무큐브를 해동합니다.

2 두 큐브를 전자레인지용 그릇에 넣고 잘 섞어준 뒤 전자레인지에 30초간 데워주세요.

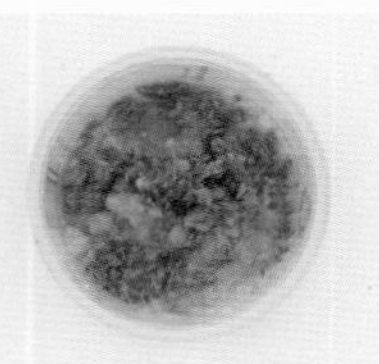

3 이유식용 그릇에 소고기무조림을 옮겨 담으면 완성입니다.

비트고구마맛탕

비트큐브는 막상 힘들게 만들어 놓아도 활용할 방법이 적어 곤란하다는 의견이 많은 재료 중 하나예요. 그래서 생각해낸 방법이 바로 맛탕으로 변신시키기! 비트는 단맛이 없지만 색감이 예쁜 재료잖아요. 비트의 색감은 살리고 부족한 단맛은 고구마로 채운 똑똑한 레시피랍니다.

재료

1회 분량 40g

- ☐ 비트큐브 1개(15g)
- ☐ 찐 고구마 30g

1 비트큐브를 꺼내 해동합니다.

2 찜기에 쪄서 익힌 고구마를 한입 크기로 깍둑썰어 준비해주세요.

3 깍둑썰기한 고구마와 비트큐브를 그릇에 넣고 잘 섞어주세요.

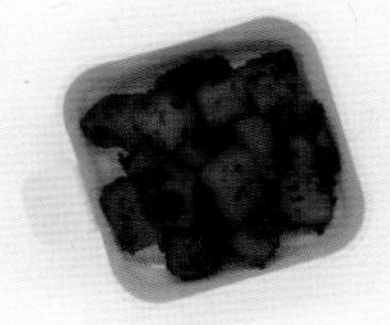

4 이유식용 그릇에 비트고구마맛탕을 옮겨 담으면 완성입니다.

비트볼

비트는 단독으로 요리했을 때 자칫 흙 맛이 나 아기가 먹기를 거부할 수도 있어요. 이번 레시피에서는 사과퓌레를 더해 맛을 끌어올렸습니다. 비트볼은 아기가 직접 만지고 으깨는 과정을 통해 비트의 식감과 맛에 익숙해지는 데 중점을 둔 터라 앞서 소개한 소고기코코볼이나 꼬꼬볼보다 계량이 넉넉합니다. 이런 요소를 배제하고 정량으로 진행하고 싶다면 재료의 양을 절반으로 줄여 진행하면 됩니다.

재료 1회 분량 80g(5개 각 15g)

- ☐ 비트큐브 2개 (30g)
- ☐ 사과퓌레 10g
- ☐ 쌀가루 30g
- ☐ 찹쌀가루 10g

1 비트큐브를 해동해 주세요. 사과퓌레와 쌀가루, 찹쌀가루도 함께 준비합니다.

2 준비한 모든 재료를 그릇에 담고 골고루 섞어주세요.

3 비트볼을 15g씩 작은 공 모양으로 빚어주세요. 약 5개의 비트볼을 만들 수 있어요.

4 170도에 맞춘 에어프라이어에 반죽을 넣고 10분간 익혀주세요. 고루 잘 익을 수 있도록 중간중간 뒤집어가며 익혀주세요.

5 이유식용 그릇에 비트볼을 옮겨 담으면 완성입니다.

쌀가루만 사용해 비트볼을 만들면 익었을 때 너무 뻑뻑해지고 시간이 지나면서 표면이 갈라질 수도 있습니다. 반죽을 만들 때 약간의 찹쌀가루를 추가하면 더 촉촉하고 부드러운 비트볼을 완성할 수 있으니 참고하세요.

중기 2단계

토핑

연두부달걀찜

달걀노른자 테스트를 마치자마자 바로 고안한 달걀찜 레시피입니다. 노른자만 활용해 퍽퍽한 식감이 걱정된다면 연두부를 함께 넣어 부드럽게 만들어주세요. 이번 레시피에는 일반 두부나 순두부보다는 연두부가 가장 잘 어울려요. 후기 이유식이나 일반식 단계에서 이 레시피를 활용하고 싶다면 연두부를 사용하는 대신 일반 두부를 숟가락으로 성글게 으깨 몽글몽글한 식감을 유지한 채 추가하면 달걀찜 안에 두부가 쏙쏙 박혀 씹는 재미를 더해줄 수 있습니다. 이유식에만 한정된 레시피가 아니기 때문에 계속 활용해 주세요!

재료 3회 분량 120g(3개 각 40g)

☐ 달걀노른자 1개 ☐ 연두부 1팩(140g)

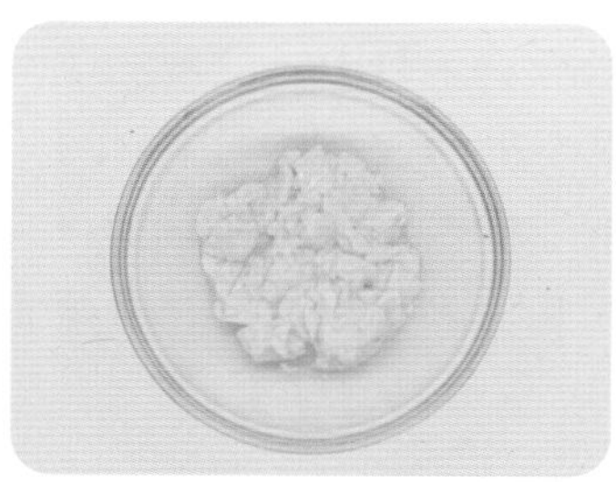

1 연두부 1팩(140g)을 그릇에 담고 숟가락으로 으깨주세요.

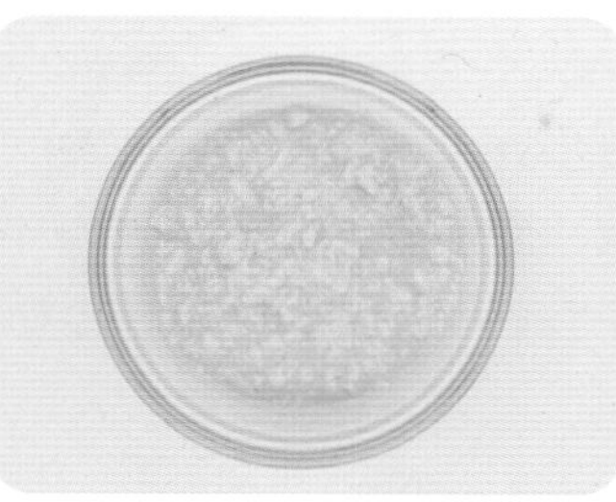

2 으깬 연두부에 달걀노른자 1개를 넣고 잘 섞어주세요.

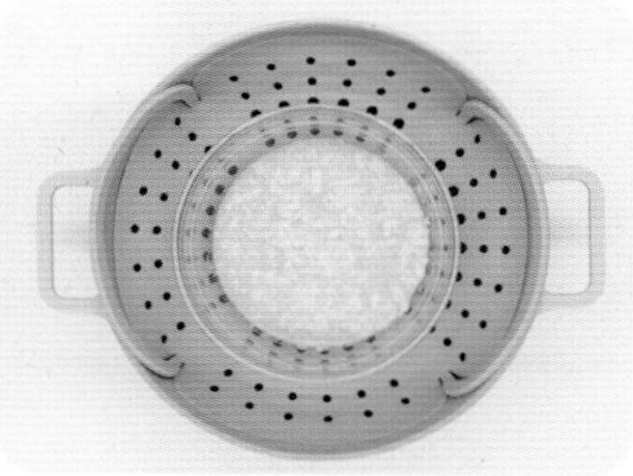

3 그릇을 찜기에 넣고 약불에서 15~20분간 쪄주세요. 전자레인지를 사용할 경우 3~4분간 돌려 익혀 줍니다.

4 완성된 연두부달걀찜을 이유식 보관용 그릇에 옮겨담아요. 총 3회 분량이니 소분해 냉장 보관합니다. 이후 전자레인지에 30초~1분간 데워 식사를 진행합니다.

중기 2단계
토핑

매생이달걀찜

매생이의 철분 함량은 우유의 40배, 칼슘 함량은 우유의 5배로 남녀노소 모두에게 좋은 영양분이 풍부한 식재료입니다. 원래 매생이는 12월 중순에서 2월까지 일년 중 2~3개월만 맛볼 수 있는 겨울철 별미였는데 최근에는 건조 형태로 판매돼 사계절 내내 만날 수 있어요. 매생이도 미역과 마찬가지로 단독 큐브로 만들어 보관하기에는 어려운 재료이기 때문에 이번 레시피처럼 다른 재료와 결합해 자연스럽게 섭취할 수 있도록 했어요.

재료 3회 분량 130g(3개 각 40g)

☐ 달걀 1개 ☐ 건조 매생이 1개 ☐ 물 50ml

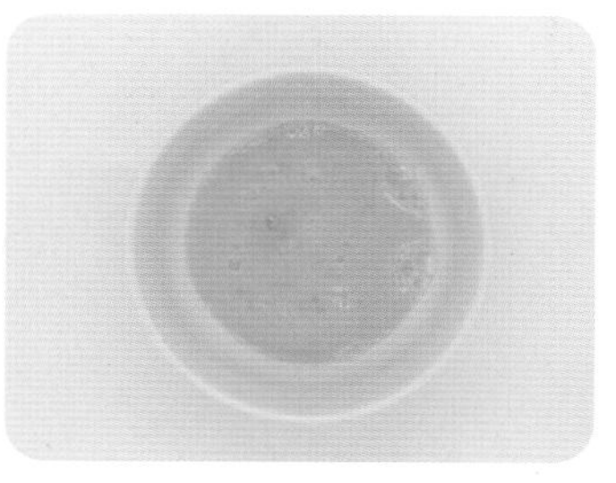

1 그릇에 달걀 1개를 넣고 풀어줍니다. 더 부드러운 달걀찜을 원한다면 체에 걸러 알끈을 제거해 주세요.

2 건조 매생이를 물에 넣어 잘 풀어준 뒤 체에 걸러 물기를 제거하고 가위로 잘게 잘라주세요.

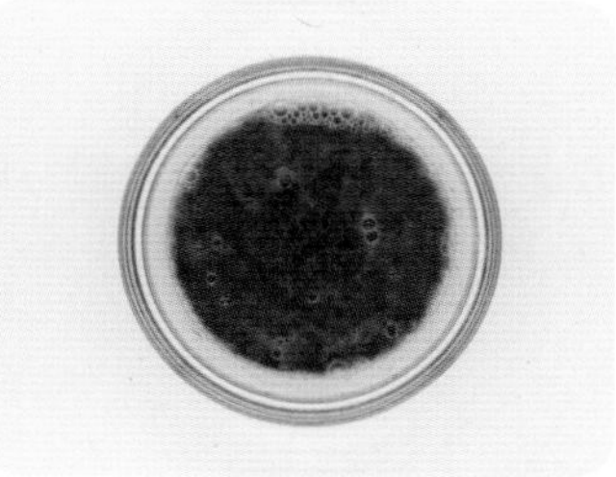

3 달걀물에 자른 매생이, 물 50ml를 함께 넣고 잘 섞어주세요.

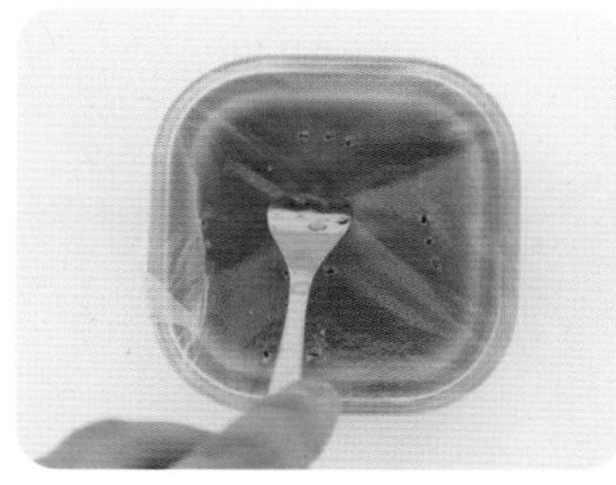

4 전자레인지용 용기에 재료를 옮겨 담아 랩을 씌운 뒤 포크로 랩에 구멍을 뚫고 전자레인지에서 3~4분간 익혀주세요.

5 매생이달걀찜을 이유식 용기에 옮겨 담으면 완성입니다. 총 3회 분량이니 소분해 냉장 보관합니다.

중기 2단계

토핑

근대페스토

근대를 활용해 만들어본 페스토! 집에 있는 초록색 채소를 활용해서도 만들 수 있습니다. 페스토는 주로 견과류를 활용하지만 이번 레시피에서는 견과류 대신 과일퓌레를 넣어서 고소함보다는 달달한 맛을 강조했어요. 기존 페스토 레시피에서 활용되는 올리브유 대신 물이나 이기치즈를 사용해서 농도를 조절했습니다.

재료

1회 분량 40g

- ☐ 근대큐브 15g
- ☐ 과일퓌레 10g
- ☐ 아기치즈 1/2장
- ☐ 분유물 10ml

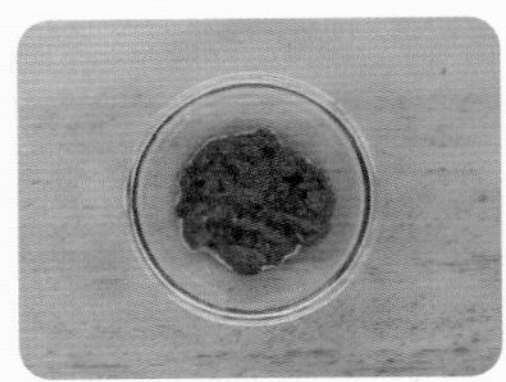

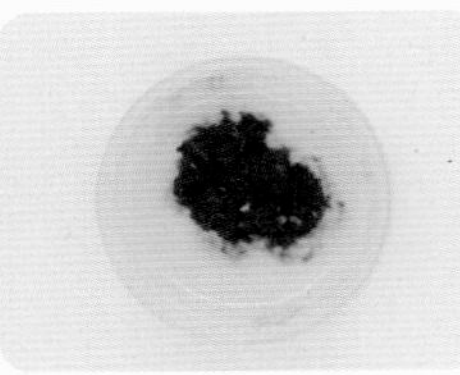

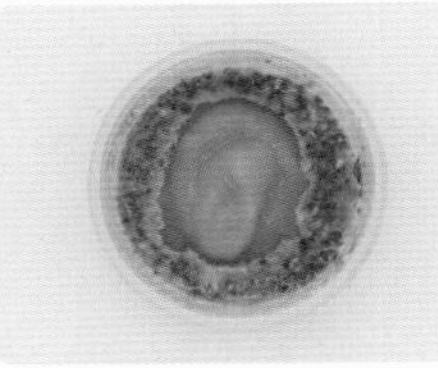

1 근대큐브를 해동해 주세요.

2 아기치즈와 분유물, 근대큐브를 그릇에 담고 전자레인지에서 30초 돌려준 뒤 잘 섞어주세요.

3 잘 섞은 재료에 과일퓌레를 넣고 잘 섞어줍니다.

4 근대페스토를 이유식용 그릇에 옮겨 담으면 완성이에요.

애호박달걀범벅

완전식품의 대명사로 알려진 달걀에 딱 하나 부족한 것이 있다면 비타민C인데요. 애호박에는 비타민C가 풍족해 이 둘을 활용한 이번 레시피는 영양학적으로 매우 균형 잡힌 메뉴랍니다. 삶은 달걀은 으깨서 활용해도 좋지만 퍽퍽한 식감을 보완하고자 체에 걸러 곱게 만들어줬어요. 애호박과 함께 섞으면 애호박의 수분으로 노른자가 흩날리지 않고 자연스럽게 덩어리져 마치 달걀찜처럼 부드럽게 완성된니다.

재료

1회 분량 30g

- ☐ 애호박큐브 1개(15g)
- ☐ 삶은 달걀노른자 1개(15g)

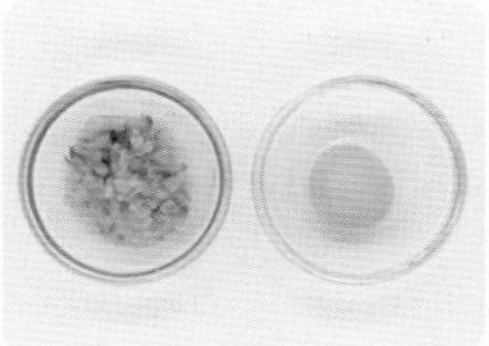

1 애호박큐브를 해동해 주세요. 삶은 달걀도 노른자를 분리해 준비합니다.

2 노른자를 체에 걸러 곱게 갈아주세요.

3 애호박큐브와 으깬 달걀노른자를 그릇에 담고 잘 섞어줍니다.

4 애호박달걀범벅을 이유식용 그릇에 옮겨 담으면 완성이에요.

소고기미역볶음

소고기미역볶음은 소고기큐브와 미역큐브를 해동해 함께 볶는 것으로도 충분하지만, 참기름 테스트를 마쳤다면 참기름을 더해요. 감칠맛이 더욱 올라갈 거예요. 아이에게 밥태기가 왔을 때는 소고기미역볶음에 육수와 베이스죽을 추가해 소고기미역죽으로 만들면 더욱 맛있게 밥태기를 극복할 수 있을 거예요.

재료

1회 분량 30g

- ☐ 소고기큐브 1개(15g)
- ☐ 미역큐브 1개(15g)

1 소고기큐브와 미역큐브를 해동합니다.

2 두 큐브를 마른 프라이팬에 올리고 약불에서 1분간 볶아주세요. 전자레인지에 30초 데워줘도 괜찮습니다.

3 이유식용 그릇에 소고기미역볶음을 옮겨 담으면 완성입니다.

소고기당근볶음

매일 먹여야 하는 소고기, 오늘은 어떻게 만들어야 질리지 않고 잘 먹어줄까 고민되시죠? 냉장고에 남아 있는 자투리 채소나 만들어둔 다양한 채소큐브와 함께 볶아주면 추가하는 재료에 따라 다양한 맛으로 즐길 수 있습니다. 당근은 부드러워질 때까지 익혀야 체내 흡수율이 높아지는데 소고기 기름과 함께 볶으면 오랜 시간 조리해도 태우지 않고 충분히 익힐 수 있어요.

재료

1회 분량 30g

- ☐ 소고기큐브 1개(15g)
- ☐ 당근큐브 1개(15g)

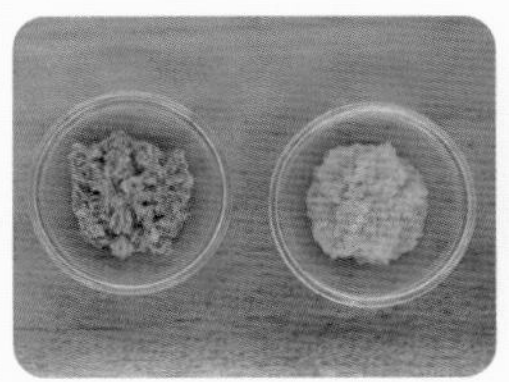

1 소고기큐브와 당근큐브를 해동해 주세요.

2 두 큐브를 마른 프라이팬에 올리고 약불에서 1분간 볶아주세요.

3 소고기당근볶음을 이유식용 그릇에 옮겨 담으면 완성입니다.

소고기감자쿠키

소고기 다짐육이 지겨워질 무렵, 어떻게 하면 소고기를 색다르게 먹을 수 있을까 고민 끝에 만든 레시피입니다. 감자와 밀가루 반죽은 쫄깃한 식감을 더하고 반죽에 콕콕 박힌 바삭하게 구운 소고기는 식감은 물론 소리까지 맛있어요. 매일 소고기를 먹이는 일이 힘들다면 더 이상 스트레스 받지 말고 소고기감자쿠키에 도전해 보세요.

재료 1회 분량 80g(8개 각 10g) 냉장 보관(3일 내 소진)

☐ 감자 50g ☐ 소고기 다짐육 20g ☐ 밀가루 20g

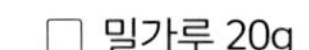

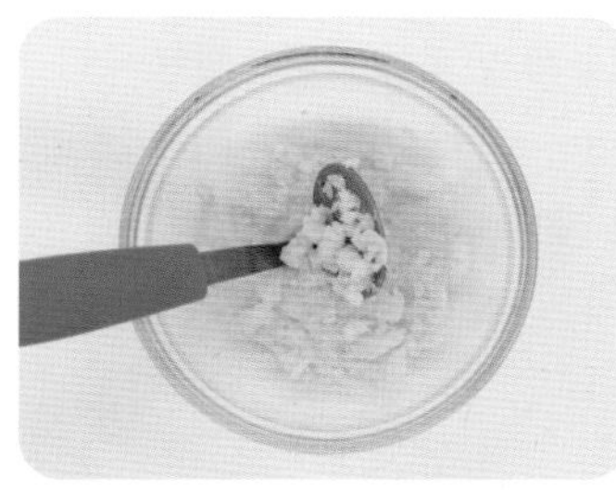

1 감자를 찜기에 넣고 쪄준 뒤 매셔로 으깨줍니다.

2 마른 프라이팬에 소고기 다짐육을 올리고 중불에서 2~3분간 볶아주세요.

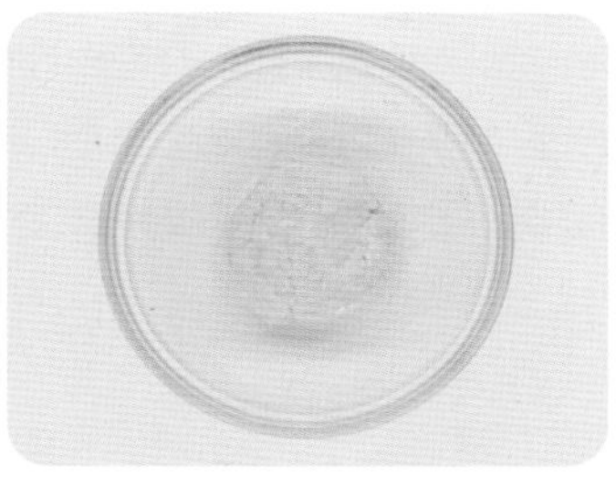

3 으깬 감자에 밀가루를 넣고 잘 섞어줍니다. 밀가루와 감자를 가장 처음에 섞어야 뭉치지 않으니 순서에 유의하세요.

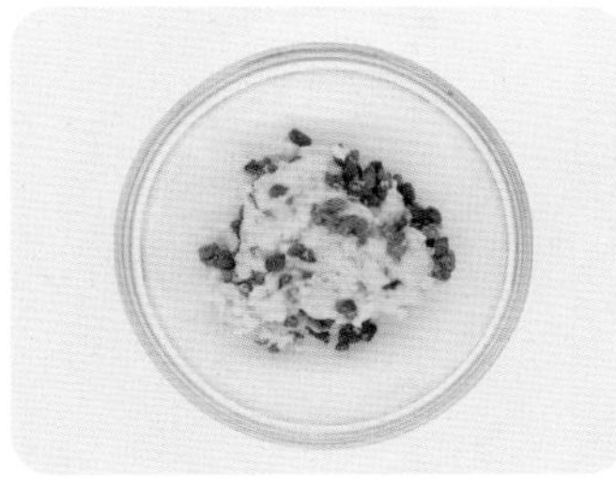

4 반죽에 익힌 소고기를 넣고 한 번 더 잘 섞어줍니다.

5 반죽을 10g씩 넓적한 쿠키 모양으로 만들어주세요. 약 8개의 쿠키를 만들 수 있어요.

6 170도에 맞춘 에어프라이어에 반죽을 넣고 15분간 익혀요. 아기가 바삭한 식감에 거부감을 느낀다면 10분간 익혀주세요. 이유식용 그릇에 소고기감자쿠키를 옮겨 담으면 완성입니다.

쿠키 반죽으로 쌀가루나 찹쌀가루를 사용해도 괜찮습니다. 하지만 쿠키의 느낌을 살리는 데는 밀가루가 가장 적합해요!

중기
간식

고구마크루아상

인스타그램 조회수 30만을 기록한 인기 만점 간식을 소개합니다! 고구마를 활용해 갓 구운 빵처럼 만든 우리 아기만을 위한 귀여운 크루아상이에요. 외출할 때 이유식 통에 담아 나가면 엄마, 아빠와 함께 카페 데이트도 문제없습니다! 귀여운 크루아상 모양이 아기의 관심을 끄니 맛과 모양 모두를 잡은 효자 간식입니다.

재료 1~2회 분량 130g(15개 각 8~10g) 냉장 보관(3일 내 소진)

☐ 고구마 100g ☐ 아기치즈 1장 ☐ 밀가루 20g

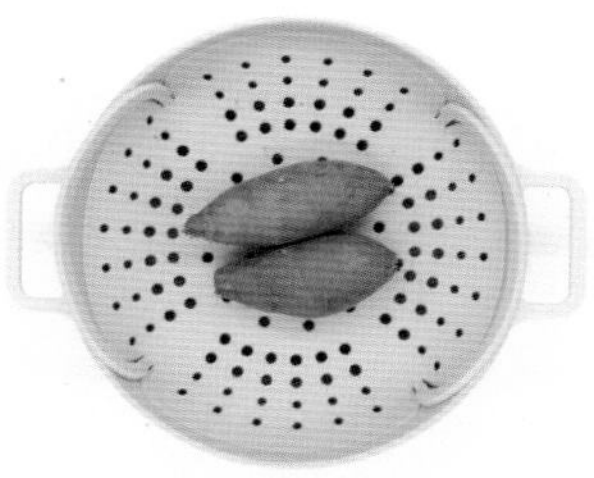

1 고구마는 찜기에 넣고 쪄주세요.

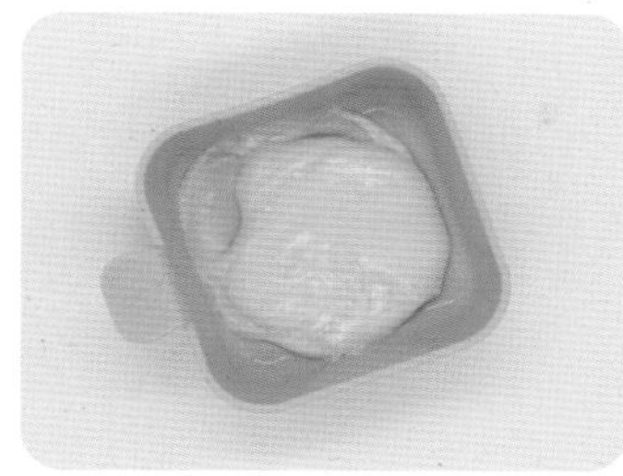

2 아기치즈를 전자레인지용 그릇에 넣고 30초간 돌려 녹여줍니다.

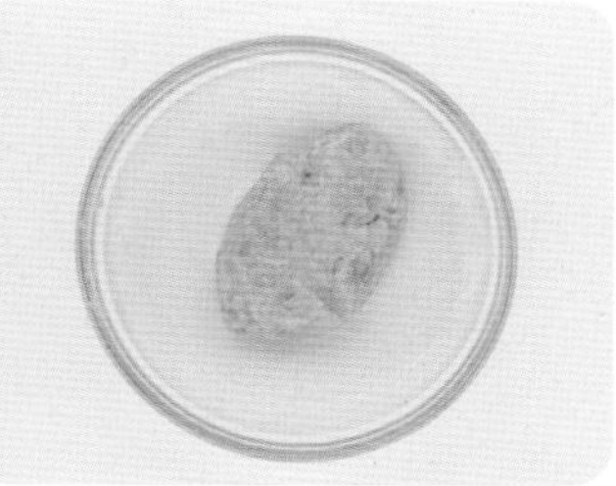

3 으깬 고구마와 녹인 아기치즈를 그릇에 넣고 잘 섞어줍니다. 재료가 모두 섞이면 밀가루를 추가하고 한 번 더 반죽해 주세요.

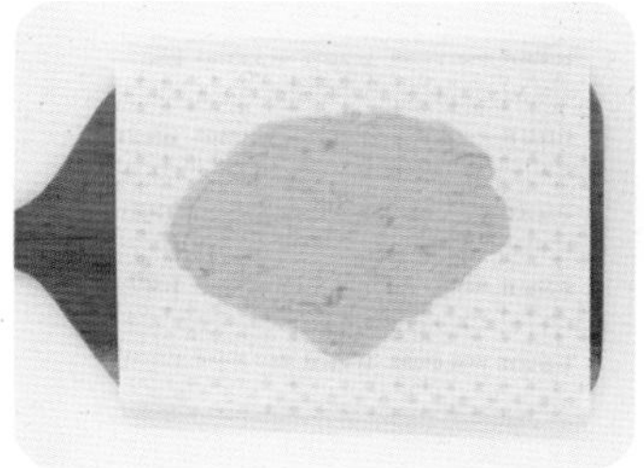

4 종이호일을 깔고 그 위에 반죽을 올린 뒤 만두피 두께로 얇게 밀어주세요.

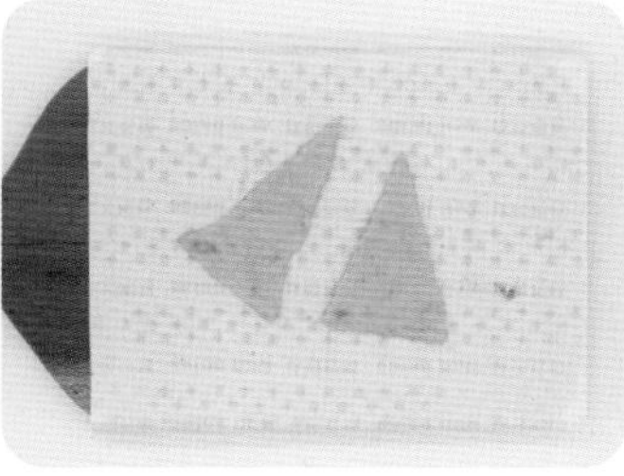

5 반죽을 지그재그로 잘라 길쭉한 삼각형 모양을 만듭니다.

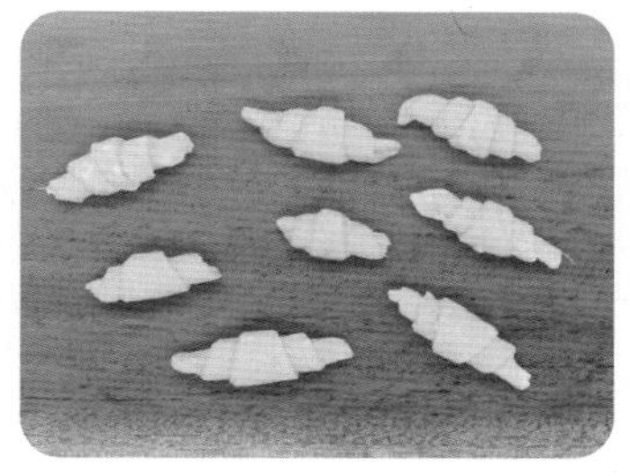

6 반죽의 넓적한 쪽을 잡고 돌돌말아 크루아상 모양을 만들어주세요.

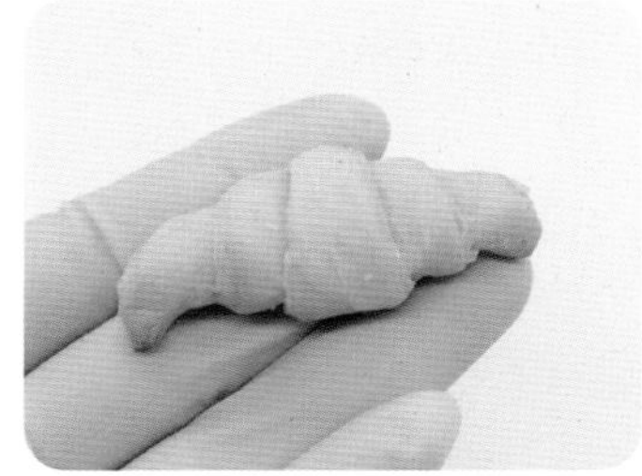

7 170도에 맞춘 에어프라이어에 반죽을 넣고 10분간 익혀 완성합니다. 고루 잘 익을 수 있도록 중간중간 뒤집어가며 익혀주세요.

반죽을 익혔을 때 갈라짐을 방지하기 위해 밀가루를 추가했어요. 이때 밀가루를 너무 많이 넣으면 밀가루 맛밖에 나지 않으니 덧가루 용도라 생각하고 소량만 활용합니다.

두부치즈스틱

이보다 건강한 치즈스틱이 있을까요? 기름없이 담백한 치즈스틱을 만들고 싶어 두부를 활용했어요. 쌀가루와 오트밀, 두 가지 버전으로 만들었는데 쌀가루 입자가 더 고와서 그런지 또빵이는 쌀가루로 만든 치즈스틱을 더 좋아했어요. 오트밀 특유의 향을 싫어하는 아이도 있으니 참고하세요.

오트밀

쌀가루

재료 1~2회 분량 240g(4개 각 75g) 냉동 보관(상온 해동 후 전자레인지 10~20초)

☐ 두부 100g ☐ 쌀가루 20g ☐ 오트밀 20g ☐ 아기치즈 1장

1 끓는 물에 두부를 살짝 데쳐주세요.

2 데친 두부를 면보에 싼 뒤 꽉 짜서 물기를 제거합니다.

3 물기를 뺀 두부를 50g씩 두 덩이로 나누고 각각 쌀가루와 오트밀을 추가해 잘 섞어줍니다.

4 반죽을 한입 크기로 떼어낸 뒤 납작하게 눌러 동그랗게 만들고 그 안에 아기치즈를 넣어 만두처럼 빚어줘요. 안의 치즈가 새오나오지 않게 주의하며 치즈스틱처럼 길게 모양을 잡습니다.

5 170도에 맞춘 에어프라이어에 두부스틱을 넣고 10분간 익혀 완성합니다. 고루 잘 익을 수 있도록 중간중간 뒤집어가며 익혀주세요.

쌀가루 반죽으로 만든 두부치즈스틱이 진짜 치즈스틱의 식감과 더 비슷해요.

중기

간식

오땅볼

오땅볼 역시 또빵맘마를 대표하는 효자메뉴죠. 누구나 손쉽게 구할 수 있는 오트밀, 바나나, 땅콩버터 세 가지 재료의 조합 자체만으로도 훌륭해요. 하지만 오땅볼의 더 큰 인기 요소는 바로 전자레인지로 조리가 가능하다는 점! 반죽만 만들어 놓으면 언제든 손쉽게 만들 수 있는 초간단 레시피입니다. 땅콩버터는 테스트를 위해 한 스푼식 떠먹이는 방법도 있고, 손등에 발라 피부의 변화를 보고 반응을 체크할 수도 있어요.

재료 1회 분량 120g(12개 각 10g) 실온 보관

- ☐ 바나나 1개 (60g) ☐ 오트밀 40g ☐ 땅콩버터 20g

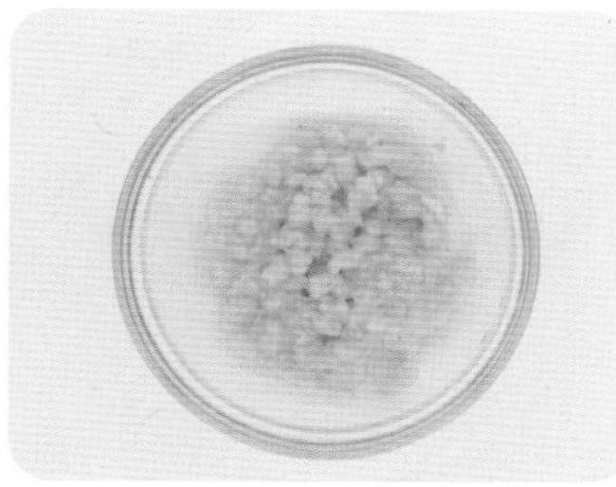

1 바나나를 매셔로 으깹니다.

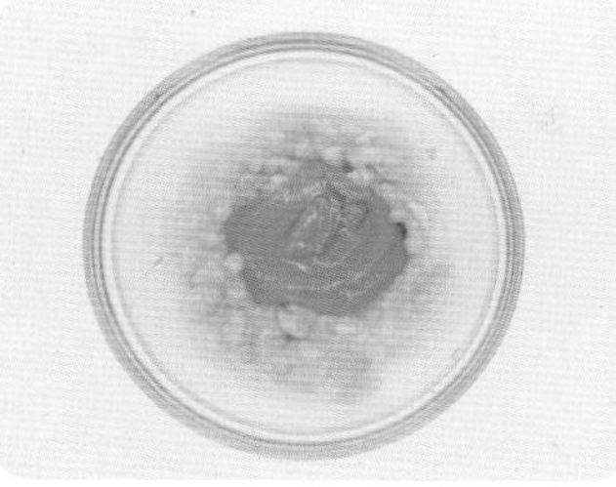

2 으깬 바나나에 땅콩버터를 넣고 잘 섞어줍니다.

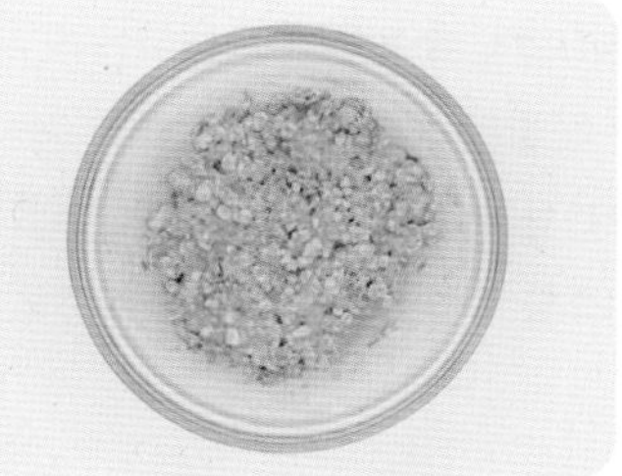

3 반죽에 오트밀을 넣고 한 번 더 섞어줘요.

4 반죽을 10g씩 작은 공 모양으로 만든 뒤 전자레인지에 1분 30초간 익혀주세요.

5 이유식용 그릇에 오땅볼을 옮겨 담으면 완성입니다.

땅콩버터, 오트밀, 바나나는 레시피에서 소개한 비율이 제일 잘 어울리지만 완성했을 때 식감이 약간 퍽퍽해요. 더 부드러운 식감을 원한다면 오트밀의 양을 줄이거나 바나나 양을 늘려주세요.

두부호빵

곡물, 고기, 채소를 호빵 하나에 모두 담아냈어요. 두부호빵 역시 제 SNS를 팔로잉하고 있는 엄마들에게 극찬을 받았던 베스트 레시피 중 하나입니다. 호빵 하나만 먹어도 든든해서 다른 간식은 달라고 하지도 않는다는 후기가 쏟아지기도 했어요. 소고기를 잘 먹지 않는 아기들도 호빵 소로 활용해 간식으로 제공하면 자연스럽게 섭취 가능하니 여러분도 따라해 보세요!

재료 1~2회 분량 140g(2개 각 65g) 냉동 보관

- ☐ 두부 80g ☐ 소고기큐브 1개 (20g) ☐ 브로콜리큐브 1개 (15g) ☐ 팽이버섯큐브 1개 (15g)
- ☐ 아기치즈 1장 ☐ 쌀가루 25g

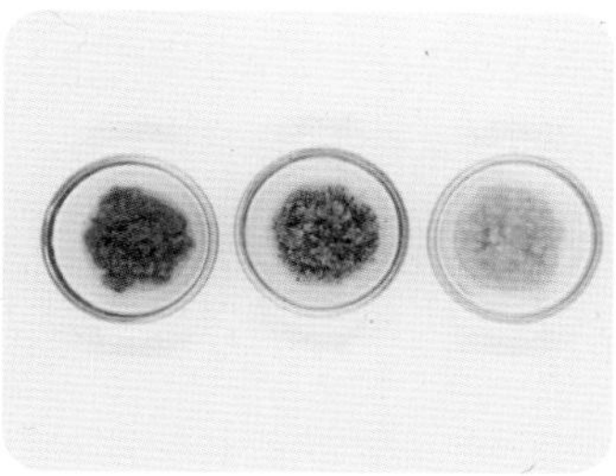

1 소고기큐브, 브로콜리큐브, 팽이버섯큐브를 해동합니다.

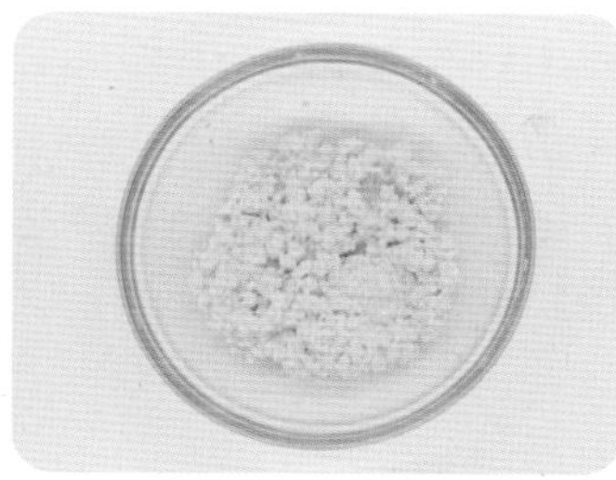

2 끓는 물에 두부를 데친 뒤 건져내고 키친타월로 물기를 제거한 뒤 매셔로 으깨주세요.

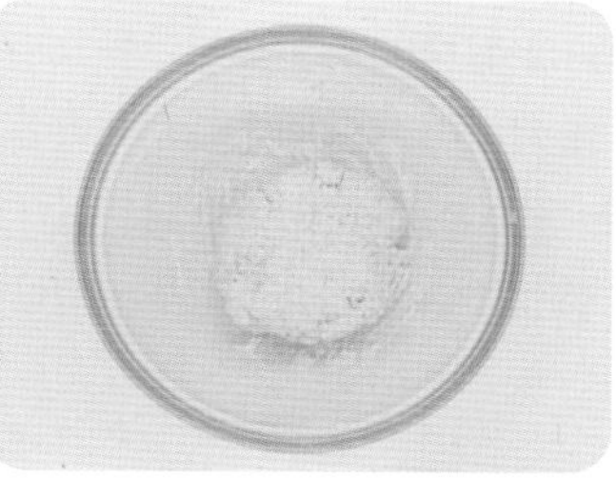

3 으깬 두부에 쌀가루를 넣고 반죽합니다.

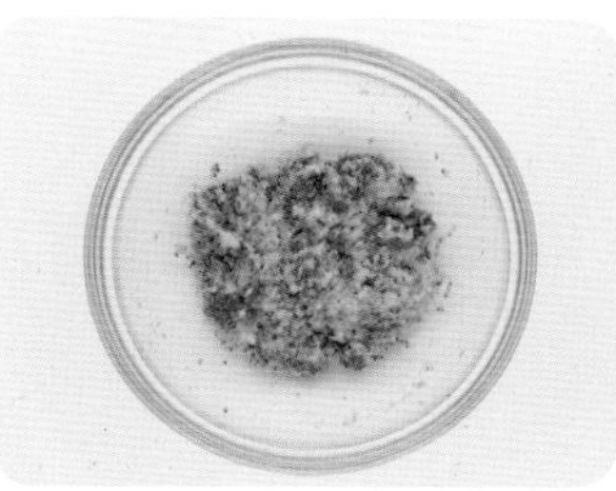

4 해동한 소고기큐브, 브로콜리큐브, 팽이버섯큐브에 전자레인지에 30초간 돌려 녹인 아기치즈 1장을 넣고 잘 섞어줍니다. 이 재료가 만두소가 될 거예요.

5 두부 반죽을 25g씩 떼어내 납작하게 눌러 동그랗게 만들고 그 안에 만두소 20g을 넣은 뒤 또다른 반죽으로 덮어줍니다. 안의 소가 새오나오지 않도록 모양을 잡아주세요.

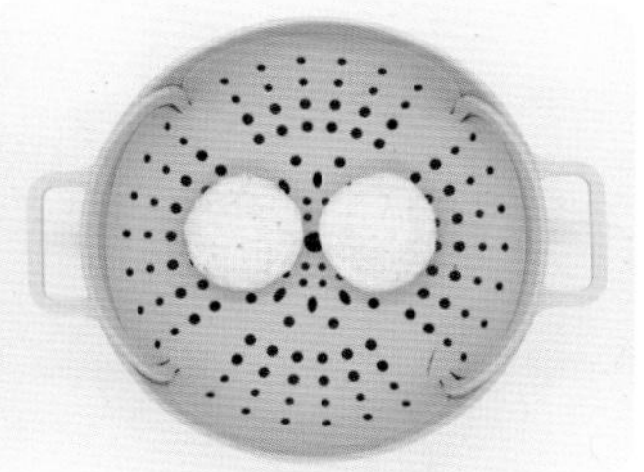

6 호빵을 찜기에 넣고 5분 내외로 쪄 익혀주세요.

7 잘 익은 두부호빵을 이유식용 그릇에 옮겨 담으면 완성입니다.

- 아기치즈는 호빵을 베어물었을 때 소가 흘러내리지 않도록 단단하게 뭉쳐주는 역할을 해요.
- 호빵 소를 더욱 가득 담기 위해 호빵 하나에 반죽 두 개를 겹쳐 활용했어요. 이 방식이면 더 많은 소를 넣을 수도 있고 또 잘 터지지도 않는답니다.
- 호빵 소에 사용할 채소는 만들어 둔 큐브를 활용해 마음껏 응용해도 좋습니다.

중기

간식

아기치킨

실감나는 닭다리 모양에 엄마들도 깜짝 놀라는 귀염뽀작한 레시피입니다. 반죽 모양만 다르게 했을 뿐인데 귀여운 닭다리 완성이에요. 아기가 먹는 모습보다 엄마가 만드는 과정이 더 재미있는 요리이기도 해요. 닭가슴살 반죽에 고구마를 더했더니 프라이드치킨 같은 노란 색감을 띄고, 채소큐브를 닭다리 안에 숨겨 채소를 싫어하는 아이도 거부감 없이 맛있게 먹을 수 있어요.

재료 2회 분량 150g(4개 각 35g) 냉장 보관

- ☐ 닭가슴살 100g
- ☐ 찐 고구마 50g
- ☐ 브로콜리큐브 1개 (20g)
- ☐ 당근큐브 1개 (20g)

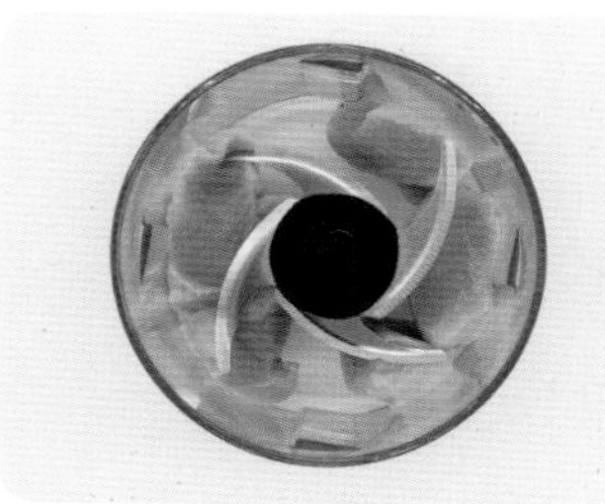

1 손질한 닭가슴살을 믹서기에 넣고 갈아주세요(닭가슴살 손질법: 118쪽 참고).

2 닭가슴살에 찐 고구마, 해동을 마친 브로콜리큐브와 당근큐브를 넣고 반죽합니다. 오래 반죽을 치댈수록 찰기가 생겨서 모양 잡기가 수월해요.

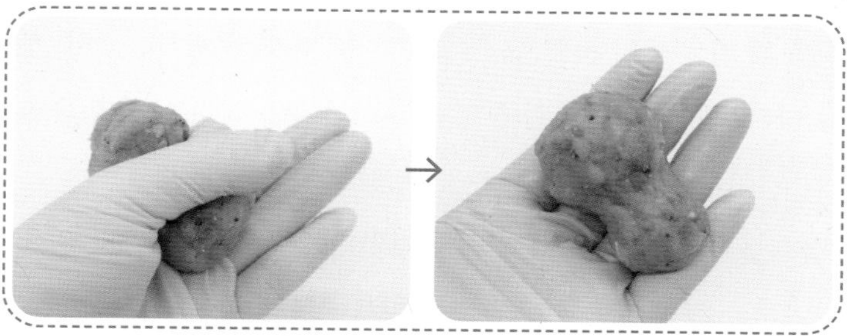

3 반죽을 40g 정도 떼어낸 뒤 동그랗게 모양을 잡고 엄지와 검지 손가락으로 반죽 가운데를 눌러 모양을 잡아주세요.

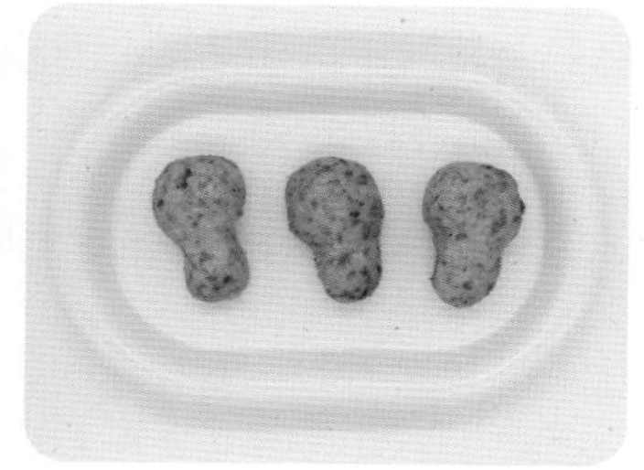

4 170도에 맞춘 에어프라이어에 반죽을 넣고 20분간 익혀 완성합니다. 고루 잘 익을 수 있도록 중간중간 뒤집어가며 익혀주세요.

5 아기치킨을 이유식용 그릇에 옮겨 담으면 완성입니다.

중기 토핑이유식 Q&A

또빵맘마 알려주세요!

이유식을 모두 마친 지금, 저는 중기 이유식이 단연 재미있었어요. 이유식에 대한 또빵이의 반응이 정말 다양했고 새롭게 시도할 수 있는 재료도 많아 저 또한 마구 의욕이 샘솟았거든요.

덕분에 자기주도 식사도 빠르게 훈련할 수 있었습니다. 이유식이 맛있으니 자연스레 스스로 먹고 싶어했고, 또 스스로 먹기 시작하니 먹는 양도 늘더라고요. 아기가 직접 하길 원한다면 두려워 말고 아기에게 맡겨주세요. 중기 이유식 시기는 아기의 성장 발달이 빠르기 때문에 뭐든 혼자 하고 싶고, 또 혼자서 해내는 시기입니다. 조금만 너그럽게 아기를 바라보고 기다려주면 분명히 그만큼 주도적인 아기 식습관을 기를 수 있습니다.

이때 엄마가 할 일은 음식물이 혹시 아기 목에 걸리지 않나 잘 살피고 제대로 씹을 수 있도록 행동으로 보여주는 것일 뿐입니다. 우리 아기들에게 맡겨도 괜찮아요!

Q. 뭐든지 혼자 하고 싶어하고 음식을 먹여주면 먹지를 않아요.

A. 중기 이유식에서 핑거푸드를 시작하고 자기주도 이유식을 훈련하는 이유예요. 아기는 이유식이 궁금하고 엄마가 들고 있는 스푼이 무엇인지 알고 싶습니다. 당연한 과정이에요. 초기를 지나 이유식을 먹는 것이 습관으로 자리 잡았기 때문이에요.

중기 하루 초반 커다란 횟집용 비닐을 바닥에 깔고 일체형 턱받이까지 준비하세요. 스스로 밥을 먹기 위한 도구임을 인식시키기 위한 아기 전용 스푼도 챙깁니다. 물론 스푼은 치발기처럼 깨물고 놀기만 할테고, 음식은 사방에 흘리고, 심지어는 던지기까지. 도대체 먹는 게 맞나 싶을 정도로 난장판이 될 거예요. 그래도 지켜봐주고, 기다려주고, 아기가 식사를 충분히 즐길 수 있도록 옆에서 도와주세요. 절대 중간에 물티슈로 닦거나 식판을 청소하지 마세요. 지금 아기는 식사를 하는 것이 아니라 놀이를 하는 중입니다.
하지만 이러한 시간이 반복되고 시간이 지날수록 아기는 식사의 개념에 익숙해지고 식사 시간 시간임을 인지합니다. 그리고 종국에는 흘리는 음식의 양보다 입으로 가져가 먹는 음식의 양이 더 많아지고, 그렇게 점차 자기주도 식사가 자리 잡아갈 거예요.

Q. 아기가 음식을 씹지 않고 그냥 삼켜 자주 켁켁 거려요. 씹는 연습을 하기에 좋은 음식이 따로 있을까요?

A. 저는 또빵이가 밥을 먹을 때마다 또빵이 앞에서 열심히 공기를 씹어먹었습니다. 도대체 무슨 말이냐고요? 저는 또빵이가 음식을 씹을 때마다 또빵이 앞에서 어떻게 밥을 입에 넣고, 씹어서, 삼키는지 실감나게 보여줬어요. 아기들이

관심 없는 척하지만 분명 보고 따라할 준비를 하고 있거든요.

조금은 과장스러워도 아기 앞에서 엄마가 냠냠 쩝쩝 소리를 내며 씹는 동작을 정확히 보여주세요. 꿀꺽~ 삼키는 의성어도 마음껏 활용합니다. 엄마가 아기의 거울이 되어주면 아기들은 곧장 따라합니다.

베이스죽, 토핑, 채소스틱 등 재료마다 다양한 질감으로 식사를 제공해 한 끼 이유식 안에서 다양한 식감을 느낄 수 있도록 식단을 구성하는 것도 도움 돼요. 처음에는 가장 익숙한 무른 식감의 음식을 선택해 씹지 않고 넘길 수 있지만, 점차 단계가 진행될수록 스스로 씹고 삼키는 법을 깨달을 수 있어요.

Q. 아기가 원하는 식감을 어떻게 파악할 수 있나요?

A. 아기가 원하는 질감을 찾는 법은 단 하나밖에 없어요. 엄마가 부지런해져야 합니다. 다양한 식감의 이유식을 만들어 아기의 기호를 파악하는 수밖에 없어요. 같은 재료라도 다양한 조리 방법을 사용하고, 어떤 식감에 가장 반응이 좋았는지, 어떤 음식을 가장 먼저 먹었는지 확인해야 해요. 그리고 이를 바탕으로 아기가 원하는 식감의 이유식을 많이 만들어주세요.

초기 단계에서 이미 언급했듯 배죽에 너무 큰 의미를 두지 마세요. 아기가 원하는 식감은 아기를 관찰하는 엄마가 가장 잘 알아요. 그러니 개념에 얽매일 필요 없습니다.

Q. 이유식 단계가 진행될수록 이유식을 얼마나 챙겨줘야 할지 감을 잡지 못하겠어요. 우리 아기는 한 끼에 얼만큼의 이유식을 먹은 걸까요?

A. 우선 이유식을 담을 때 기본 개념은 '이유식을 담을 때 정량보다 10~20g 더 많이 담는다'입니다.

이때는 음식에 대한 아기의 호기심이 워낙 왕성할 때라 혼자 만져보고 씹다가 뱉는 등 이유식을 탐색하는 시간이 길어요. 그러니 아기가 마음껏 장난을 치고 탐색하는 시간을 가진 다음 남은 음식을 먹어도 충분히 영양분을 섭취할 수 있도록 여유 있게 챙겨줍니다.

이유식 단계가 진행되면서 아기가 장난치는 횟수도 줄어드는데, 이미 정량보다 여유 있게 담아둔 덕에 아기가 먹는 양도 자연스레 늘어나요. 이는 다음 단계 이유식으로 넘어가는 데에도 도움이 되니 참고해 넉넉히 담아주세요.

그렇다면 우리 아기가 한 끼에 먹은 이유식의 양은 어떻게 알 수 있을까요? 150g을 담아줬으니 150g을 먹었다고 할 수 있을까요? 바닥에 떨어진 음식은요? 씹다가 뱉어버린 음식은 포함해야 하는 걸까요? 제가 이런 말을 하는 이유를 눈치채셨겠죠? 아기가 얼마나 많은 양의 음식을 먹었는지는 중요하지 않아요. 엄마는 한 끼 분량을 여유 있게 챙겨줘 아기가 스스로 먹을 수 있도록 도왔고, 아기는 즐겁게 스스로 이유식을 먹었으니까요. 그거면 충분합니다.

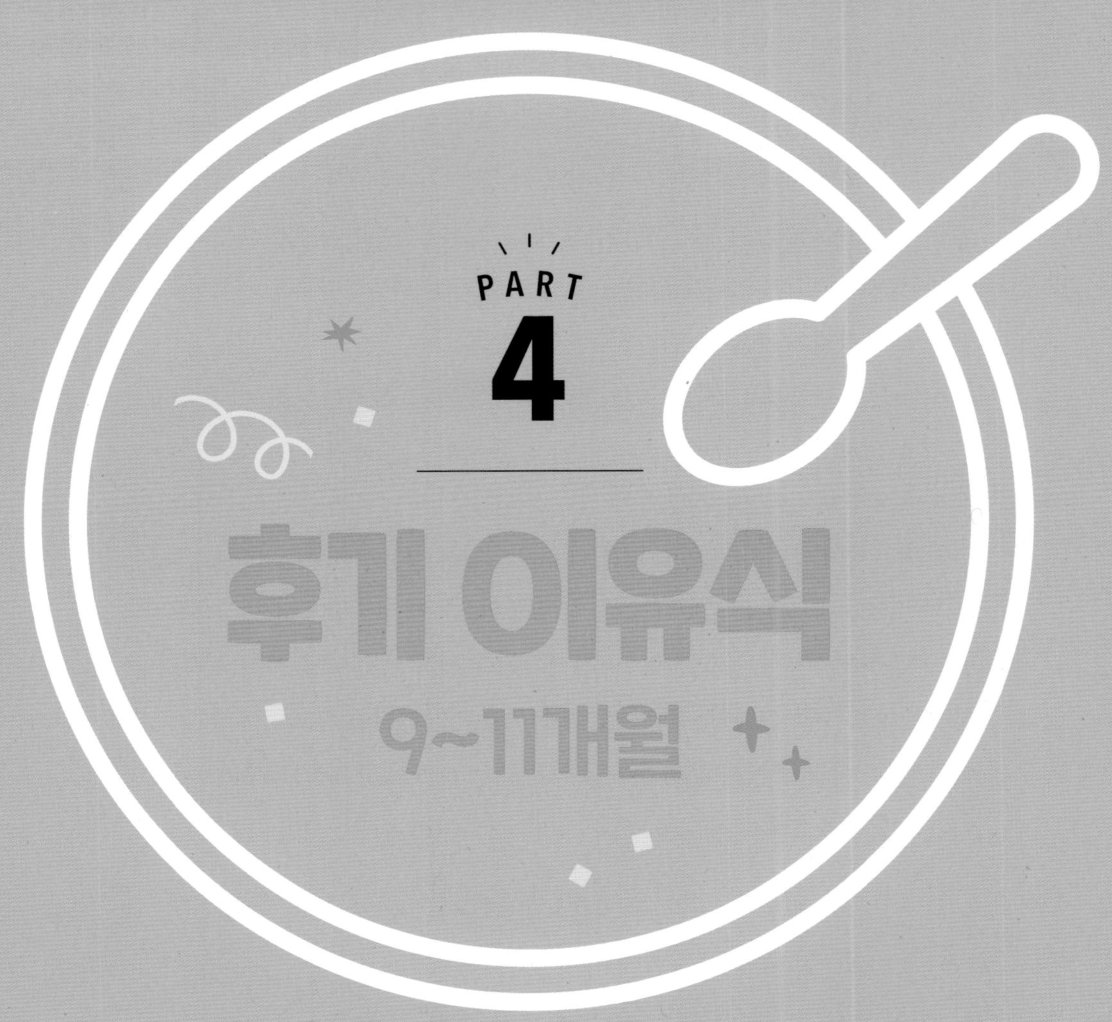
PART
4
후기 이유식
9~11개월

큐브 조화

- 1일 이유식 횟수: 3회
- 이유식 1회 분량: 120~200g
- 1일 간식 횟수: 2~3회
- 간식 1회 분량: 100g
- 1일 수유량: 400~600ml

후기 이유식 시작 시기 및 특징

아기의 식습관과 선호도를 파악해요

자 이제 거의 끝이 보이죠? 우선 그동안 정말 고생 많았다는 이야기를 전합니다. 후기 이유식까지 진행하며 수많은 시행착오와 몇 번씩 반복되는 밥태기를 겪으며 짧다면 짧고 길다면 긴 시간을 보냈을 거예요. 또 한편으로는 어느새 훌쩍 자라 사람다운 밥을 먹는 아이의 모습을 보면서 뿌듯하기도 하고요.

하지만 벌써부터 느슨해지는 것은 금물입니다. 이제 아기들은 자신이 무엇을 좋아하고 싫어하는지 더 분명하게 표현하기 때문이에요! 지금부터 엄마들은 더 예민해지고, 더 부지런해져야 합니다. 초·중기 이유식을 진행하며 쌓아온 데이터를 바탕으로 아기의 식습관과 음식에 대한 선호도를 파악하는 것이 후기 이유식을 통해 이루어야 할 가장 큰 목표입니다.

평생의 식습관을 위한 준비, 후기 이유식

아기의 입맛을 파악했다고 해서 아기가 좋아하는 음식만 먹일 수 없는 일이고, 아이가 싫어하는 음식을 평생 안 먹일 수도 없습니다. 그러니 지금부터 유아식을 시작하기 전까지 토핑이라는 큰 틀 아래 만들어낼 수 있는 맛의 균형과 조화에 집중해야 해요. 이 과정을 통해 아기의 식습관을 바로잡아줄 수 있을 거예요.

후기 이유식은 식판을 기본으로 한 토핑 활용 식단과 한 그릇 요리로 구성해 식사의 형태를 더욱 다양하게 만들었습니다. 자연스레 재료의 조합도 더욱 다양해지고, 아기가 잘 먹지 않는 재료도 더욱 손쉽게 접할 수 있도록 했어요.

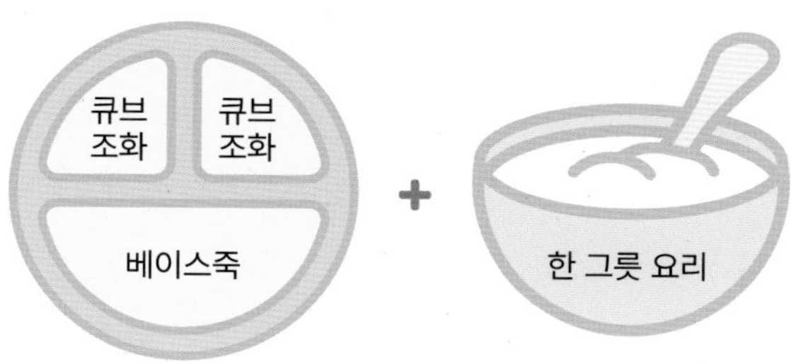

중기 이유식에서는 핑거푸드를 활용해 자기주도 식사를 시도했는데, 후기 이유식에서는 본격적으로 아이가 스스로 먹을 수 있는 환경을 만들어야 해요. 그래야 이 감각을 잊지 않고 유아식까지 꾸준히 이어갈 수 있습니다.

후기 이유식, 그래서 뭐가 다른 거예요?

후기 이유식도 중기 때와 동일하게 토핑 큐브 두 개를 해동한 뒤 섞어 만드는 방식이에요. 다만 후기에서는 새로운 소스를 활용하거나 모양에 변화를 주는 등 맛의 조화에 더욱 신경 씁니다. 더 다채로운 맛과 모양에 음식에 대한 흥미는 물론 시각적인 즐거움을 더할 수 있어요.

후기 단계에서는 대부분 식재료 테스트가 완료된 상태이기 때문에 재료를 다양하게 활용할 수 있습니다. 또 아기가 먹는 양이 늘어나서 그만큼 더 많은 양의 큐브가 필요해요. 다행인 점은 큐브를 만들 때 예전처럼 잘게 다지거나 으깰 필요가 없다는 점입니다. 게다가 제가 여러 번 강조했듯 반드시 제가 작성한 식단표를 따를 필요 없이, 냉장고에 있는 재료에 따라 날짜를 바꿔 진행해도 괜찮아요.

수유는 어떻게 하나요?

후기 이유식 시기에는 아침·저녁 총 두 번 수유를 하기 때문에 식사에서 이유식이 차지하는 비중이 더욱 높아집니다. 그래서 이유식을 잘 먹지 않는 아이를 둔 엄마들 중에는 걱정이 앞선 나머지 부족한 식사량과 영양을 수유로 채우려고 하는 경우도 있어요. 하지만 이는 절대로 해서는 안 되는 행동이에요.

또빵이는 10개월부터 모유 먹는 시간과 양이 현저히 줄었고, 그때부터 아침·저녁으로 먹는 모유가 간식이 되어버렸습니다. 평균적으로 이 시기 아이들이 먹는 모유 양이 400~600ml인데, 또빵이는 400ml 미만으로 먹었어요. 대신 이유식을 한 끼에 평균 200g, 매우 잘 먹을 때는 200g 이상을 먹었습니다. 그 덕에 영양이 부족하거나 건강에 문제가 되는 부분은 전혀 없었답니다.

후기 이유식 스케줄은 어떻게?

또빵이의 하루 식사 패턴은 다음과 같이 진행했습니다. 이유식은 하루에 세 번, 모유는 하루에 두 번, 간식은 하루에 두 번 챙겨 먹어요. 간혹 일찍 일어나서 오전에 낮잠을 자면 오전 간식을 거를 수밖에 없는데 이때는 두 번째 이유식을 더 일찍 챙겨 줬어요. 또빵이처럼 먹는 양이 많은 아기는 분리수유가 가능하지만 식사량이 적은 아기라면 이유식과 수유를 붙여 함께 진행해도 괜찮아요.

아기는 정말 모두 달라요. 이유식을 잘 먹는 아기, 편식이 심한 아기, 분유만 찾는 아기 등 엄마의 고민도 그만큼 다양합니다. 하지만 이 고민을 해결할 수 있는 첫 단추는 내 아기를 파악하는 것이죠. 꾸준히 기록하고 기억해 주세요. 그래야 아기가 이유식을 거부할 때 어떻게 해야 조금이라도 음식에 흥미를 갖고 잘 먹는지 해결책을 찾아낼 수 있어요.

지금부터 제가 소개하는 후기 이유식 레시피들을 통해 아기의 식습관과 음식에 대한 선호도라는 두 마리 토끼를 좀 더 쉽게 잡을 수 있을 거예요.

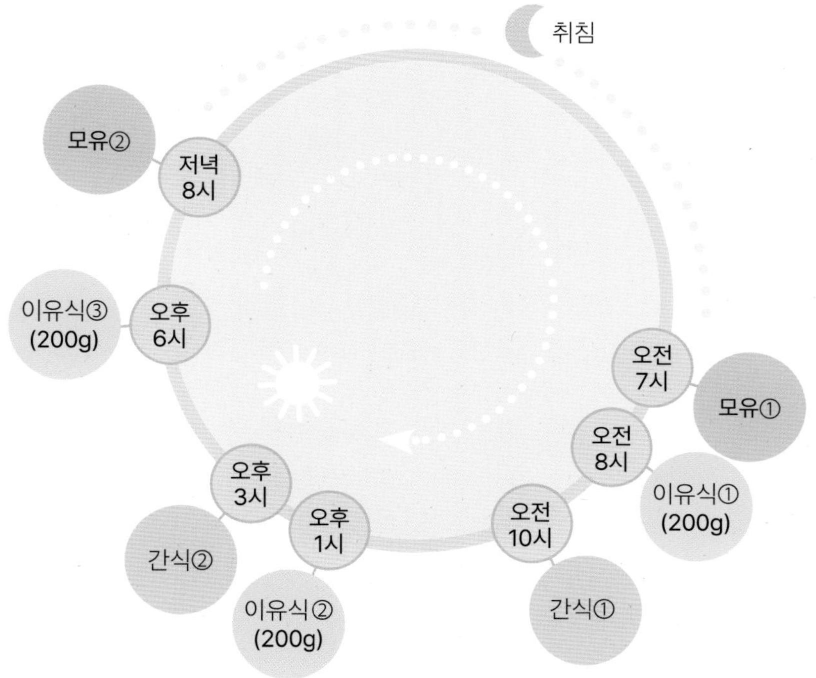

○ 또빵맘마 후기 이유식 식단표 ○

	구분	Day 1	Day 2	Day 3
아침	베이스(4배죽)	무른밥	무른밥	무른밥
	토핑	찹스테이크+애호박	찹스테이크+애호박	찹스테이크+애호박
점심	베이스(4배죽)	무른밥	무른밥	무른밥
	토핑	닭가슴살 귤 샐러드+새송이버섯	닭가슴살귤샐러드+새송이버섯	닭가슴살귤샐러드+새송이버섯
저녁	베이스(4배죽)	소고기감자치즈밥볼	소고기감자치즈밥볼	소고기감자치즈밥볼
	토핑			

	구분	Day 7	Day 8	Day 9
아침	베이스(4배죽)	무른밥	무른밥	무른밥
	토핑	로제닭고기	로제닭고기	로제닭고기
점심	베이스(4배죽)	무른밥	무른밥	무른밥
	토핑	소고기 가지 양파볶음+아보카도	소고기가지양파볶음+아보카도	소고기가지양파볶음+아보카도
저녁	베이스(4배죽)	무른밥	무른밥	무른밥
	토핑	연어완두콩크림소스+무	연어완두콩크림소스+무	연어완두콩크림소스+무

	구분	Day 13	Day 14	Day 15
아침	베이스(3배죽)	무른밥	무른밥	무른밥
	토핑	소고기크림소스	소고기크림소스	소고기크림소스
점심	베이스(4배죽)	무른밥	무른밥	무른밥
	토핑	콩나물 무잼범벅+소고기	콩나물무잼범벅+소고기	콩나물무잼범벅+소고기
저녁	베이스(4배죽)	무른밥	무른밥	무른밥
	토핑	매생이새우전+소고기	매생이새우전+소고기	매생이새우전+소고기

	구분	Day 19	Day 20	Day 21
아침	베이스(3배죽)	무른밥	무른밥	무른밥
	토핑	토마토감자조림+닭고기	토마토감자조림+닭고기	토마토감자조림+닭고기
점심	베이스(3배죽)	닭고기 파프리카 표고삼각김밥	닭고기파프리카표고삼각김밥	닭고기파프리카표고삼각김밥
	토핑	-	-	-
저녁	베이스(3배죽)	무른밥	무른밥	무른밥
	토핑	소고기연근전+가지	소고기연근전+가지	소고기연근전+가지

	구분	Day 25	Day 26	Day 27
아침	베이스(3배죽)	단호박닭고기카레	단호박닭고기카레	단호박닭고기카레
	토핑	-	-	-
점심	베이스(3배죽)	무른밥	무른밥	무른밥
	토핑	토마토오이달걀범벅+부추	토마토오이달걀범벅+부추	토마토오이달걀범벅+부추
저녁	베이스(3배죽)	무른밥	무른밥	무른밥
	토핑	소고기+콩나물+자유토핑	소고기+콩나물+자유토핑	소고기+콩나물+자유토핑

	Day 4	Day 5	Day 6
아침	무른밥	무른밥	무른밥
	떡갈비+알배추	떡갈비+알배추	떡갈비+알배추
점심	무른밥	무른밥	무른밥
	연어 브로콜리양송이볶음+양파	연어브로콜리양송이볶음+양파	연어브로콜리양송이볶음+양파
저녁	무른밥	무른밥	무른밥
	닭고기+아욱+적채	닭고기+아욱+적채	닭고기+아욱+적채

	Day 10	Day 11	Day 12
아침	무른밥	무른밥	무른밥
	닭안심동그랑땡	닭안심동그랑땡	닭안심동그랑땡
점심	무른밥	무른밥	무른밥
	브로콜리 새우 양파볶음+단호박	브로콜리새우양파볶음+단호박	브로콜리새우양파볶음+단호박
저녁	소고기케일노른자주먹밥	소고기케일노른자주먹밥	소고기케일노른자주먹밥
	-	-	-

	Day 16	Day 17	Day 18
아침	무른밥	무른밥	무른밥
	우엉 소고기양배추볶음+당근	우엉소고기양배추볶음+당근	우엉소고기양배추볶음+당근
점심	무른밥	무른밥	무른밥
	두부멘보샤+표고버섯	두부멘보샤+표고버섯	두부멘보샤+표고버섯
저녁	무른밥	무른밥	무른밥
	닭고기버섯달걀찜+시금치	닭고기버섯달걀찜+시금치	닭고기버섯달걀찜+시금치

	Day 22	Day 23	Day 24
아침	무른밥	무른밥	무른밥
	소고기+우엉+자유토핑	소고기+우엉+자유토핑	소고기+우엉+자유토핑
점심	닭고기 부추 밥전	닭고기부추밥전	닭고기부추밥전
	-	-	-
저녁	무른밥	무른밥	무른밥
	새우아보카도그라탕+팽이버섯	새우아보카도그라탕+팽이버섯	새우아보카도그라탕+팽이버섯

	Day 28	Day 29	Day 30
아침	무른밥	무른밥	무른밥
	닭고기+파프리카+자유토핑	닭고기+파프리카+자유토핑	닭고기+파프리카+자유토핑
점심	당근케일고구마밥스틱	당근케일고구마밥스틱	당근케일고구마밥스틱
	-	-	-
저녁	매생이크림리조또	매생이크림리조또	매생이크림리조또
	-	-	-

후기

토핑

소고기

찹스테이크

이유식에 찹스테이크라니, 이게 뭔가 싶죠? 하지만 찹스테이크란 게 결국 고기를 먹기 좋은 크기로 썰어 다양한 채소와 함께 볶은 요리잖아요. 이번 레시피는 소고기큐브와 다양한 채소큐브를 활용해 만들었으니 아기들을 위한 찹스테이크라 해도 손색없습니다. 다양한 채소를 함께 요리해 고기에 부족한 비타민을 보충할 수 있어요.

재료 1회 분량 75g

- ☐ 소고기큐브 1개(20g) ☐ 소고기 육수큐브 1개(20g) ☐ 토마토큐브 1개(20g)
- ☐ 파프리카큐브 1개(20g) ☐ 양파큐브 1개(20g) ☐ 사과퓌레 10g

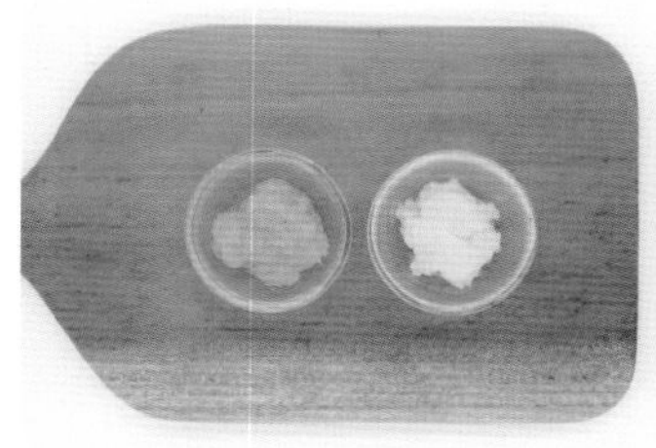

1 파프리카큐브, 양파큐브를 꺼내 해동해 주세요.

2 소고기큐브와 소고기육수큐브도 함께 해동합니다.

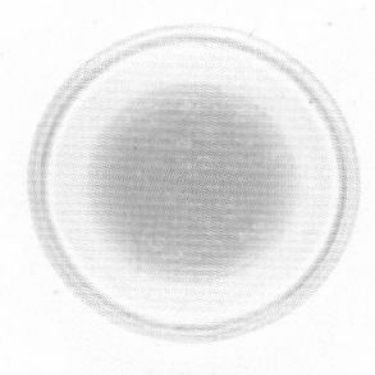

3 사과퓌레를 준비합니다. 시판용 퓌레를 구매해 큐브 형태로 소분해 냉동 보관하면 더욱 편리해요.

4 마른 프라이팬에 해동을 마친 소고기큐브와 파프리카큐브, 양파큐브, 소고기육수큐브를 넣고 중불에서 2분간 볶아주세요.

5 재료가 한번 끓어오르면 토마토큐브와 사과퓌레를 추가하고 중불에서 2분간 한 번 더 끓여줍니다.

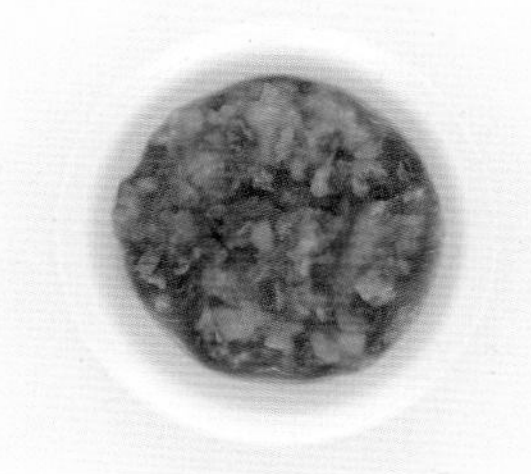

6 이유식용 그릇에 찹스테이크를 옮겨 담으면 완성입니다.

후기 이유식

토마토큐브 만들기

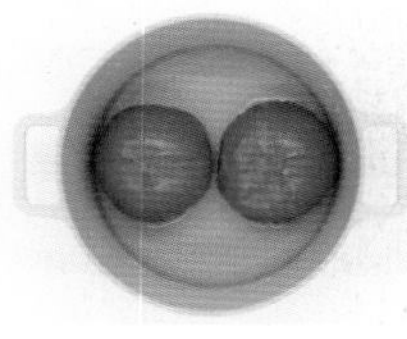

1 토마토 껍질에 칼로 십자(+)를 내준 뒤 끓는 물에서 앞뒤로 굴려가며 데쳐주세요.

2 토마토를 꺼내 껍질을 제거합니다.

3 껍질을 벗긴 토마토를 칼로 다져주세요.

4 큐브 틀에 칼로 토카마를 담아 냉동 보관합니다.

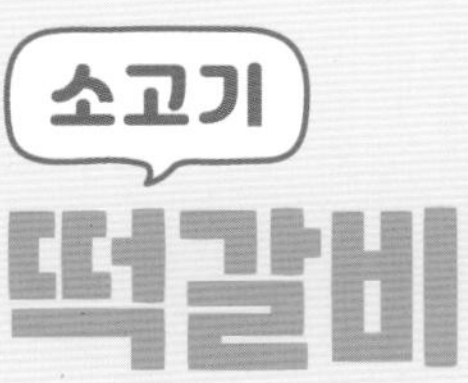

사실 떡갈비는 이미 시중에 다양한 버전이 존재하는 메뉴예요. 그래서 조금 특별하게 만들었습니다. 떡갈비 반죽 안에 찐 감자스틱을 넣어 고기 특유의 느낌을 살렸어요. 별 거 아닌 것 같지만 모양도 훨씬 귀엽고 마치 아기가 뼈를 잡고 고기를 뜯는 것과 같은 느낌을 줄 수 있어요.

재료 3회 분량 140g(9개 각 15g)

- ☐ 소고기 다짐육 60g ☐ 양파 20g ☐ 애호박 20g ☐ 당근 20g ☐ 감자 40g
- ☐ 표고버섯 20g ☐ 쌀가루 5g

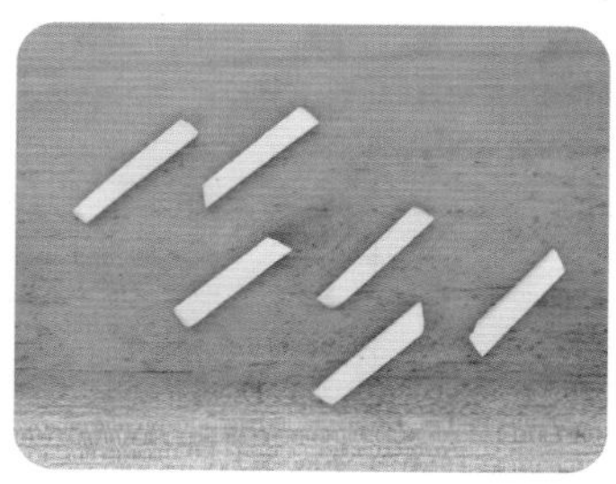

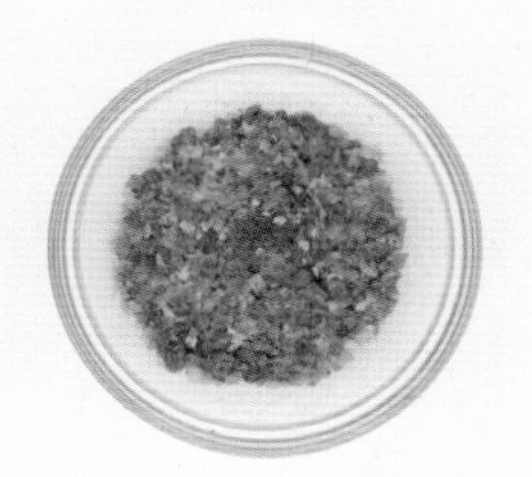

1 당근과 애호박, 표고버섯은 모두 깨끗이 손질한 뒤 믹서기에 넣고 갈아주세요.

2 감자는 길다란 스틱 모양으로 자른 뒤 찌거나 삶아 준비합니다.

3 소고기 다짐육은 키친타월을 이용해 핏물을 제거한 뒤 다져서 준비한 채소와 함께 그릇에 담고 잘 섞어줍니다.

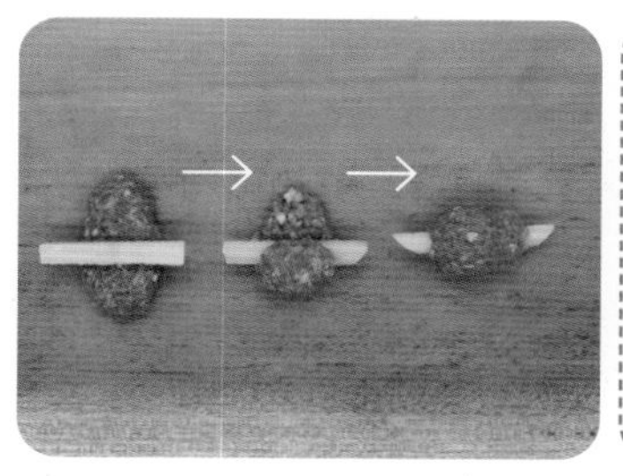

4 소고기 반죽을 10g씩 떼어내 타원형으로 뭉친 뒤 손가락으로 반죽 가운데를 누르고 감자 스틱을 넣은 뒤 돌돌 말아 모양을 잡아줍니다.

5 170도에 맞춘 에어프라이어에 반죽을 넣고 15분간 익혀줍니다. 고루 잘 익을 수 있도록 중간중간 뒤집어가며 익혀주면 완성이에요.

- 다진 채소를 볶을 때 기름 대신 물을 넣어 볶아요. 소고기에 기름이 있어 다른 기름을 추가로 사용하면 너무 기름질 수 있어요.
- 후기 이유식부터는 소고기큐브 대신 다짐육을 주로 활용해요. 다짐육은 쉽게 으스러져 떡갈비나 미트볼 등 모양을 잡아야 하는 레시피에 적합해요. 만약 입자가 너무 크다면 고기를 모두 익힌 뒤 숟가락이나 스파츌러로 으깨줍니다. 쉽게 으깨지니 걱정 마세요.

후기

토핑

소고기

소고기가지양파볶음

이유식을 진행하며 소고기의 식감이 질기다고 먹기를 거부하는 아기들이 꽤 많다는 사실을 알게 되었어요. 이를 해결하기 위해 부드럽고 쉽게 으깨지는 양파토핑을 함께 활용하자 결심했습니다. 가지와 고기를 함께 넣고 굴 소스로 볶는 레시피는 이미 너무 유명하잖아요. 굴소스 대신 볶은 양파의 달큰함을 활용했어요. 아마 어른들 요리 못지않게 충분히 맛있을 거예요.

재료 1회 분량 50g

☐ 소고기큐브 1개(20g) ☐ 가지큐브 1개(20g) ☐ 양파큐브 1개(20g)

1 소고기큐브, 가지큐브, 양파큐브를 해동합니다.

2 해동을 마친 큐브를 마른 프라이팬에 올리고 약불에서 2분간 볶아주세요. 가지와 양파큐브에서 나온 수분이 모두 날아갈 때까지 바짝 익혀줍니다.

3 이유식용 그릇에 소고기가지양파볶음을 옮겨 담으면 완성입니다.

소고기가지양파볶음 재료의 양을 늘려 대량으로 만들고 냉동 보관해두면 언제든 식단에 활용할 수 있어요. 이때 재료의 비율은 1 : 1 : 1을 지켜줍니다.

후기

토핑

소고기

소고기크림소스

크림소스는 요리계의 만능 소스라고 해도 손색없죠! 어떤 재료를 넣어도 다 잘 어울리는 고마운 존재예요. 귀찮을 때는 크림소스에 베이스죽을 넣고 끓여 간단하지만 영양 만점인 리조또를 만들 수도 있어요. 소고기크림소스 역시 대량으로 만든 뒤 소분해 냉동 보관하면 베이스죽 위에 올려 활용하기도 좋고 간식처럼 챙겨주기에도 좋아 무척 편리하답니다.

재료 1회 분량 70g

☐ 소고기큐브 1개(20g) ☐ 양파큐브 1개(20g) ☐ 브로콜리큐브 1개(20g) ☐ 아기치즈 1장
☐ 분유 30ml

1 소고기큐브, 양파큐브, 브로콜리 큐브를 해동합니다.

2 마른 팬에 소고기큐브와 양파큐브를 올리고 약불에서 2분간 볶아주세요.

3 재료의 수분이 모두 날아가면 브로콜리큐브와 분유 30ml를 추가해 약불에서 3분간 더 끓여줍니다.

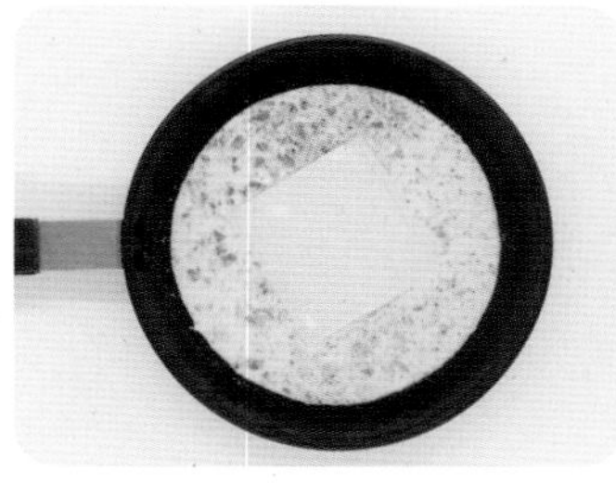

4 보글보글 거품이 끓어오르면 아기치즈 1장을 추가한 뒤 크림소스처럼 꾸덕해질 때까지 끓여주세요.

5 이유식용 그릇에 소고기크림소스를 옮겨 담으면 완성이에요.

소고기크림소스에는 어떤 재료를 추가해도 다 잘 어울려요. 냉장고에 있는 자투리 채소는 무엇이든 활용해 주세요. 저는 레시피에도 활용한 양파와 브로콜리를 가장 추천드려요.

후기

토핑

소고기

소고기우엉양배추볶음

소고기우엉양배추볶음은 각 재료의 식감이 무척 조화로운 레시피입니다. 이유식은 무염이기 때문에 효과적으로 큐브를 조합해 재료 본연의 맛을 살려주는 게 정말 중요해요. 이번 레시피에서는 매일 챙겨줘야 하는 소고기를 아삭한 우엉과 부드러운 양배추와 함께 볶아 소고기의 쫄깃한 식감과 조화를 이루어 냈어요.

재료 1회 분량 55g

- ☐ 소고기큐브 1개(20g) ☐ 우엉큐브 1개(20g) ☐ 양배추큐브 1개(20g)

1 소고기큐브와 우엉큐브, 양배추큐브를 해동합니다.

2 마른 팬에 해동을 마친 소고기큐브와 우엉큐브를 올리고 약불에서 2분간 볶아준 뒤 양배추큐브를 추가해 1분간 더 볶아주세요.

3 이유식용 그릇에 소고기우엉양배추볶음을 옮겨 담으면 완성입니다.

- 만들어 놓은 양배추큐브가 없을 때에는 양배추큐브 대신 시판용 사과퓌레, 배퓌레를 넣고 졸여도 좋아요.
- 양배추큐브를 처음부터 같이 볶으면 양배추가 죄다 뭉개질 수 있으니 나중에 추가해 볶아요.

소고기

소고기연근전

소고기 연근전은 연근 구멍 안에 소고기 다짐육을 채워 넣고 달걀물을 입혀서 굽는 방식이 일반적이죠. 하지만 아기들에게는 연근 하나의 크기가 너무 크고, 아삭거리는 식감이 부담스러운 것도 사실이에요. 그래서 이번 레시피에서는 연근을 갈아 마치 감자전 처럼 바삭바삭 맛있게 구워 아기들도 즐길 수 있도록 만들었습니다! 소고기연근전은 애매하게 남은 연근큐브를 맛있게 처리할 수 있는 가장 좋은 방법이기도 하니 모두 활용해 보세요.

재료 2회 분량 120g(6개 각 20g)

- ☐ 소고기큐브 1개(20g)
- ☐ 연근큐브 1개(20g)
- ☐ 당근큐브 1개(20g)
- ☐ 애호박큐브 1개(20g)
- ☐ 달걀 1개
- ☐ 밀가루 10g

1 소고기큐브, 연근큐브, 당근큐브, 애호박큐브를 모두 해동해 주세요.

2 해동한 큐브를 모두 그릇에 담고 밀가루를 추가한 뒤 잘 섞어주세요.

3 현미유를 두른 프라이팬에 아기 숟가락 한 스푼 크기로 반죽을 떠서 납작하게 구워줍니다. 앞뒤로 노릇하게 구워요.

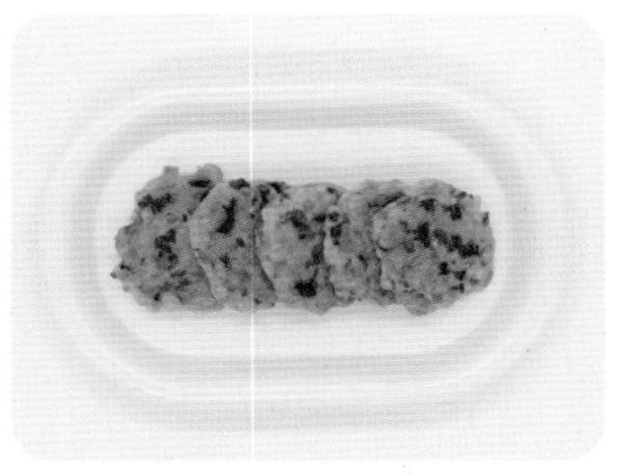

4 이유식용 그릇에 소고기연근전을 옮겨 담으면 완성이에요.

- 입자가 느껴지지 않는 부드러운 연근전을 원한다면 모든 재료를 믹서기에 넣고 한 번 더 갈아주세요.
- 이번 레시피에 들어가는 채소는 따로 구매하기보다 이전에 쓰고 남은 자투리 채소큐브는 무엇이든 활용할 수 있습니다.
- 채소큐브는 해동하는 과정에서 물기가 생기기 때문에 밀가루를 추가했어요.

후기

토핑

닭고기

닭가슴살귤샐러드

닭가슴살을 익혀 결대로 찢어주는 단순 토핑은 이제 그만! 이번 레시피는 닭가슴살에 양배추를 넣고 섞어준 뒤 귤 드레싱을 더했습니다. 닭가슴살의 퍽퍽함은 양배추가 잡아주고, 밋밋한 맛은 새콤달콤한 귤 드레싱으로 채워 입맛 돋우는 데 최고예요. 닭가슴살큐브를 해동했을 때 너무 퍽퍽해 식감이 떨어지거나 혹은 닭가슴살큐브가 너무 많아 처치곤란일 때 이 레시피를 활용해 주세요. 아기의 기호에 따라 귤 드레싱은 생략할 수 있어요.

재료 1회 분량 55g

☐ 닭가슴살큐브 1개(20g) ☐ 양배추큐브 1개(20g) ☐ 귤 1/2개(30g)

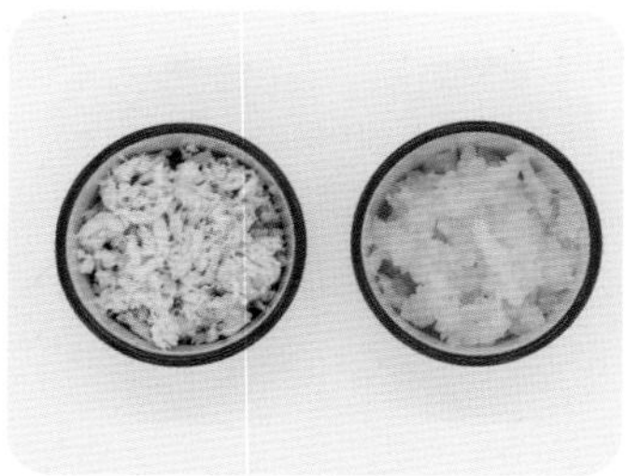

1 닭가슴살큐브와 양배추큐브를 해동합니다.

2 귤은 껍질을 깐 뒤 반만 사용해요. 하얀 속껍질을 제거하고 칼로 다져주세요.

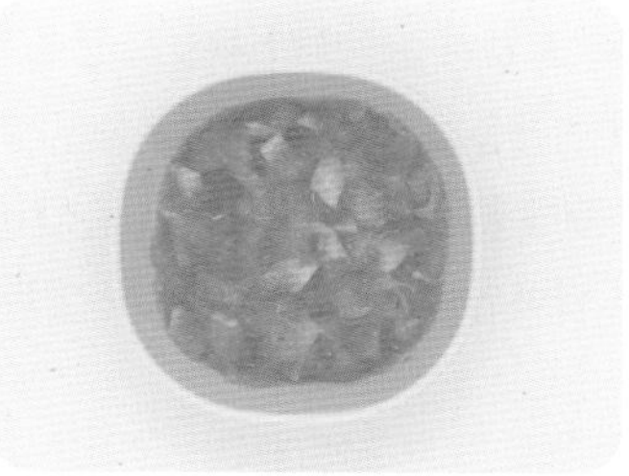

3 다진 귤을 숟가락으로 으깨요. 과육과 과즙을 모두 드레싱으로 활용할 거예요.

4 닭가슴살큐브와 양배추큐브를 잘 섞어준 뒤 귤 드레싱을 뿌리면 완성입니다.

후기

토핑

닭고기

닭안심동그랑땡

간식으로 챙겨주면 떡뻥 부럽지 않은 담백함을 즐길 수 있고, 식사 시간에 식판에 담아주면 핑거푸드로 즐길 수 있는 메뉴입니다. 메인 재료를 중심으로 다양한 종류의 부재료를 활용할 수도 있어요. 이번에는 색다르게 부추를 활용했는데, 부추는 닭고기와 매우 잘 어울리지만 자칫 강한 향 때문에 호불호가 갈리는 재료이기도 하죠. 하지만 우려와는 달리 알록달록한 색감 덕분에 또빵이가 매우 좋아했답니다.

재료 4회 분량 190g(12개 각 15g)

☐ 닭안심 100g ☐ 두부 50g ☐ 당근 20g ☐ 부추 20g ☐ 양파 10g

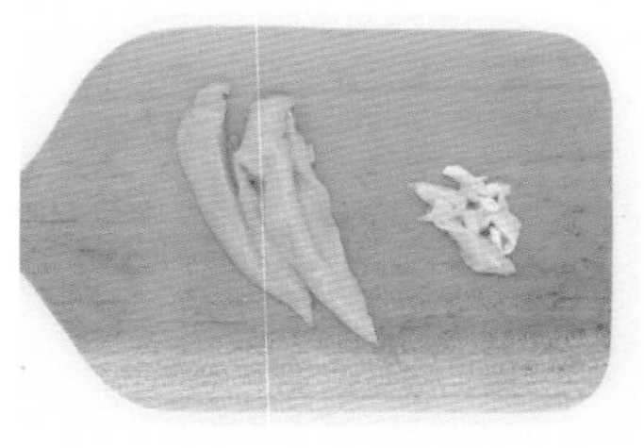

1 닭안심은 하얀 막을 제거하고 힘줄을 제거합니다(닭안심 손질법: 118쪽 참고).

2 끓는 물에 두부를 2~3분간 데친 뒤 메셔로 으깨주세요.

3 당근과 부추, 양파를 깨끗이 손질합니다.

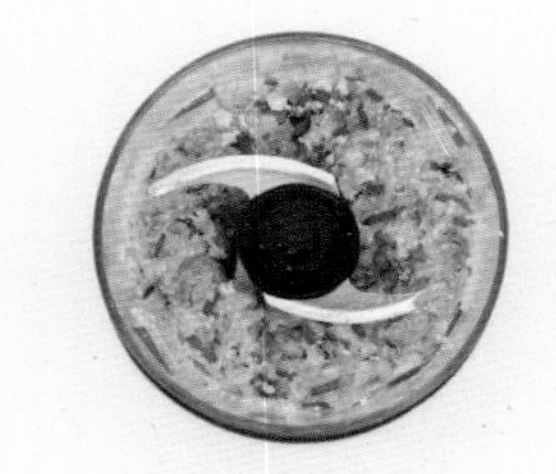

4 손질한 닭안심과 두부, 채소를 함께 믹서기에 넣고 갈아주세요.

5 반죽을 15g씩 떼어내 동그랗게 빚어줍니다. 약 12개의 동그랑땡이 만들어질 거예요. 마른 프라이팬에 반죽을 올리고 앞뒤로 노릇하게 구워주세요.

6 이유식용 그릇에 닭안심동그랑땡을 옮겨 담으면 완성이에요.

- 큐브가 아닌 닭고기를 갈아서 사용할 때는 닭가슴살보다 부드러운 닭안심을 사용하는 게 더 맛있어요.
- 닭안심동그랑땡에 넣을 채소는 따로 준비하기보다 다른 요리를 하고 남은 자투리 채소를 쓰거나 냉동실에 남아 있는 큐브를 활용해요.

후기

토핑

닭고기

로제닭고기

한동안 대한민국이 로제 열풍에 들썩인 적이 있었죠. 이제 이유식에서도 그 열기를 즐겨보아요. 마치 로제 소스 파스타 같지만, 파스타면 대신 닭고기를 넣어 토핑 반찬으로 활용했습니다. 레시피를 개발하며 토마토의 신맛이 지나치게 강조되고 닭고기는 퍽퍽해질까 걱정했지만 육수를 더해 푹 끓여주니 걱정이 무색할 만큼 정말 맛있더라고요. 로제 소스가 푹 배인 닭고기와 자작한 소스를 밥과 함께 비벼주면 남김없이 싹싹 비운답니다.

재료 1회 분량 55g

☐ 닭가슴살큐브 1개(20g) ☐ 토마토큐브 1개(20g) ☐ 닭고기 육수큐브 1개(25g)(혹은 물 20ml)

1 닭가슴살큐브와 토마토큐브를 해동해 주세요.

2 마른 프라이팬에 닭고기큐브와 토마토큐브, 닭고기 육수큐브를 올리고 약불에서 끓여주세요.

3 재료가 끓어오르기 시작하면 불을 끈 뒤 아기치즈를 넣고 잔열을 이용해 잘 섞어주세요.

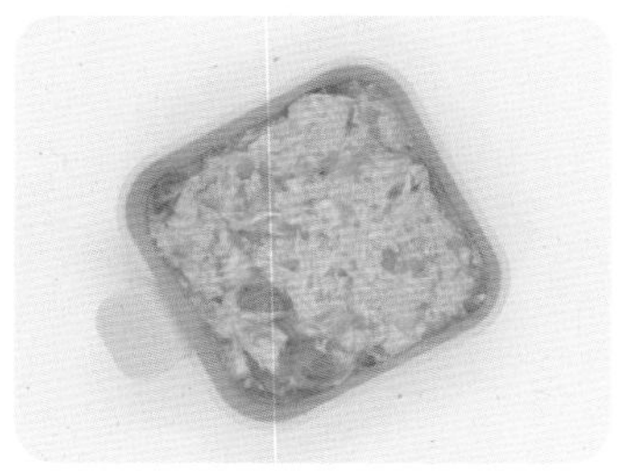

4 이유식용 그릇에 로제닭고기를 옮겨 담으면 완성입니다.

- 닭고기큐브가 아닌 생 닭고기를 사용할 경우, 닭고기 삶은 물을 버리지 않고 육수로 활용해요.
- 레시피에서 육수의 양을 늘려 끓이면 소스가 묽어져 덮밥으로 만들어 먹거나, 베이스죽을 넣고 한번에 끓여 죽이유식처럼 먹을 수도 있어요.

후기

토핑

닭고기

닭고기새우완자

닭고기새우완자는 에어프라이어에 익히면 겉은 바삭 속은 촉촉하게 완성할 수 있고, 찜기에 찌면 부드럽고 촉촉하게 완성돼 다양한 식감으로 즐길 수 있어요. 또 간단히 육수에 넣고 끓여 완자탕을 완성할 수도, 완자를 으깨 밥과 비비면 영양가 든든한 한 그릇 비빔밥으로도 활용할 수 있습니다. 이처럼 다양한 요리로 무궁무진한 변신이 가능한 닭고기새우완자를 대량으로 만들어 두고 다양하게 활용해 주세요.

재료 3회 분량 140g(10개 각 13g)

☐ 닭안심 100g ☐ 냉동 자숙 새우 4~5마리 (50g) ☐ 파프리카 30g

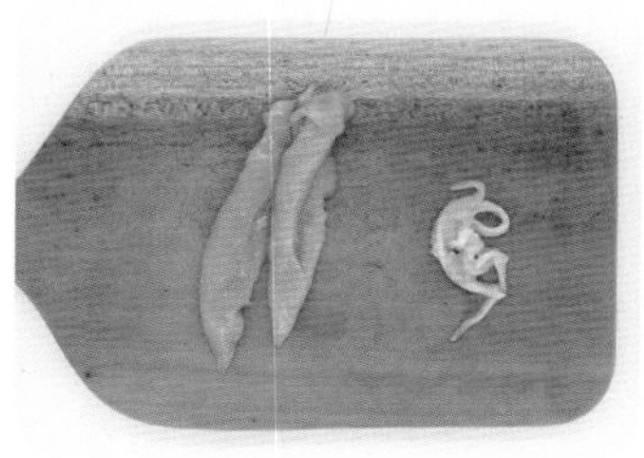

1 닭안심은 하얀 막을 제거하고 힘줄을 제거해 손질합니다(닭안심 손질법: 118쪽 참고).

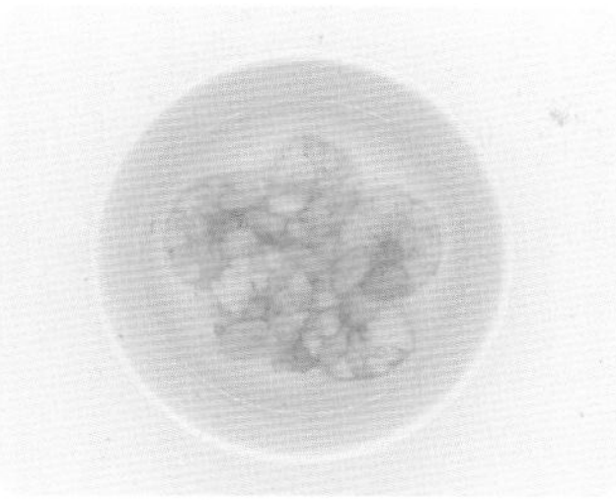

2 냉동 자숙 새우는 찬물에 담가 해동하고, 파프리카는 깨끗하게 손질해주세요.

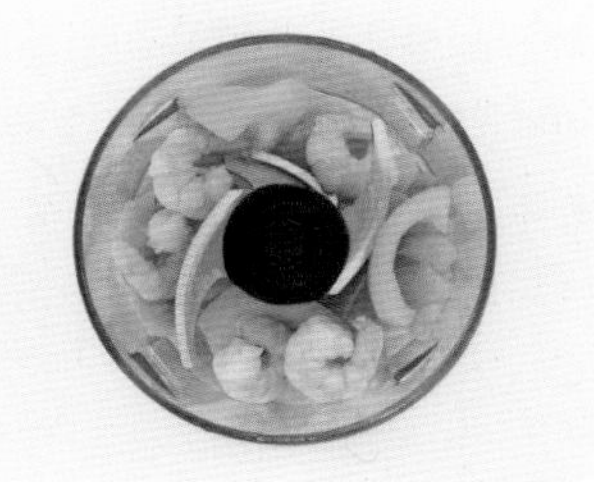

3 손질한 닭안심과 파프리카, 해동을 마친 냉동 자숙 새우를 함께 믹서기에 넣고 갈아주세요.

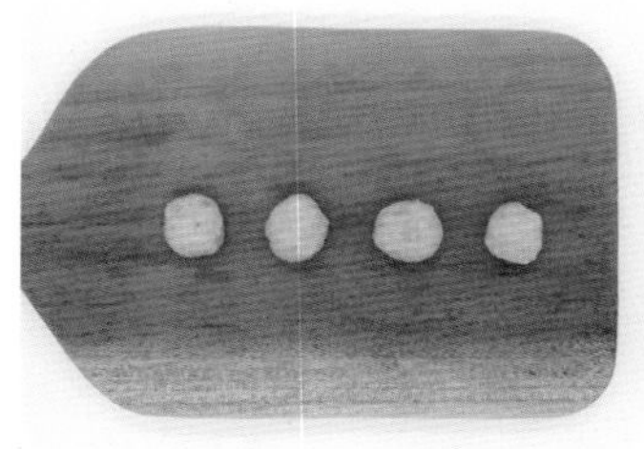

4 반죽을 13g씩 떼어내 작은 공 모양으로 빚어줍니다. 약 10개의 완자가 만들어질 거예요.

5 완자를 찜기에 넣고 약불에서 20분간 쪄준 뒤 이유식용 그릇에 옮겨 담으면 완성입니다.

닭고기

닭고기단호박카레

카레 가루를 사용하지 않고도 단호박의 노란 빛깔로 카레의 색감을 표현했어요. 단호박의 달달한 맛 때문에 밥에 비벼 먹어도 맛있고, 밥과 함께 끓이면 수프처럼 먹을 수도 있습니다. 카레를 만드는 방식과 동일하기 때문에 누구나 어렵지 않게 만들 수 있으니 얼른 시도해 보세요!

재료 4회 분량 210g(1회 50g)

☐ 닭가슴살 60g ☐ 단호박 60g ☐ 당근 30g ☐ 감자 30g ☐ 양파 20g ☐ 분유 또는 물 50ml

1 닭가슴살은 깨끗하게 손질 후 작게 깍둑썰기합니다(닭가슴살 손질법: 118쪽 참고).

2 당근과 감자, 양파도 깨끗이 손질해 닭가슴살과 동일한 크기로 깍둑썰기해요.

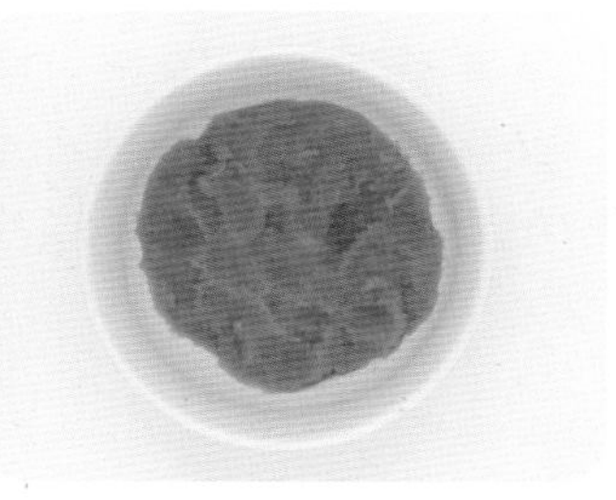

3 단호박은 찌거나 삶아 익힌 뒤 껍질을 벗기고 매셔로 으깨서 준비해요.

4 마른 팬에 손질한 닭가슴살을 올리고 중불에서 2분간 볶아주세요. 닭가슴살 겉면이 하얗게 익으면 당근과 감자, 양파를 넣고 한 번 더 볶아줍니다.

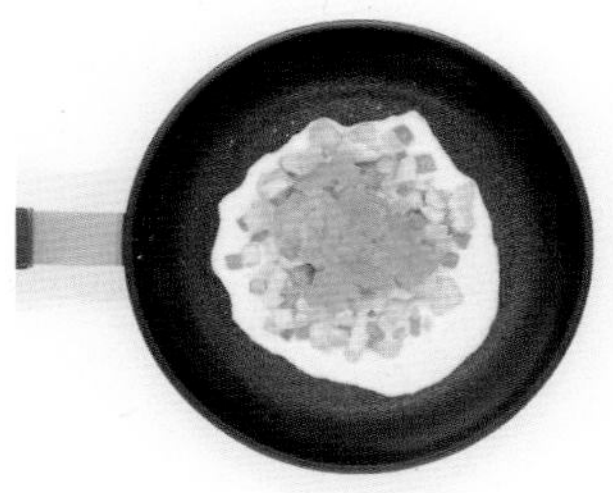

5 재료가 모두 익으면 으깬 단호박과 분유, 또는 물 50ml를 넣고 약불에서 5분 이내로 끓여주세요. 분유나 물로 요리의 농도를 조절합니다.

6 이유식용 그릇에 닭고기단호박카레를 옮겨 담으면 완성입니다.

분유나 물의 양을 조절해 다양한 농도의 요리를 완성할 수 있어요. 되직하게 완성하면 토핑으로 먹을 수 있고, 묽게 완성하면 밥과 비벼 먹는 한 그릇 요리가 됩니다.

후기

토핑

닭고기

닭고기버섯달걀찜

영양만점 달걀찜에 닭고기와 표고버섯을 넣어 씹는 맛을 더했어요. 달걀찜 속에 닭고기를 씹을 때마다 입도 속도 든든해 다른 토핑이 필요 없을 정도입니다. 찜기에 찌는 방식이 아니라 전자레인지로 조리하기 때문에 준비 시간도 매우 짧아요. 전자레인지를 활용해 요리를 완성하기 때문에 익혀서 보관한 닭고기큐브를 사용해 주세요.

재료 1회 분량 60g

- ☐ 닭가슴살큐브 1개(20g)
- ☐ 표고버섯큐브 1개(20g)
- ☐ 달걀 1개

1 닭가슴살큐브와 표고버섯큐브를 해동합니다.

2 달걀 1개를 잘 풀어 준비해 주세요.

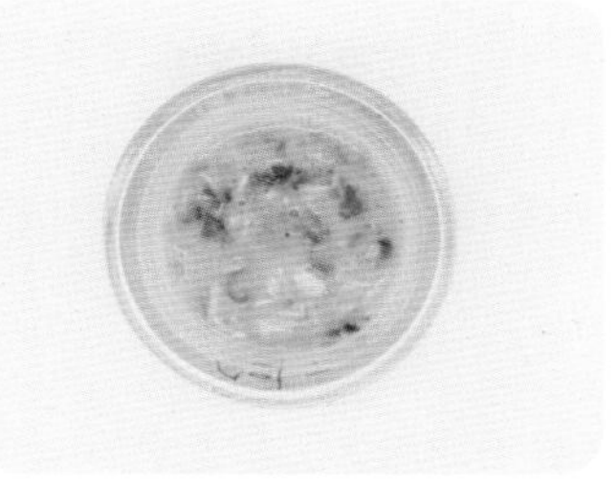

3 전자레인지용 그릇에 풀어둔 달걀과 닭가슴살큐브, 표고버섯큐브를 넣고 잘 섞어주세요.

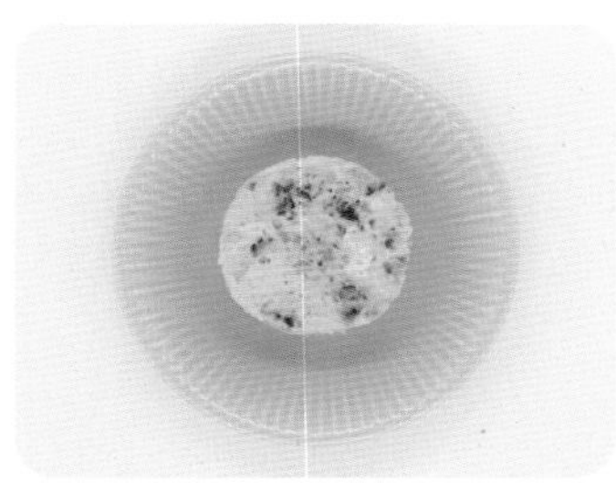

4 전자레인지에서 3분간 익혀준 뒤 이유식용 그릇에 옮겨 담으면 완성입니다.

- 표고버섯 대신 새송이버섯이나 느타리버섯, 팽이버섯 등도 활용할 수 있어요. 레시피에 소개된 재료 외에 다른 채소를 추가해도 좋아요.
- 아기가 부드러운 달걀찜을 좋아한다면 물이나 육수를 추가해 주세요!

해산물

연어브로콜리양송이볶음

브로콜리는 육류는 물론 해산물과도 무척 잘 어울리는 재료랍니다. 프랑스에는 브로콜리, 연어, 감자 등을 활용해서 수프나 퓌레를 자주 만드는데 저는 여기에 양송이버섯을 추가해 씹는 맛을 더했어요. 쉽고 간단하게 특별한 요리를 완성하고 싶다면 시도해 보세요.

재료 1회 분량 60g

☐ 연어 25g ☐ 브로콜리큐브 1개(20g) ☐ 양송이큐브 1개(20g)

1 브로콜리큐브와 양송이큐브를 해동합니다.

2 가시를 제거한 연어를 찜기에서 5분간 익힌 뒤 숟가락으로 으깨 줍니다.

3 마른 프라이팬에 으깬 연어와 브로콜리큐브, 양송이큐브를 넣고 약불에서 2분간 잘 섞어가며 볶아줍니다.

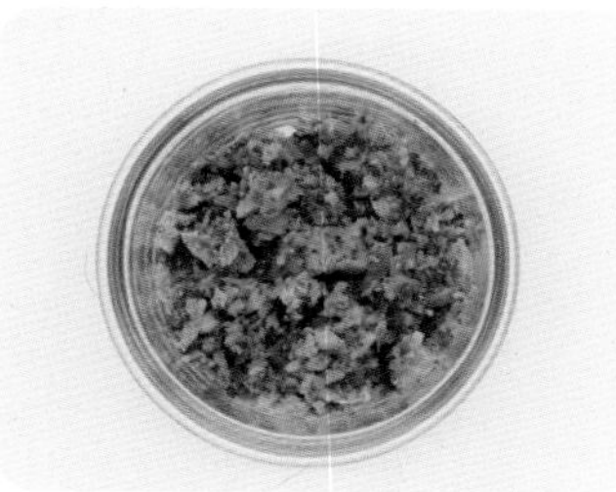

4 이유식용 그릇에 연어브로콜리양송이볶음을 옮겨 담으면 완성이에요.

채소큐브를 활용하지 않고 생 채소를 손질해 만들 경우에는 더 오랜 시간 재료를 익혀주세요. 이때는 기름이나 물을 두른 프라이팬에 브로콜리와 양송이를 먼저 넣고 볶아 익힌 뒤 연어를 넣어주면 좋아요.

해산물

새우브로콜리양파볶음

데친 브로콜리는 양파와 함께 기름에 볶아내기만 해도 훌륭한 반찬이 돼죠. 아직 이유식 단계이기에 소금 간 대신 새우를 활용했어요. 새우의 짭짤한 맛을 더해주니 심심했던 간이 완벽히 채워졌습니다. 소금 간이 조금 망설여지는 엄마라면 도전해 보세요!

재료 1회 분량 65g

☐ 브로콜리큐브 1개(20g) ☐ 냉동 자숙 새우 3마리(30g) ☐ 양파큐브 1개(20g)

1 브로콜리큐브와 양파큐브를 해동합니다.

2 냉동 자숙 새우는 찬물에 담가 해동한 뒤 아기 한입 크기에 맞춰 칼로 다져주세요.

3 마른 프라이팬에 새우와 브로콜리큐브, 양파큐브를 넣고 약불에서 3분간 익혀주세요.

4 이유식용 그릇에 새우브로콜리양파볶음을 옮겨 담으면 완성이에요.

더 풍부한 맛을 원한다면 프라이팬에 기름을 두른 뒤 재료를 볶아요. 다진 마늘을 추가해도 좋습니다.

해산물

두부멘보샤

SNS에서 공개해 엄청난 반응을 이끌어낸 바로 그 레시피! 그때는 속 재료로 닭가슴살을 활용했는데, 이번에는 진짜 멘보샤처럼 새우를 활용했어요. 식빵을 대신해 두부를 활용하면 에어프라이어에서 익혔을 때 부드러운 식감을 경험할 수 있답니다.

재료 2회 분량 150g(6개 각 25g)

□ 두부 120g □ 냉동 자숙 새우 8개(80g) □ 달걀노른자 1개

1 두부는 끓는 물에 데치고 키친타월로 물기를 제거한 뒤 아기 한입 크기로 잘라주세요.

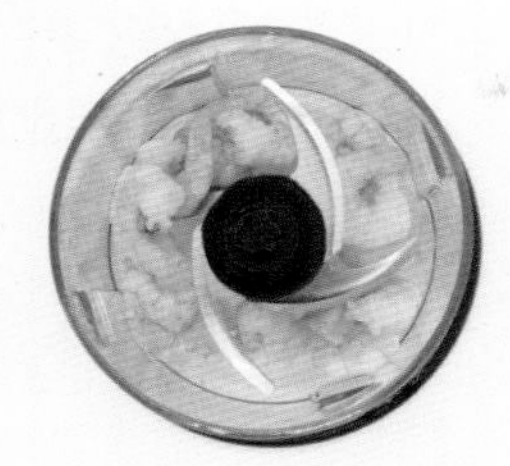

2 냉동 자숙 새우는 찬물에 담가 해동한 뒤 칼로 다지거나 믹서기에 넣고 갈아주세요.

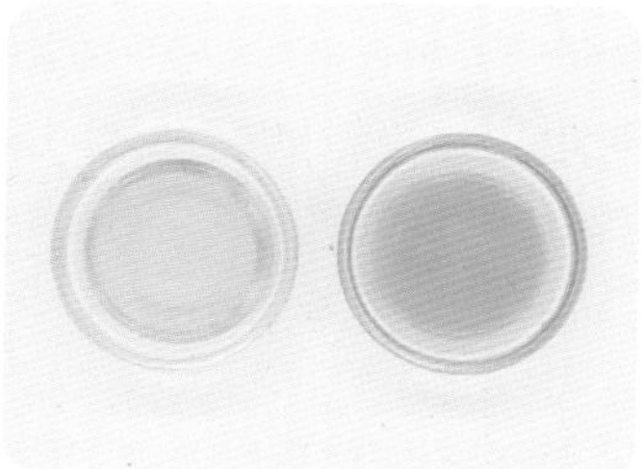

3 달걀은 흰자와 노른자를 분리하고 노른자는 잘 풀어주세요.

4 잘라 둔 두부를 맨밑에 깔고 그 위에 다진 새우를 올린 뒤 노른자를 바르고 맨위에 두부를 덮어줍니다.

5 160도에 맞춘 에어프라이어에 두부멘보샤를 넣고 20분간 구워주세요. 10분 간격으로 뒤집어 골고루 익혀주면 완성입니다.

채소를 잘 안 먹는 아기라면 자투리 채소를 다져 넣거나 남은 채소큐브를 새우와 함께 섞어줘도 좋아요.

해산물

매생이새우전

매생이를 처음 먹는 아기도 거부감 없이 먹을 수 있고 심지어 어른 입맛에도 맛있는 절대 실패 없는 레시피입니다. 아기가 거부하는 식재료는 조리 방법에 변화를 줘 다양한 맛을 경험할 수 있도록 도와줘야 해요. 특히 매생이는 칼슘이 풍부해 성장기 아기들한테 좋은 식재료이니 포기하지 마세요.

재료 1회 분량 75g

☐ 건조 매생이 1팩 ☐ 냉동 자숙 새우 4개(40g) ☐ 밀가루 10g

1 건조 매생이를 물에 넣고 불린 뒤 체에 걸러 물기를 제거하고 가위로 잘게 잘라요.

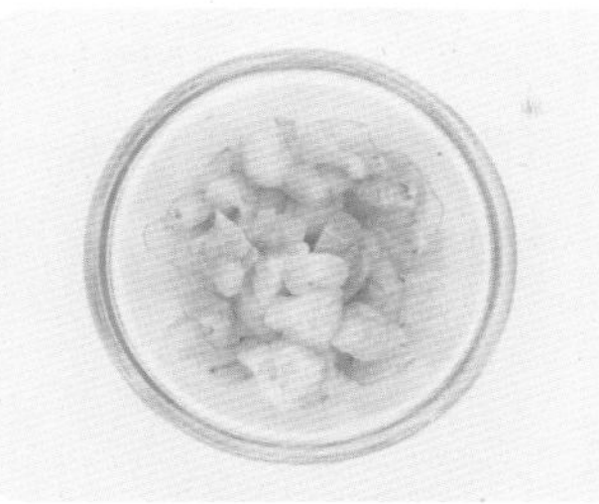

2 냉동 자숙 새우는 찬물에 담가 해동한 뒤 아기 한입 크기에 맞춰 칼로 다집니다.

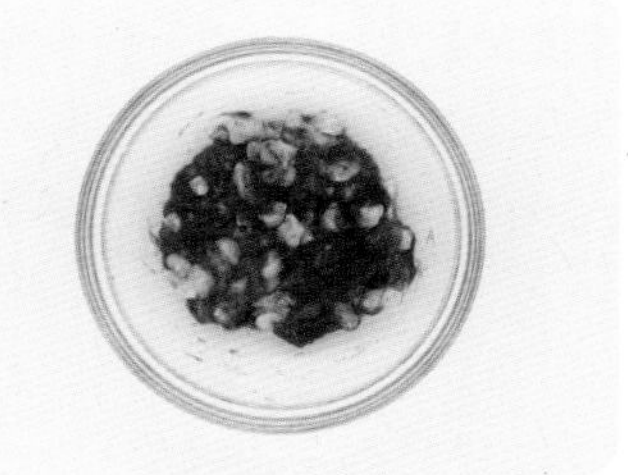

3 매생이와 새우, 밀가루를 그릇에 함께 넣고 잘 섞어줍니다.

4 기름을 두른 프라이팬에 숟가락 한 스푼 크기로 반죽을 떠서 납작하게 구워주세요. 앞뒤로 노릇해질 때까지 익혀줍니다.

5 이유식용 그릇에 매생이새우전을 옮겨 담으면 완성입니다.

매생이와 새우는 모두 수분이 많은 재료이기 때문에 키친타월을 활용해 물기를 확실히 제거해야 해요. 반죽이 너무 묽으면 전 모양을 잡아 부치기 어려우니 반드시 지켜주세요.

해산물

새우아보카도그라탕

크림처럼 부드러운 아보카도 속에 탱글탱글한 새우살이 간간히 씹히는데 이유식이 아닌 브런치 카페의 메뉴로도 손색없을 레시피입니다. 아기가 편히 먹을 수 있도록 전자레인지 용기에 넣고 만들었는데 유아식에서는 속을 파낸 아보카도를 그릇 대용으로 써도 좋을 것 같아요.

재료 1회 분량 70g

☐ 아보카도 1/2개 (30g) ☐ 냉동 자숙 새우 4개(40g) ☐ 아기치즈 1장

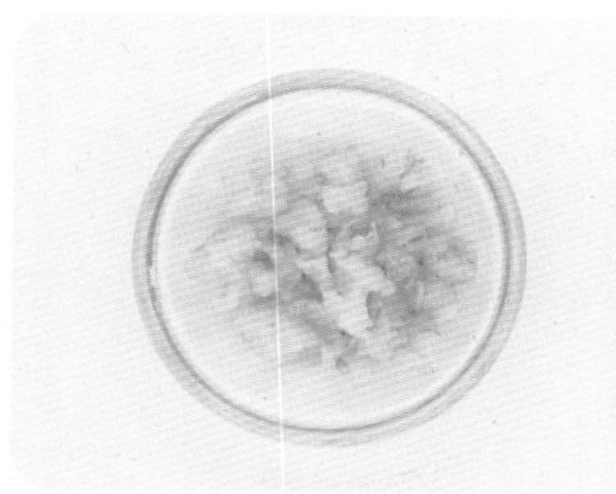

1 냉동 자숙 새우는 찬물에 담가 해동한 뒤 아기 한입 크기에 맞춰 칼로 다집니다.

2 기름을 두른 프라이팬에 새우를 올리고 약불에서 3분 간 볶아주세요.

3 잘 익은 아보카도는 반으로 잘라 씨를 제거하고 속을 파낸 뒤 그릇에 담아 입자가 살아있는 수준으로 으깨주세요.

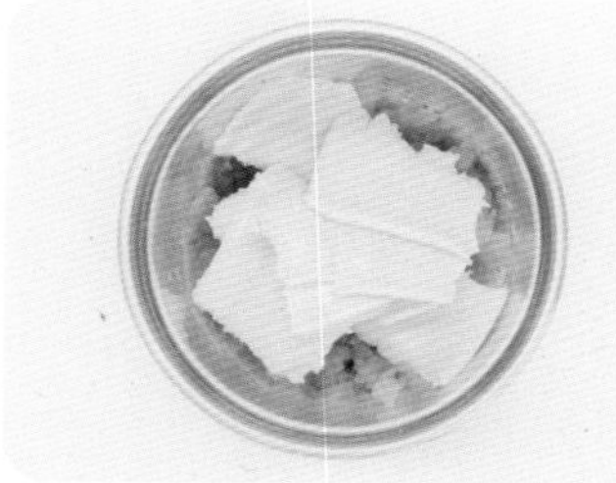

4 전자레인지용 그릇에 아보카도와 새우를 넣고 잘 섞은 뒤 아기치즈 1장을 추가합니다.

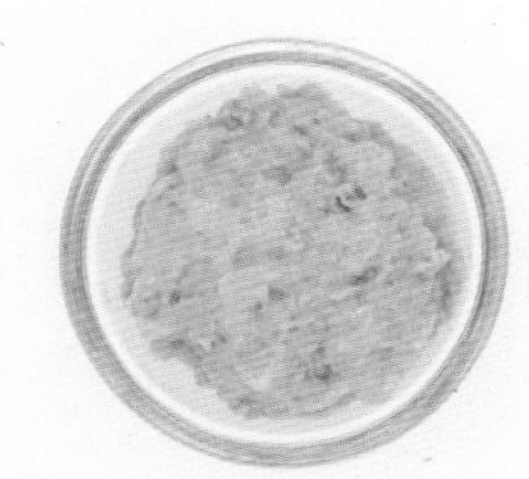

5 전자레인지에서 2분간 익혀주면 완성입니다.

- 새우를 볶을 때 기름 대신 무염버터를 사용하거나 다진 마늘을 추가하면 더 깊은 풍미를 느낄 수 있어요.
- 아보카도는 만졌을 때 말랑말랑한 잘 익은 것을 사용해 주세요. 후숙이 잘된 아보카도는 껍질을 손으로도 쉽게 벗길 수 있어요.

소고기감자치즈밥볼

이름에 포함된 재료만 봐도 맛있을 수밖에 없겠죠. 소고기와 감자, 치즈 세 가지 재료가 만나면 무적이나 다름없어요. 늘 집에 구비되어 있는 재료이니 급하게 아침을 만들어 주거나 미리 만들어 둔 큐브가 떨어졌을 때에도 유용한 레시피이니 자주 활용해 주세요.

재료 1회 분량 150g(14개 각 10g)

☐ 소고기큐브 1개(20g) ☐ 찐 감자 40g ☐ 아기치즈 1장 ☐ 무른밥 1개(100g)

1 소고기큐브를 해동합니다.

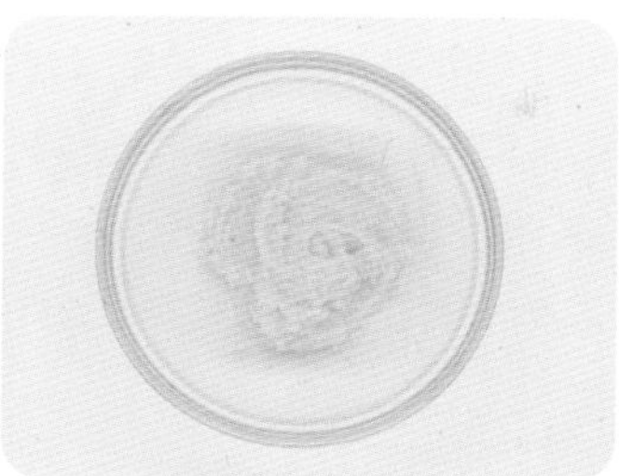

2 찜기에 찐 감자는 매셔로 으깨고 전자레인지에 녹여서 준비한 아기치즈와 함께 그릇에 담고 잘 섞어줍니다.

3 감자 반죽에 무른밥과 소고기큐브를 넣고 잘 섞어주세요.

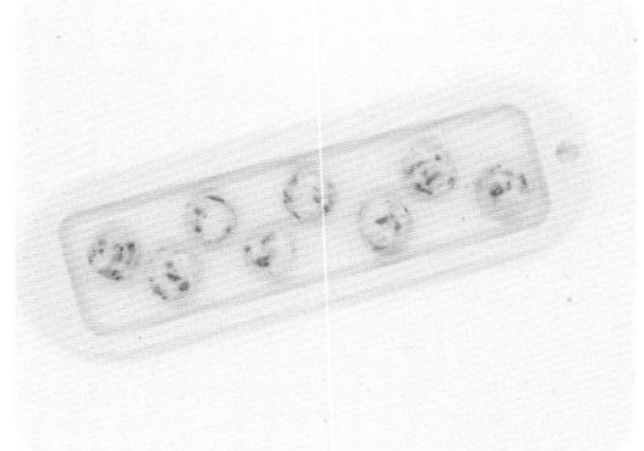

4 반죽을 10g씩 떼어내 작은 공 모양으로 빚어줍니다. 죽의 찰기 때문에 모양 잡기가 힘들면 손에 물기가 있는 상태로 빚어주세요. 약 14개의 반죽이 만들어질 거예요.

5 170도에 맞춘 에어프라이어에 반죽을 넣고 10분간 익혀줍니다. 고루 잘 익을 수 있도록 중간중간 뒤집어가며 익힌 뒤 이유식용 그릇에 옮겨 담으면 완성이에요.

감자가 식으면 으깨기 어려우니 꼭 뜨거울 때 으깨주세요. 이때 덩어리가 남아있지 않도록 잘게 으깨야 동그란 모양을 잡기 쉽고 완성 후에도 잘 부서지지 않아요.

소고기케일노른자주먹밥

소고기와 달걀 노른자는 중기 이유식 때 가장 많이 활용된 식재료죠. 소고기는 철분 보충을 위해 매일 먹기를 권장하는 재료이기도 해요. 이토록 중요한 소고기와 영양식 자체인 달걀이 만나니 맛은 물론이고 단백질 섭취에도 제격이겠지요? 케일은 대표적인 슈퍼 푸드로 녹황색 채소 중에서 가장 영양이 풍부해요. 이 세 재료를 조합해 만든 주먹밥이니 이것만으로도 든든한 한 끼로 손색없습니다.

재료 1회 분량 130g(6개 각 20g)

☐ 소고기큐브 1개(20g) ☐ 케일큐브 1개(20g) ☐ 달걀노른자 1개 ☐ 무른밥 80g

1 소고기큐브와 케일큐브를 해동합니다. 케일큐브 만드는 법은 시금치큐브 만드는 법과 동일해요(시금치큐브 만드는 법: 145쪽 참고).

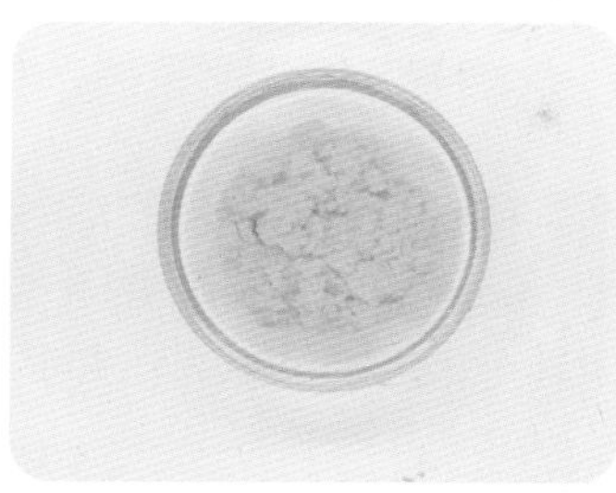

2 삶은 달걀노른자를 분리해 으깨주세요.

3 소고기큐브와 케일큐브, 무른밥을 그릇에 넣고 잘 섞어준 뒤 20g씩 작은 공 모양으로 빚어줍니다.

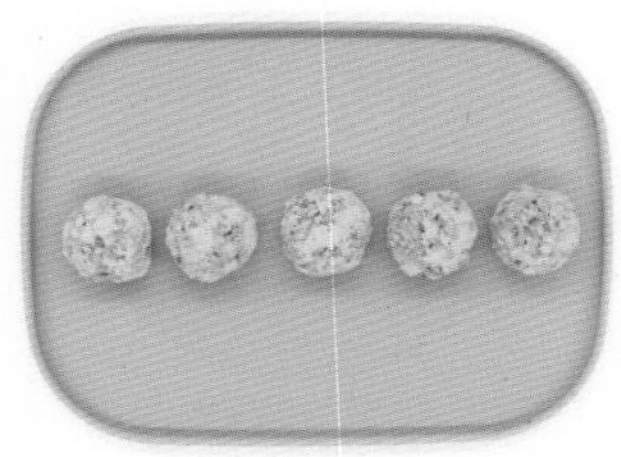

4 주먹밥 겉면에 으깬 달걀노른자를 골고루 묻혀준 뒤 이유식용 그릇에 옮겨 담으면 완성이에요.

후기

한 그릇 요리

닭고기파프리카표고 삼각김밥

삼각김밥은 모양 잡는 일이 조금 번거롭지만 일단 완성해 아기가 먹는 모습을 보면 얼마나 귀여운지 몰라요. 고사리 같은 손으로 삼각김밥을 쥐고 오물거리는 모습에 절로 카메라를 들게 될 거예요! 파프리카나 표고버섯은 재료의 향이 강하지만 오히려 예쁜 색감과 상반된 식감이 아기의 흥미를 불러일으킵니다.

재료 1회 분량 120g(3개 각 40g)

- ☐ 닭고기큐브 1개(20g)
- ☐ 파프리카큐브 1개(20g)
- ☐ 표고버섯큐브 1개(20g)
- ☐ 무른밥 80g
- ☐ 아기 김 1/2장(생략 가능)

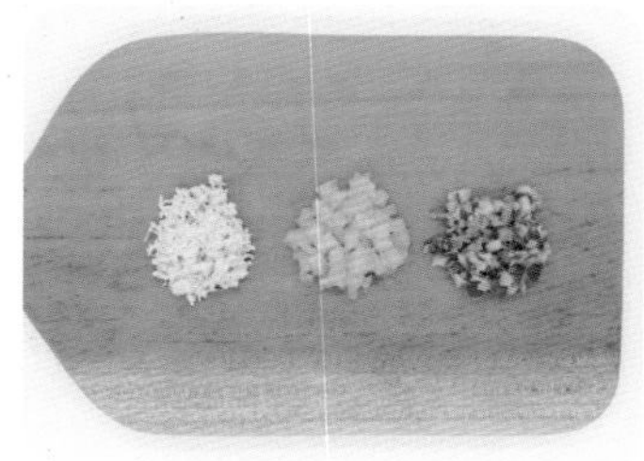

1 닭고기큐브, 파프리카큐브, 표고버섯큐브를 해동해 주세요.

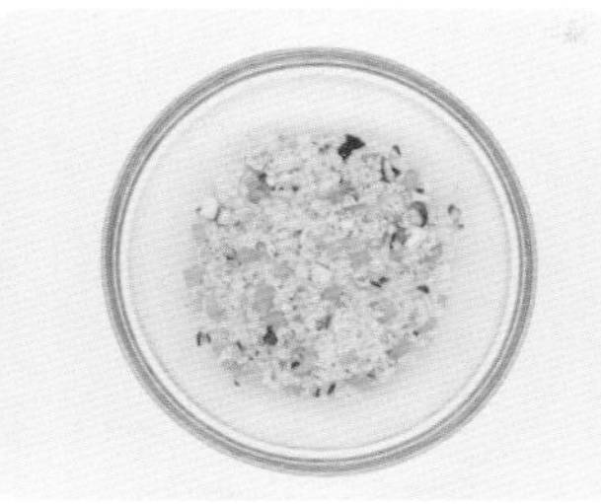

2 무른밥을 담은 그릇에 해동한 큐브를 넣고 잘 섞어줍니다.

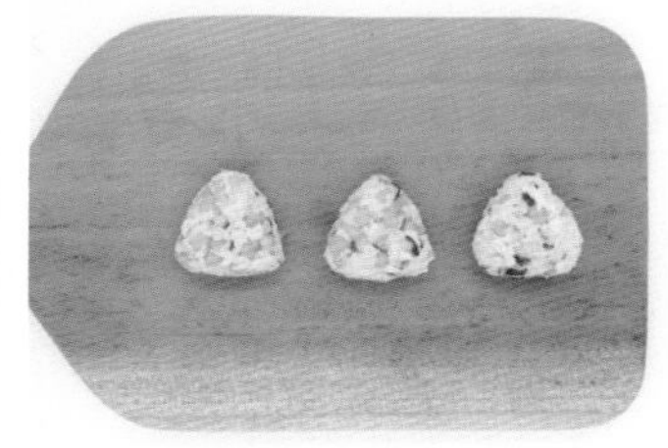

3 잘 섞인 재료를 삼각김밥 모양으로 빚어주세요. 총 3개의 삼각김밥이 완성될 수 있도록 밥 양을 조절합니다.

4 약간의 기름을 두른 프라이팬 위에 삼각김밥을 올리고 약불에서 앞뒤로 노릇하게 구워줍니다. 이 과정이 번거롭다면 170도에 맞춘 에어프라이어에서 10분간 구워주세요.

5 겉면이 바삭하게 익은 삼각김밥에 아기 김 반 장을 적당한 크기로 잘라 둘러주고 이유식용 그릇에 옮겨 담으면 완성입니다.

사용한 재료에 수분이 없고 모두 잘게 다진 상태라 잘 뭉쳐지지 않을 수도 있어요. 이 때는 배죽이 높은 무른밥을 사용하거나, 손에 물을 묻혀가면서 모양을 잡아주세요. 아기에게 줄 때는 프라이팬이나 에어프라이어에 겉면을 익혀서 주기 때문에 손에 묻더라도 끈적거리지 않습니다.

매생이크림리조또

매생이는 미세먼지를 배출해 주는 효능이 있어서 피부의 독소나 찌꺼기를 배출하고 수분을 채워줘요. 이유식에서는 아래 레시피 그대로, 유아식에서는 치즈의 양을 늘려서 짭짤한 맛을 더해주세요. 일반식에서 활용할 때는 굴이나 새우 같은 해산물 추가해 훌륭한 한 그릇 음식으로 만들 수 있어요.

재료 1회 분량 240g

- ☐ 소고기큐브 1개(20g) ☐ 소고기 육수큐브 1개(25g) ☐ 양파큐브 1개(20g) ☐ 표고버섯큐브 1개(20g)
- ☐ 건조 매생이 1/2개 ☐ 아기치즈 1/2장 ☐ 우유 또는 분유100ml

1 표고버섯큐브와 양파큐브를 해동합니다.

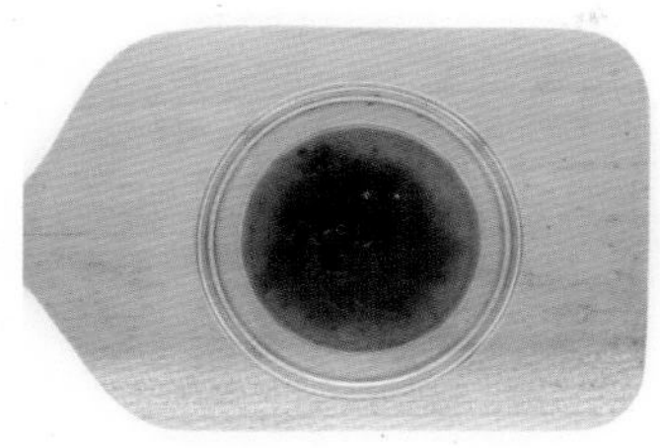

2 건조 매생이는 물에 넣고 불린 뒤 체에 걸러 물기를 제거합니다.

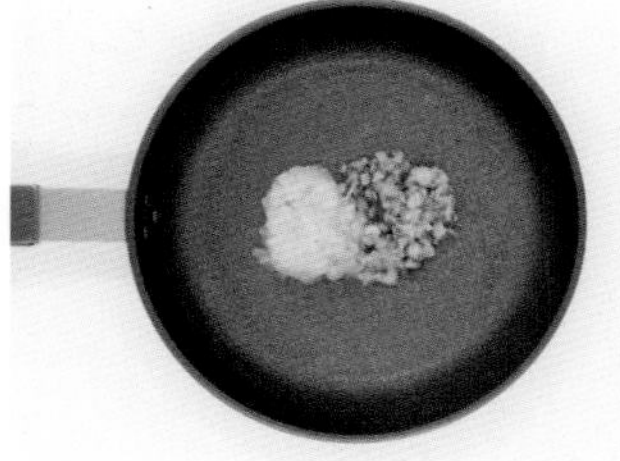

3 기름을 두른 프라이팬에 표고버섯큐브와 양파큐브를 넣고 약불에서 볶아줍니다.

4 소고기큐브와 소고기 육수큐브를 추가해 볶다가 육수가 졸아들면 매생이와 우유를 넣고 약불에서 5분간 더 익혀줍니다.

5 우유가 끓어오르면 준비한 무른 밥과 아기치즈 반 장을 넣고 한 번 더 끓여주세요.

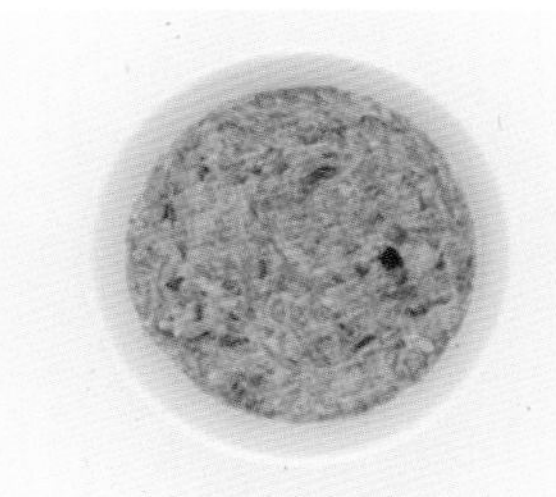

6 리조또가 꾸덕해지면 이유식용 그릇에 옮겨 담고 요리를 완성합니다.

- 아직 기름을 사용하지 않은 아기라면 기름 대신 물을 넣고 볶아주세요.
- 소고기 육수는 생략 가능합니다. 우유도 분유물로 대체해도 좋아요.
- 완성된 요리의 양은 240g 정도이며. 잘 먹는 아기들은 한끼에 모두 먹을 수 있는 양이에요. 잘 먹지 않는 아기라면 소분해 토핑처럼 활용해 주세요.

후기

한 그릇 요리

닭고기부추밥전

닭고기는 다른 재료와 궁합도 좋고 가격도 저렴한 편이라 이유식에서 거의 매일 활용하는 재료입니다. 닭가슴살, 닭안심 등 어떤 부위를 써도 부드럽기 때문에 대부분의 아기들이 선호해요. 부추는 특유의 향이 강하고 쓴맛이 나서 이유식에 어울릴까 걱정할 수도 있는데 닭고기와 달걀과 함께 활용하면 특유의 쓴맛이 중화되기 때문에 부담 없이 먹을 수 있어요.

재료 1회 분량 150g(10개 각 15g)

- ☐ 닭고기큐브 1개(20g)
- ☐ 부추큐브 1개(20g)
- ☐ 달걀 1개
- ☐ 무른밥 80g

1 닭고기큐브와 부추큐브를 해동해 주세요.

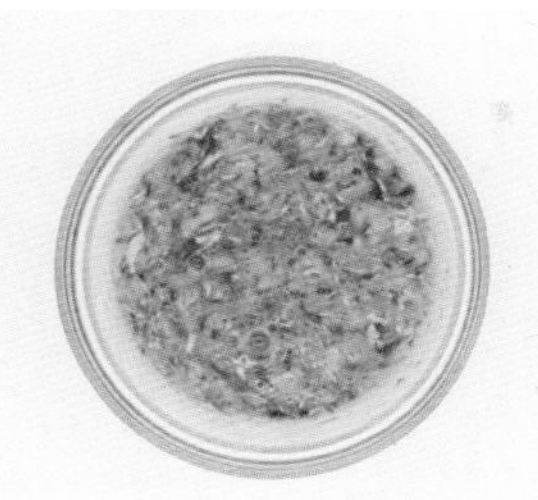

2 해동한 닭고기큐브와 부추큐브, 풀어둔 달걀과 무른밥을 함께 그릇에 넣고 잘 섞어줍니다.

3 현미유를 두른 프라이팬에 아기 숟가락 한 스푼 크기로 반죽을 떠서 납작하게 구워줍니다. 약불에서 앞뒤로 노릇하게 구워주세요..

4 이유식용 그릇에 닭고기부추밥전을 옮겨 담으면 완성이에요.

부추 큐브 만들기

깨끗하게 씻은 부추는 뿌리 부분 2cm를 잘라내고 칼로 다져 큐브 틀에 넣은 뒤 냉동 보관합니다. 이때 소량의 물을 함께 넣어주면 큐브를 꺼낼 때 부서지지 않아요. 일반 부추보다 얇은 영양부추를 사용해 주세요.

아기가 냄새에 민감하다면 부추 대신 브코콜리나 시금치, 청경채 등을 활용해도 좋아요.

당근케일고구마밥스틱

당근과 케일은 디톡스 주스의 재료로 사용할 만큼 몸속의 독초를 배출하는 데 탁월하죠. 당근의 향긋함이 케일의 쓴맛을 잡아줘서 맛의 궁합도 좋습니다. 이번 레시피에서는 밥은 물론 고구마를 추가해 포만감을 더했어요.

재료 1회 분량 150g

- ☐ 당근큐브 1개(20g) ☐ 케일큐브 1개(20g) ☐ 찐 고구마 40g ☐ 무른밥 80g

1 당근큐브와 케일큐브를 해동합니다.

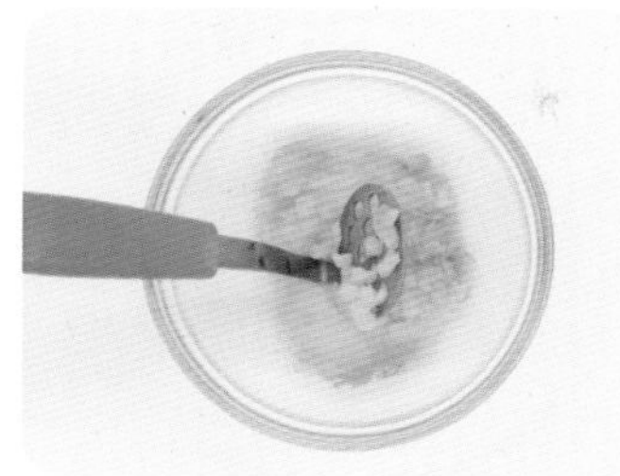

2 고구마는 찌거나 삶은 뒤 껍질을 제거하고 매셔로 으깨주세요.

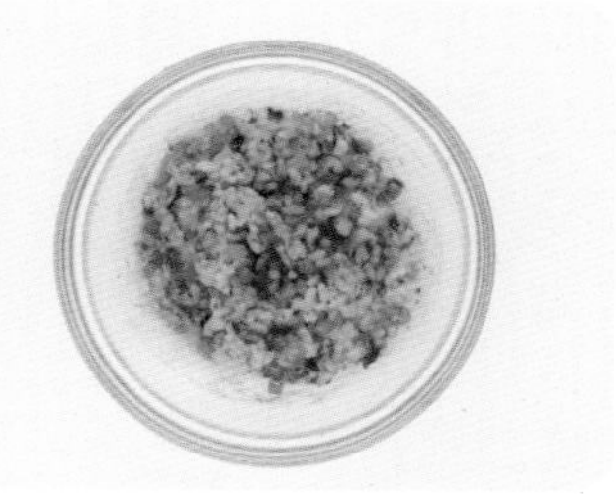

3 으깬 고구마와 당근큐브, 케일큐브와 무른밥을 그릇에 함께 넣고 잘 섞어줍니다.

4 잘 섞은 재료를 아기가 손에 쥐고 먹을 수 있도록 길다란 막대 모양으로 빚어주면 완성입니다.

밥스틱을 너무 두껍게 만들면 아기가 한 손에 쥐기도 힘들고, 먹기도 힘들어요. 스틱의 길이와 두께는 엄마의 검지 손가락 정도에 맞춰주세요.

후기

별미

콩나물무잼범벅

대용량으로 만들어 놓은 무잼을 활용한 레시피예요. 건강에도 좋고 맛도 좋은 특별한 레시피니 번거롭더라도 꼭 만들길 권합니다. 9개월부터 먹을 수 있는 새로운 식재료인 콩나물은 특유의 비린내 때문에 거부하는 아이도 있는데 무잼을 활용하면 콩나물 비린내를 잡을 수 있어요.

재료 1회 분량 40g

☐ 콩나물큐브 1개(20g) ☐ 무잼큐브 1개(20g)

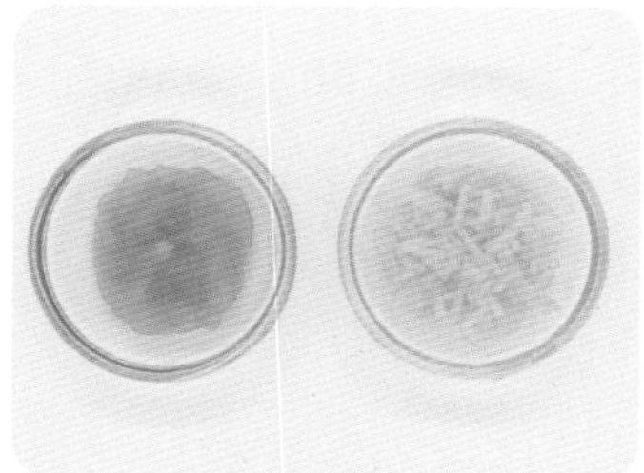

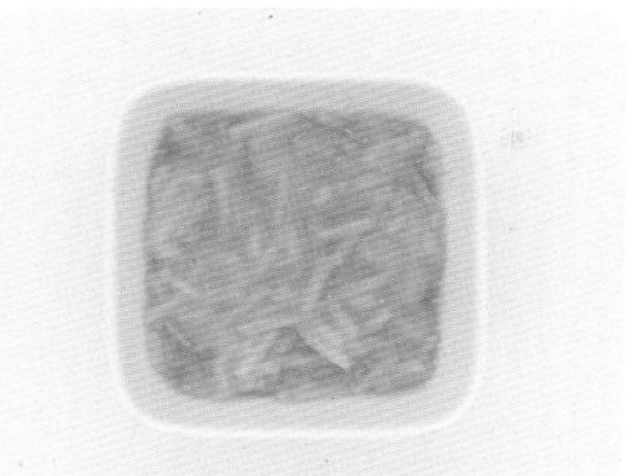

1 콩나물큐브와 무잼큐브를 해동합니다(무잼큐브 만드는 법: 326쪽 참고).

2 해동한 콩나물과 무잼큐브를 잘 섞은 뒤 이유식용 그릇에 옮겨 담으면 완성입니다.

콩나물큐브 만들기

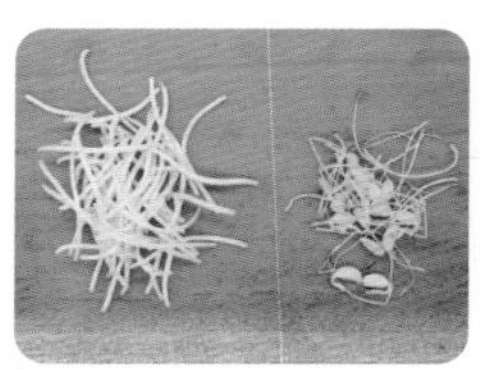

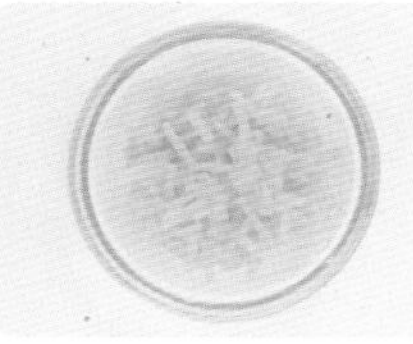

1 콩나물의 뿌리와 노란 콩을 제거해요. 콩나물 뿌리는 너무 얇아서 아기 목에 걸리기 쉽고, 노란 콩은 딱딱하기 때문에 씹기 어려워요.

2 끓는 물에 콩나물을 1~2분간 데쳐주세요.

3 데친 콩나물을 꺼낸 뒤 한 김 식히고 칼로 다지면 완성입니다.

콩나물은 손질하는 시간에 비해 한 번 데치고 나면 전체 양이 정말 작아져요. 그래서 믹서기에 가는 것보다 칼로 다지는 게 큐브 만들기에 더 편합니다.

후기
별미

토마토감자조림

토마토 수프처럼 부드럽게 술술 넘어가는 토마토감자조림은 대량으로 만들어 두고 다양한 요리에 활용하기 좋아요. 이유식 챙겨 주기 귀찮을 때 덮밥처럼 밥에 비벼줘도 좋고 국수나 파스타 면에 뿌려주면 순식간에 색다른 별미 한 그릇 뚝딱입니다.

재료 4회 분량 270g(4회 각 60g)

- ☐ 감자 80g ☐ 토마토 1/2개(80g) ☐ 사과 20g ☐ 물 150ml ☐ 전분물 25ml(전분 8g+물 25ml)

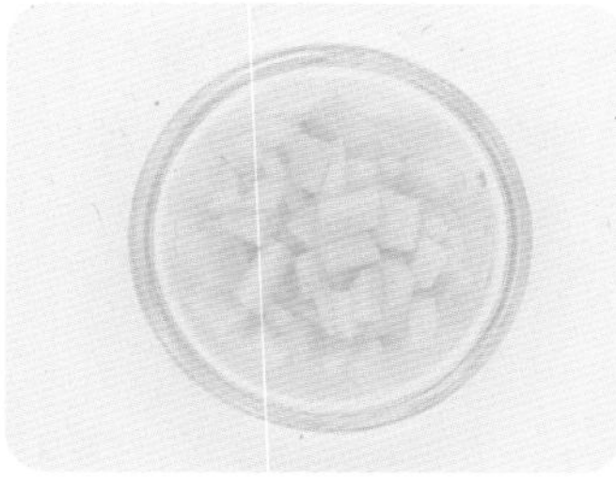

1 감자를 얇게 깍둑썰기한 뒤 찬물에 담가둡니다.

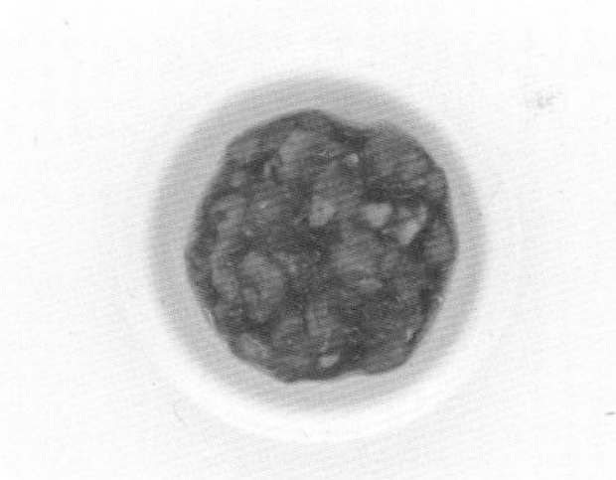

2 토마토는 1분간 데쳐 껍질을 제거한 뒤 칼로 다져주세요.

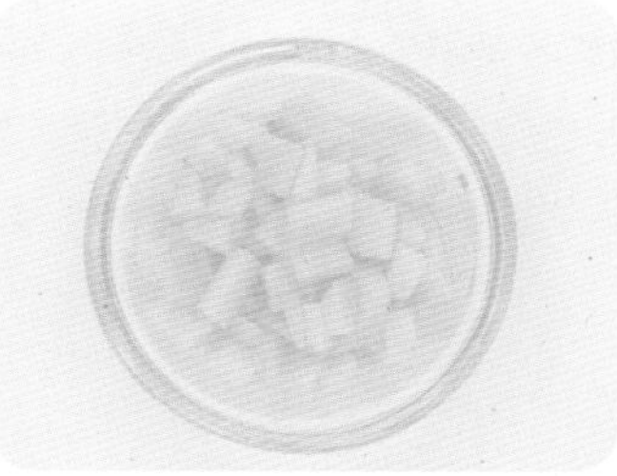

3 사과도 다른 재료와 동일한 크기로 깍둑썰기합니다.

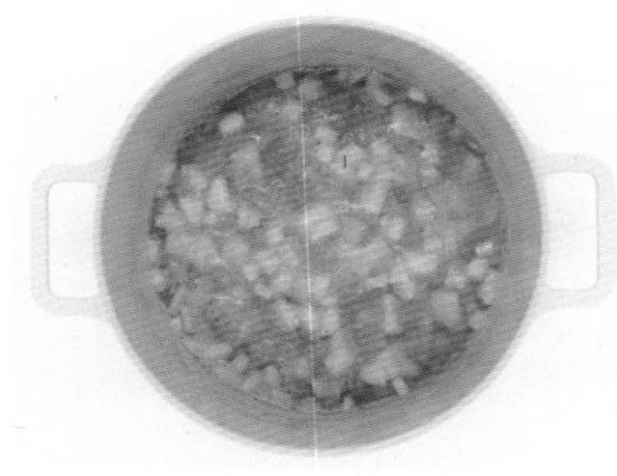

4 준비한 물 혹은 육수에 깍둑썰기한 감자를 넣고 센불에서 끓이다가 감자가 투명해지면 사과와 토마토를 추가한 뒤 중약불에서 5분간 끓여줍니다.

5 물이 끓어오르면 전분물을 넣고 농도를 걸쭉하게 만든 뒤 이유식용 그릇에 옮겨 담으면 완성입니다.

- 감자를 다진 후 찬물에 담가 놓으면 쉽게 으깨지지 않아요.
- 다양한 식감을 위해 요리 완성 전에 으깬 두부를 추가해도 좋아요.

토마토오이달걀범벅

비타민과 무기질이 풍부한 토마토, 수분으로 가득 찬 오이, 질 좋은 단백질 공급원인 달걀의 조화가 잘 어울리는 요리예요. 토마토오이달걀범벅은 다소 수분이 부족한 소고기큐브와 함께 먹으면 더욱 촉촉하게 먹을 수 있고 입가심용으로도 매우 좋습니다.

재료 1회 분량 50g

- ☐ 토마토큐브 1개(20g)
- ☐ 오이큐브 1개(20g)
- ☐ 삶은 달걀노른자 1개

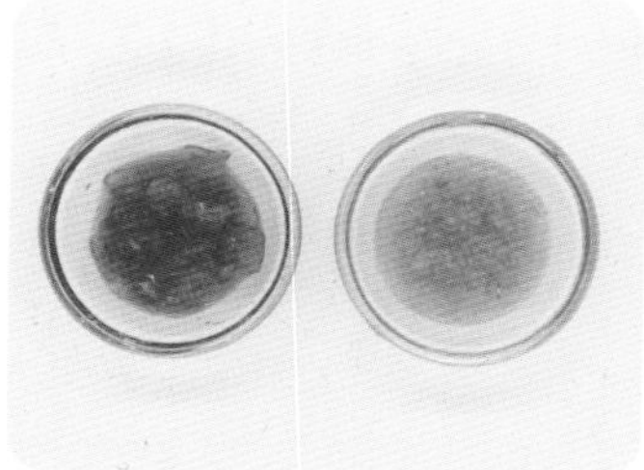

1 토마토큐브와 오이큐브를 해동합니다.

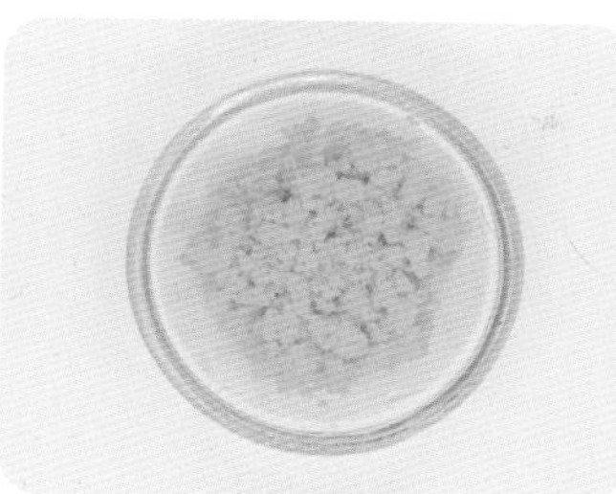

2 삶은 달걀노른자를 분리한 뒤 으깨주세요.

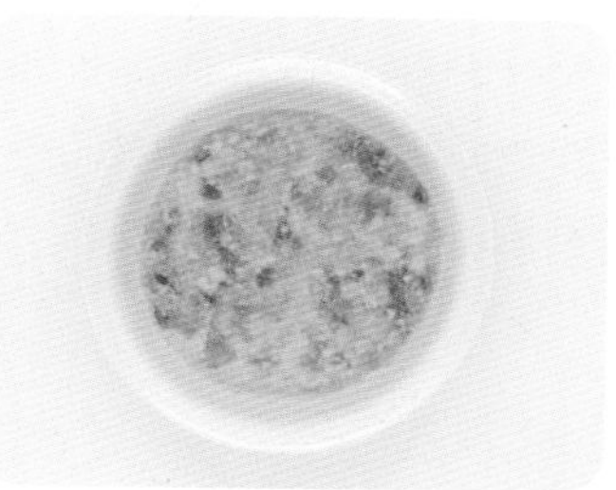

3 으깬 노른자와 큐브를 그릇에 담고 잘 섞어주면 완성입니다.

달걀노른자의 퍽퍽함이 싫다면 토마토와 오이만 활용해 요리를 완성해도 좋습니다. 이때 부족한 간은 참깨를 으깨 뿌려 주면 채울 수 있어요.

후기
간식

두부치즈경단

두부를 이용해서 만든 영양 간식이에요. 쫄깃쫄깃한 반죽을 한입 베어물면 치즈가 주욱 늘어나는 맛 좋은 경단입니다. 쫄깃하고 신기한 식감이 아기에게는 색다른 경험이 되어 줄 거예요. 두부를 베이스로 만든 거라 아침 대용으로 활용해도 좋아요!

재료 1회 분량 105g(8개 각 12g)

- ☐ 두부 60g
- ☐ 찹쌀가루 50g
- ☐ 아기치즈 1장
- ☐ 떡뻥 4개

1 끓는 물에 2분간 두부를 데치고 키친타월로 물기를 제거한 뒤 으깨줍니다.

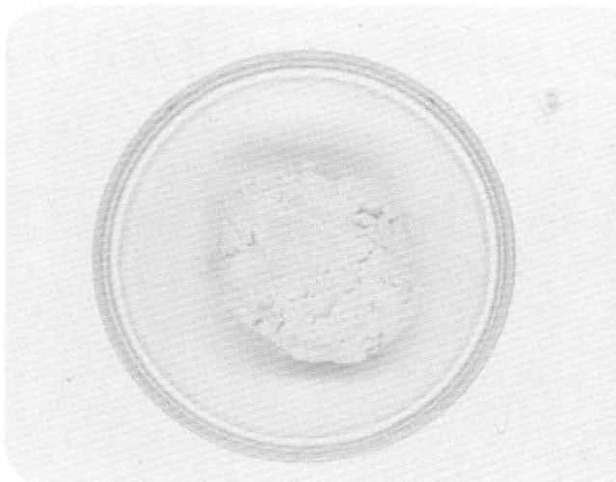

2 으깬 두부와 찹쌀가루를 그릇에 넣고 잘 섞어주세요.

3 반죽을 마치면 랩으로 꼼꼼하게 감싼 뒤 실온에서 10~20분간 숙성합니다.

4 숙성을 마친 반죽을 10g씩 떼어낸 뒤 납작하게 눌러 동그랗게 만들고 그 안에 미리 상온에 꺼내두어 냉기를 없앤 치즈를 넣어 만두처럼 빚어요. 경단 약 8개가 만들어질 거예요.

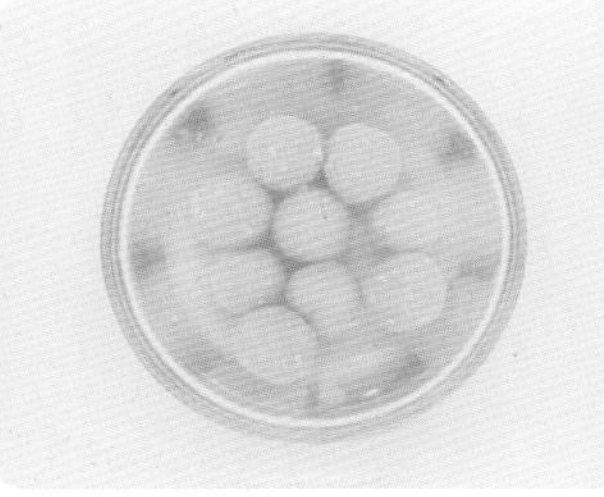

5 끓는 물에 경단을 넣고 중불에서 3분간 익힙니다. 반죽이 떠오르면 30초간 더 익힌 다음 꺼낸 뒤 찬물에 담아요.

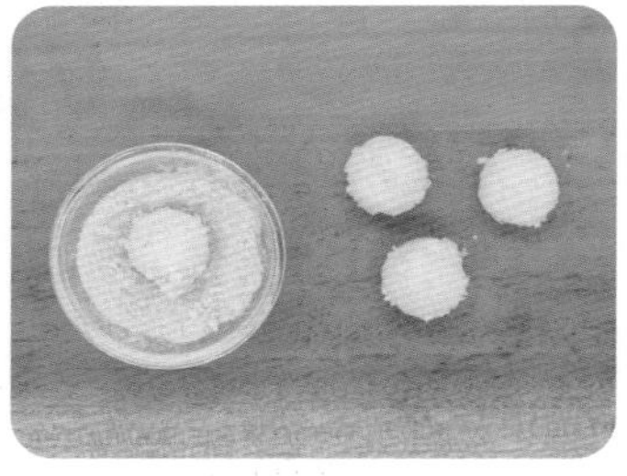

6 일회용 비닐봉지에 떡뻥 4개를 넣고 가루처럼 잘게 부숴준 뒤 익힌 경단에 묻혀주세요.

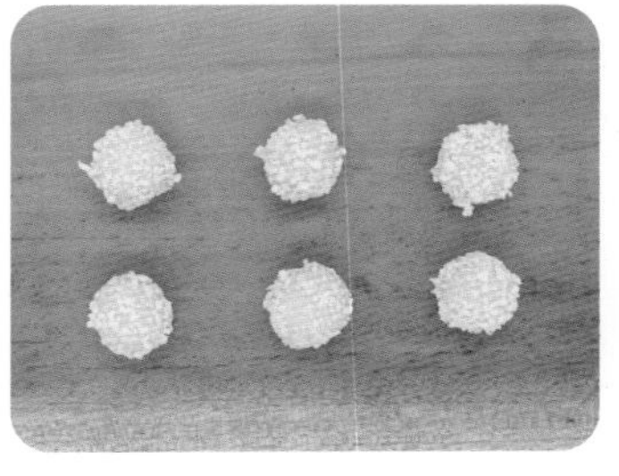

7 완성한 경단을 이유식 그릇에 옮겨 담아 마무리합니다.

- 끓는 물에서 건져낸 경단을 얼음물에 담갔다가 꺼내면 식감은 더욱 쫄깃해지고 겉면의 끈적거림은 줄어서 더욱 맛있게 즐길 수 있습니다.
- 치즈 알레르기가 있는 아기들에게는 치즈 대신 단호박이나 고구마를 활용해 주세요.

후기
간식

무꼬노미야끼

양배추 대신 무를 활용한 무꼬노미야끼예요! 제철 무를 사용하면 무의 수분과 달큰한 맛이 강해 양배추와 비슷한 맛이 나더라고요. 여기에 새우를 다져 넣으니 씹히는 맛까지 더해져 맛의 균형이 무척 좋았습니다. 전자레인지로 간단하게 만든 간식이라 SNS에 소개했을 때 엄마들의 후기가 넘쳐난 레시피이기도 해요!

재료 1회 분량 100g

□ 무 100g □ 냉동 자숙 새우 5~6마리(50g) □ 밀가루 20g

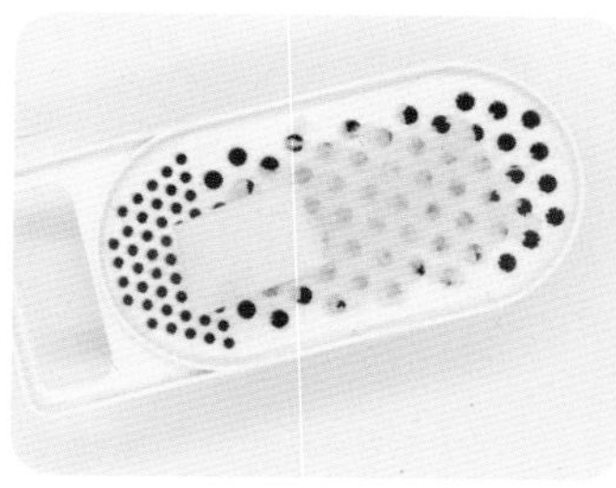

1 깨끗이 손질한 무를 강판에 갈아주세요. 이때 무는 녹색 부분을 활용해야 달고 맛있어요.

2 무를 체에 걸러 무즙과 건더기를 분리해주세요.

3 냉동 자숙 새우는 찬물에 담가 해동한 뒤 칼로 다져주세요.

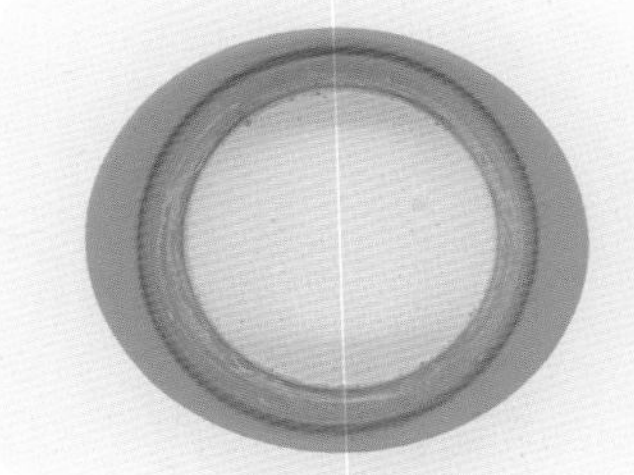

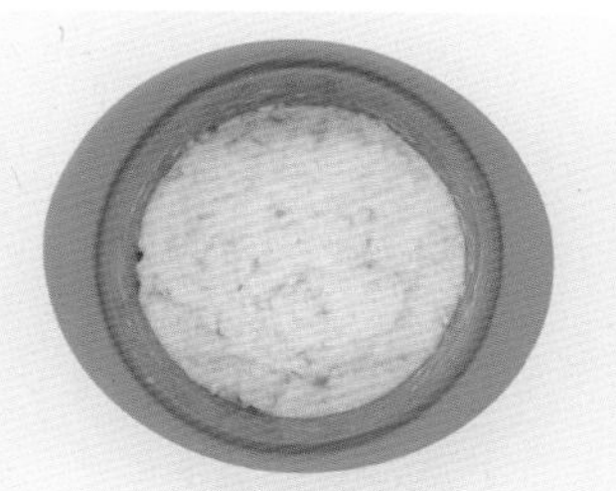

4 분리한 무즙에 밀가루를 넣고 뭉치지 않게 잘 섞어줍니다.

5 무 반죽에 남겨둔 무 건더기와 다진 새우를 넣고 섞어주세요.

6 전자레인지용 그릇에 재료를 옮겨 담고 4분간 익혀주면 완성입니다.

- 요리에 사용한 밀가루는 쌀가루나 오트밀가루로 대체 가능합니다.
- 새우 알레르기가 있는 아기들은 소고기 다짐육이나 남아 있는 소고기큐브 등을 활용해도 좋아요.
- 빈대떡같이 질퍽한 식감이라 아기가 먹을 때 손에 묻을 수도 있어요. 자기주도 식사를 진행할 경우 마른 프라이팬에 앞뒤로 바삭하게 구워주면 더 깔끔하게 먹을 수 있습니다.

청경채츄이스티

SNS 업로드 후 팔로워 분들이 극찬했던 레시피예요. 이번 레시피는 이름에서부터 알 수 있는 유명 도넛 브랜드의 인기 메뉴를 이유식 버전으로 만든 거예요. 모양은 물론 초록 채소는 그 어떤 것이라도 다 활용 가능해서 아기들 채소 먹이기 딱 좋은 레시피입니다.

재료 1회 분량 190g(3개 각 60g)

- ☐ 찐 고구마 100g
- ☐ 청경채 20g
- ☐ 우유 또는 분유 15ml
- ☐ 밀가루 40g
- ☐ 찹쌀가루 40g

1 청경채는 깨끗이 씻고 줄기를 제거한 뒤 손으로 잎을 찢어줍니다. 고구마는 찜기에 찐 뒤 껍질을 제거하고 으깨주세요.

2 으깬 고구마와 찢어둔 청경채 잎, 소량의 우유를 믹서기에 넣고 갈아주세요.

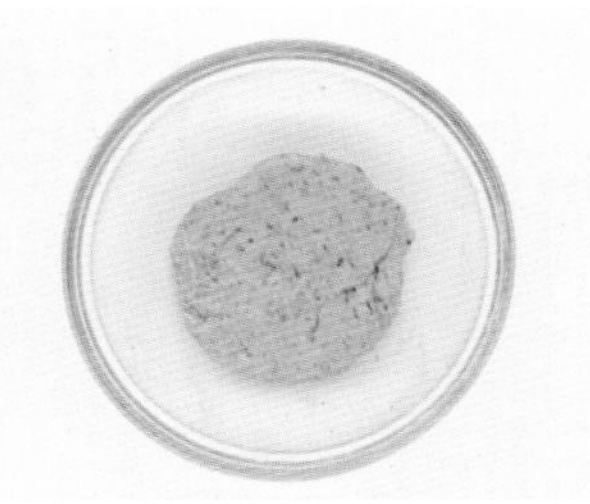

3 곱게 간 재료에 밀가루와 찹쌀가루를 넣고 반죽합니다.

4 반죽을 10g씩 떼어내 작은 공 모양으로 빚어주세요. 공 모양의 반죽 6개를 동그랗게 이어 붙여 츄이스티 모양을 잡아줘요.

5 반죽 겉면에 우유나 분유를 발라주세요.

6 170도에 맞춘 에어프라이어에 반죽을 넣고 15분 간 익혀주면 완성입니다.

밀가루와 찹쌀가루는 1:1 비율로 섞어주세요. 밀가루 대신 쌀가루를 활용해도 괜찮아요. 다만 찹쌀가루 없이 만들면 쌀가루 특유의 냄새가 날 수 있으니 찹쌀가루를 꼭 함께 섞어주세요.

후기 토핑이유식 Q&A

또빵맘마 알려주세요!

비교적 순탄했던 초·중기를 거쳐 드디어 후기 이유식입니다. 초·중기가 순탄했다니, 도대체 무슨 말인가 싶으시죠?

어른들도 하루 세끼를 챙겨 먹듯 후기 이유식부터는 아기들도 하루에 세 번 이유식을 먹어야 합니다. 엄마들이 더욱 바빠지는 이유죠. 게다가 토핑의 조화를 고려해 레시피를 짜고 식단을 구성하다 보니 마치 엄마가 영양사라도 된 것처럼 이유식에 온 힘을 쏟았던 기억입니다. 아기들의 의사 표현이 가능한 시기이다 보니 조금이라도 호불호가 갈리는 음식은 던지고 뱉고 전쟁이나 마찬가지였어요.

하지만 그 덕에 엄마가 조금만 신경 쓰면 음식에 대한 아기의 선호도를 보다 분명하게 파악할 수 있는 시기이기도 합니다. 이때의 정보는 유아식을 진행할 때 정말 많이 도움이 돼요. 그러니 너무 힘들다고만 생각하지 마세요. 피가 되고 살이 되는 정보를 얻을 수 있는 소중한 후기 이유식 단계니까요!

Q. 이유식에서 유아식으로 넘어갈 정확한 타이밍을 모르겠어요.

A. 대부분 유아식으로 넘어가기 직전 후기 이유식 단계에서 밥태기가 가장 많이 발생해요. 잘 먹던 식사를 이유 없이 거부하기도 하고 식사 시간만 되면 무턱대고 울기도 합니다. 게다가 이 시기 돌치레, 예방접종, 이앓이, 원더윅스 등 우리가 알지 못하는 아기의 고충이 무척 많답니다. 엎친 데 덮친 격이죠.

이때 많은 엄마가 밥태기에 지쳐 후기 이유식을 포기하고 맨밥 테스트를 시작하는데요. 웃긴 건 이유식을 거부하던 아기들도 맨밥은 잘 받아먹는다는 거예요. 하지만 이 행동을 보고 유아식으로 넘어가야겠다 판단하면 절대 안 돼요. 아기들은 새로운 음식이라 호기심에 맨밥을 먹은 것일 뿐 진짜로 원해서 먹은 게 아니거든요.

후기 이유식은 최소 두 달 정도는 진행해야 하고, 아기가 소화를 잘 시키는지 배변 활동을 잘 확인해야 합니다. 아기가 제대로 소화했다면 대변에 식재료가 그대로 섞여나오는 경우는 없으니 반드시 살펴보세요. 성급해 하지 않고 아기의 상태에 집중하세요.

Q. 음식을 입에 물고만 있고, 삼키지 않고 뱉어내거나 만지작거리기만 해요.

A. 도대체 왜 이러는 걸까요? 이유식이 맛이 없어서? 배가 고프지 않아서? 아기마다 그 이유는 다르겠지만 가장 큰 이유는 이유식 먹는 일이 '재미가 없기 때문'입니다.

그렇다면 이유식을 재미있게 먹는 방법은 무엇일까요? 바로 다양한 색감을 사용하고 조리 방법에 변화를 주는 거예요. 세상에는 너무 예쁜 본연의 색을 가진 식재료가 많아요. 당근, 파프리카, 애호박 등 아기가 흥미를 느낄 수 있는 주황, 빨강, 노랑 다양한 색감의 재료를 활용해 주세요. 동그랗게 뭉쳐 볼 모양으로 만들기도 하고, 길게 채썰어 스틱 모양으로 만들면 색다른 요리를 먹는 듯 지겨워하지 않을 거예요. 똑같은 재료를 똑같다고 느끼지 않도록 볶고, 찌고, 무쳐 다양한 조리 방법을 적용해 흥미를 끌어냅니다.

Q. 여전히 간식만 먹으려고 해요. 어쩌죠?

A. 후기에는 이유식만 하루 세 번, 간식도 하루 2~3회 먹습니다. 매일 누워만 있다가 스스로 일어나 기어 다니고, 빠르면 한 발자국씩 걸음마 연습도 하니 아기들이 자주 배고플 수밖에 없어요.

여기서 주의할 점! 이유식을 제외하고 아기에게 챙겨주는 모유나 분유도 간식에 해당한다는 것을 명심해야 해요. 흔히 떡뻥이나 치즈, 요거트 등만 간식에 해당한다고 생각하는 경우가 많은데 이처럼 자꾸 강한 맛의 간식 위주로 챙겨주다 보면 당연히 이유식을 거부할 수밖에 없어요.

만약 아기가 간식만 먹고 이유식 먹기를 거부한다면 간식 제공을 중단하세요. 이유식 스케줄이 자리 잡고, 아기가 먹는 양이 예전과 동일하게 회복된 다음 다시 간식을 시작합니다. 이 원칙은 이유식을 진행하는 어느 단계든 동일해요. 이유식이 먼저고, 간식은 어디까지나 간식인 점, 명심하세요!

Q. 하루에 세 번 이유식을 먹는데 매번 다른 메뉴로 구성해야 하나요?

A. 우선 엄마들에게 묻습니다. 우리 매일 다른 반찬으로 밥 먹나요? 매일 한 끼에 먹을 만큼만 만들어 전부 다 소진해요?

정답은 이미 정해져 있죠. 이 방식은 불가능해요. 너무 힘들거든요. 이유식도 똑같아요. 그러니 우리는 3일치 이유식을 만들어 두고 식사 순서만 바꿔서 제공하도록 합니다. 예를 들어 1일차 아침에 소고기연근전을 먹었다면 2일 차에는 점심에, 3일 차에는 저녁에 제공하는 식이에요. 이러면 아기들은 새로운 음식인 줄 알고 잘 먹어줍니다.

이유식 식단을 구성할 때 아기가 좋아하는 토핑 메뉴를 한 가지씩 꼭 포함합니다. 일단 자신이 좋아하는 메뉴를 먼저 먹은 아기가 자연스레 옆에 놓인 다른 음식을 탐색하고 호기심에 차차 먹기 시작하거든요.

오늘 이 음식을 먹지 않았다고 해서 그 재료를 포기해서는 안 돼요. 적어도 8~9회 정도 꾸준히 재료를 노출해 익숙해지게 만듭니다. 조리 방법을 다양하게 시도해 우리 아기에게 맞는 맞춤형 메뉴를 만드는 것도 방법이니 시도해 보세요.

PART
5

초기 유아식

12개월~

- 1일 이유식 횟수: 3회
- 이유식 1회 분량: 150~220g
- 1일 간식 횟수: 2~3회
- 간식 1회 분량: 130g
- 1일 수유량: 500ml 이하

초기 유아식 시작 시기 및 특징

이제 우리는 한 식탁에서 같이 밥을 먹는 진짜 가족!

끝이 보이지 않던 이유식도 드디어 마무리되었습니다. 돌까지 꽉 채워 이유식을 진행한 경우도 있겠고, 잘 먹는 아기인 덕분에 조금 빠르게 유아식을 시작한 엄마도 있을 거예요. 시작과 출발점은 달라도 우리는 모두 같은 곳을 향해 나아가고 있는 동료입니다.

솔직하게 말씀드립니다. 유아식이라고 이유식보다 쉬운 것은 아니에요. 특히 매일 다른 반찬을 만들어 먹여야 한다는 부담이 엄마를 짓누릅니다. 아기가 먹을 밥과 어른들 식사까지 하루 종일 부엌에만 붙어 있어야 하는 것은 아닌지 걱정이 앞서기도 해요.

이유식을 직접 만들어 먹이던 엄마들에게서 가장 많이 듣는 질문은 '유아식은 어떻게 만들어요?'랍니다. 그도 그럴 것이 지금까지는 한 번에 대량으로 토핑 큐브를 만들고 냉동실에 보관해둔 큐브를 활용기만 하면 이유식 준비가 끝이었거든요. 그래서 큐브만 있다면 무서울 것도, 두려울 것도 없었던 게 사실이에요.

하지만 이제는 다릅니다. 네, 물론 처음에는 어려워요. 재료를 손질해서 반찬을 만드는 것도 모자라 이제는 국도 준비해야 해요. 끝도 없는 식사 준비에 꼬리에 꼬리를 무는 메뉴 고민까지 유아식을 시작하기도 전에 포기하고 싶은 게 당연해요.

유아식은 함께 먹는 것

하지만 쉽게 생각합시다! 매일매일 다른 반찬? 아니요. 매일매일 밥, 국, 반찬이 있는 식단? 아니요, 결코! 절대로! 그럴 필요 없습니다!

유아식은 간단히 말해 '우리가 먹는 밥에 숟가락 하나 더 올리는' 거예요. 가족들 반찬을 만들다가 간을 하기 전에 먼저 유아식을 완성하고, 그 이후에 모자란 간을 추가해 어른 반찬을 완성하면 어른 아이 반찬 따로 만들 필요 없이 한 번에 해결할 수 있어요.

사실 따지고 보면 우리라고 매일 다른 반찬을 먹지는 않잖아요. 유아식도 마찬가지입니다. 한 번에 다양한 종류의 반찬을 넉넉히 만들어 두고 그때그때 구성을 다르게 조합해 주어도 괜찮아요.

반찬과 국은 모두 기본 냉장 보관으로 최대 3일 안에 모두 소진하는 게 가장 좋아요. 양념한 고기나 볶음밥용 채소는 따로 소분해 냉동 보관하면 일주일까지도 괜찮습니다.

유아식은 우리가 먹는 밥, 국, 반찬에 간을 줄이고 기름을 적게 사용해 만든다고 생각하세요. 이렇게만 접근해도 유아식을 만든다는 부담감에서 벗어날 수 있고 식재료를 낭비하는 일도 적습니다. 유아식을 시작한 뒤 요리를 할 때마다 늘 남는 식재료에 스트레스 받는 엄마도 많은데 그건 유아식과 일반식을 따로 생각해 따로 조리하기 때문이에요.

게다가 우리 아기들도 알아요. 자기만 다른 식단, 다른 음식을 차려주면 잘 먹질 않아요. 또빵이도 꼭 형아 반찬을 먼저 확인하고 혹시나 다른 반찬이면 먹지 않더라고요. 지금도 형은 물론 엄마, 아빠는 뭘 먹고 있는지부터 확인한다니까요.

이제 우리가 할 일은 정해졌습니다. 번거롭게 따로따로 만드는 게 아닌, 같은 음식을 각자의 간으로 '함께' 먹는 것! 이것만 기억해 주세요.

식판을 고를 땐 무엇보다 실용성

유아식으로 가면 엄마들은 가장 먼저 식판 욕심이 생길 거예요. 시중에 판매되고 있는 식판의 종류가 정말 많은데다 디자인도 예뻐 절로 지갑이 열립니다. 하지만 이때 반드시! 기억해야 할 식판 선택의 중요 포인트는 바로 '실용성'입니다!

실리콘 흡착, 플라스틱, 스테인리스 등 다양한 재질의 식판이 있는데요. 사실 식판의 재질은 크게 중요하지 않습니다. 다만 유아식 때는 기름을 사용하는 일도 많고 음식에 색을 더하는 과정도 많기 때문에 실리콘 재질의 식판은 쉽게 물이 들 수도 있다는 점 참고해 주세요. 요새는 도자기 그릇이나 식기세척기 사용도 가능한 식판도 많이 판매되니 이 점도 살펴보세요.

무엇보다 중요한 식판 선택의 기본 원칙은 다음과 같습니다.

식판 선택 기준 : ❶ 식판 구가 적을 것(3구 추천)
❷ 바닥에 미끄럼 방지가 붙어 있거나 흡착 재질인 것

유아식은 밥 + 국 + 반찬 혹은 밥 + 반찬 + 반찬 구성이 기본입니다. 만약 식판 구가 많은 걸 사면 빈 공간을 채워야 한다는 압박에 더 많은 메뉴를 만들거나 과일로 식판을 채우게 돼요. 이러한 압박은 엄마를 더 빨리 지치게 만들어요. 또 식판에 과일이 올라와 있으면 아기가 밥 대신 과일만 먹게 되는 결과를 낳을 수도 있어요.

게다가 아무리 유아식을 진행한다고 해도 아기는 다 자란 게 아니랍니다. 매번 식사 때마다 식판을 던지고 쏟는 건 여전해요. 흡착 기능이 아니어도 식판 아래 미끄럼 방지가 있는 것으로 준비해 아기가 식판을 쉽게 움직일 수 없도록 해주세요.

초기 유아식 조미료

유아식부터는 본격 간의 세계가 펼쳐집니다. 물론 유아식까지 무염을 유지할 수도 있어요. 이 또한 엄마의 선택입니다. 사실 유아식에서 간을 더한다고 해도 어른 음식과 같은 수준은 아닙니다. 아기들에게는 달달하고 짭짤한, 새로운 맛의 세계가 열린다고 해도 어른들의 입맛에는 '간이 된 건가, 너무 싱거운데?'라는 느낌이 드는 수준이랍니다.

유아식을 시작했다고 해서 곧바로 어른용 조미료를 사용할 수는 없지만 아기도 무리 없이 먹을 만큼 염도와 당도가 조절된 양념이 시중에 많이 판매되고 있답니다.

지금부터 제가 또빵이의 이유식을 진행하며 자주 사용한 조미료를 소개합니다. 반드시 제가 소개하는 제품을 사용할 필요는 없다는 점, 잘 아시죠? 각자 상황에 맞게 선택해 활용해 주세요.

간장

가장 많이 사용하게 될 조미료입니다. 기본적으로 간장이나 고추장으로 간을 맞추는 한식 요리가 많은 만큼 유아식에서도 거의 모든 간을 간장으로 한다 해도 무리는 아닙니다. 저는 유아식용 간장으로 '아이배냇 순간장', '얼라맘마 맛간장' 두 가지를 사용했어요. 아이배냇 순간장은 또빵이 형아 때부터 사용한 제품으로 국물용과 비빔용으로 구분되어 좋았지만 동시에 불편하기도 하더라고요. 그래서 찾은 제품이 얼라맘마 맛간장이에요. 맛간장이라 그런지 따로 육수를 사용하지 않아도 어느정도 감칠맛이 올라와서 사용하기 좋았어요.

소금

소금은 거의 나물을 무칠 때만 사용합니다. 그래서인지 자주 손이 가진 않았어요. 하지만 아기가 어린이집에 들어가고 난 이후 4~5살쯤 되면 사용빈도가 높아지더라고요. 초기 유아식에서는 소금 대신 짠맛을 표현할 수 있는 새우나 밥새우 등의 천연 조미료를 더 많이 활용했습니다.

된장

된장국 하나만 있으면 밥 한 그릇 뚝딱하는 거 한국 사람이면 모두 공감하죠? 맛있는 된장이 있다면 냉장고에 있는 아무 재료나 넣고 끓여도 맛있는 된장국 완성이니 고마운 메뉴라 할 수 있겠죠.

유아식 초기에 저는 간장과 동일한 브랜드의 '아이배냇 된장'을 사용했는데 이 제품은 콩의 입자가 그대로 살아 있어 깔끔한 된장국을 만들기 어렵더라고요. 결국 된장도 '얼라맘마 아기저염된장'으로 정착했습니다. 된장 역시 육수를 따로 내지 않아도 감칠맛 좋은 제품이라 쓰기 편해요. 아기된장도 브랜드마다 포함하고 있는 염도의 수준과 맛이 모두 다르니 직접 사용하고 맛을 보며 간을 맞추길 추천합니다.

버터

버터는 딱히 브랜드를 정해서 사용하지 않았고 마트에서 쉽게 구할 수 있는 것 중 무염 버터를 구입해 사용했어요. 무염이라고 해도 버터가 갖는 풍미는 그대로라 볶음밥이나 생고기를 구워 줄 때 활용하면 맛이 배가 되니 꼭 활용해 주세요.

당

아가베시럽, 올리고당, 알룰로스 등 단맛을 내는 조미료는 설탕 말고도 아주 다양합니다. 그러니 굳이 유아식 때문에 새로 구매할 필요는 없고 집에 있는 재료를 활용해도 충분합니다. 이 외에도 아기 배도라지즙이나 사과즙 등 단맛이 나는 재료도 많이 판매되고 있으니 이런 제품을 활용해도 좋습니다.

기름

기름의 종류도 정말 천차만별이지요. 현미유, 유채유, 포도씨유, 아보카도유 등 정말 다양한 종류의 기름이 시중에 판매 중입니다. 그중에서 저는 현미유를 선택해 쭉 사용하고 있습니다. 현미유는 발연점이 높아서 기름이 타거나 눌러 붙지 않기 때문에 모든 재료를 완전히 익혀 먹어야 하는 아기들 요리에 적합해요. 더불어 음식에 흡수되는 기름 양이 적어서 느끼함도 적답니다.

육수

앞서 중기 이유식 때 육수 만드는 법을 소개하긴 했지만 시중에는 정말 훌륭한 육수 팩이 무척 많이 판매되고 있답니다!

유아식을 진행하며 시중에 판매되는 육수 팩을 거의 다 테스트해봤는데요. 품질이나 맛은 거의 다 비슷해서 딱히 선호하는 제품이 있는 것은 아니에요. 그러니 엄마의 취향에 따라 적절한 제품을 골라 활용해 주세요.

유아식 단계에 접어들면 알레르기를 걱정할 일은 적기 때문에 마트에서 판매하는 다시 팩이나 국물내기용 팩을 활용해 큐브나 저장 팩에 보관하고 사용해도 좋아요.

초기 유아식 식단 짜기

사실 식단을 짜는 일이 엄마들에게는 가장 부담스럽고 막막한 부분일 거라 생각해요. 저 또한 그랬거든요. 하지만 겁먹지 마세요. 제가 소개해드리는 식단은 가장 흔하게, 그리고 자주 먹일 수 있는 레시피로만 구성했습니다. 게다가 제가 소개한 식단에서 재료만 바꿔도 무궁무진한 새로운 메뉴가 탄생합니다. 그러니 지금부터 소개하는 식단은 그저 커다란 틀이라고 생각해 주세요.

유아기 식단 기본 구성은?

기본적으로 모든 식단에 고기와 채소를 포함했고 재료의 색감도 다양하게 구성했습니다. 이왕이면 보기 좋은 떡이 먹기도 좋으니까요! 식판의 기본 구성은 앞서 설명한 대로 밥과 국, 거기에 볶음이나 무침 형태의 반찬을 더하는 방식입니다. 이때 기름을 너무 많이 사용하면 아직 아기가 소화하기에 부담스러울 수도 있기에 볶음과 무침의 조합, 또는 볶음과 조림 등을 조합해 반찬 구성에 변화를 주었어요.

특별한 재료도 필요 없어요. 우리가 마트에 가면 늘 사오는 재료를 활용한 일반 식단으로 또빵맘마 유아식 반찬을 구성했어요.

드디어 베이스죽 졸업!

혹시 앞의 베이스죽 파트에서 유아식 단계는 빠져 있다는 점, 눈치채셨나요? 맞아요, 유아식 시작과 동시에 베이스죽은 졸업입니다! 어른들이 먹는 진밥 수준, 이를 씹기 어려워한다면 최대 2배죽 정도의 밥을 준비하는 것으로 충분해요. 그런데 사실 유아식 때의 배죽 계산은 무의미해요. 그러니 더더욱 어려워 마세요. 아기가 거친 식감을 힘들어하면 전기밥솥에 물을 추가한 뒤 20~30분 정도 보온으로 돌려주면 쌀알이 푹 퍼져 더욱 수월하게 먹을 수 있을 거예요.

어때요, 유아식에 대한 부담이 한층 더 줄어들지 않나요?

○ 또빵맘마 초기 유아식 식단표 ○

구분	Day 1	Day 2	Day 3
국	소고기콩나물국	*새우애호박국	두부된장국
반찬	애호박크래미볶음 파프리카된장무침	*소고기양파볶음 *스크램블드에그	*콩나물무침 *소고기표고버섯볶음
재료	소고기, 콩나물, 새우, 애호박, 크래미, 파프리카, 당근, 양파, 달걀, 새송이버섯, 두부, 미역, 부추		

구분	Day 8	Day 9	Day 10
국	애호박황태국	*오징어뭇국	무채국
반찬	차돌표고버섯볶음 감자당근조림	*소고기애호박볶음 *버섯채소전	닭안심우유조림 오징어채소전
재료	애호박, 황태, 차돌박이, 버섯, 감자, 당근, 오징어, 무, 소고기, 닭안심, 양파, 달걀, 당면, 상추		

구분	Day 15	Day 16	Day 17
국	새우순두부찌개	*알배추된장국	*묵사발
반찬	소고기오이볶음 묵무침	*두부볼 *소고기구이	*브로콜리두부무침 *소고기달걀장조림
재료	새우, 순두부(두부), 소고기, 오이, 묵, 알배추, 브로콜리, 달걀, 닭고기, 감자, 애호박		

구분	Day 22	Day 23	Day 24
국	*시금치된장국	*소고기알배춧국	*감자양파국
반찬	*알배추전 *소고기숙주볶음	*부추무침 *감자채볶음	*소고기달걀찜 *콩나물무침
재료	시금치, 알배추, 소고기, 숙주, 부추, 감자, 양파, 달걀, 콩나물, 바지락		

구분	Day 29	Day 30
국	*근대된장국	*김국
반찬	*크래미김전 *소고기당근볶음	*근대나물 *크래미달걀찜
재료	근대, 크래미, 김, 소고기, 당근, 달걀	

Day 4	Day 5	Day 6	Day 7	구분
새송이들깨국	*달걀국	*미역된장국	*소고기미역국	국
*소고기두부조림 *크래미전	*당근새송이버섯볶음 *소고기두부무침	*소불고기 *부추전	*채소전 *새우버터볶음	반찬
소고기, 콩나물, 새우, 애호박, 크래미, 파프리카, 당근, 양파, 달걀, 새송이버섯, 두부, 미역, 부추				재료

Day 11	Day 12	Day 13	Day 14	구분
*감자국	*소고기뭇국	*황태국	차돌박이무된장국	국
*당근양파볶음 *닭고기간장조림	*달걀찜 *오징어볶음	*차돌박이팽이버섯볶음 *무조림	달걀당면만두 상추무침	반찬
애호박, 황태, 차돌박이, 버섯, 감자, 당근, 오징어, 무, 소고기, 닭안심, 양파, 달걀, 당면, 상추				재료

Day 18	Day 19	Day 20	Day 21	구분
*오이냉국	맑은닭개장	*미소된장국	*감자달걀국	국
*닭고기전 *감자조림	알배추미소된장무침 두부너겟	*애호박전 *닭고기전	*크림새우 * 닭고기브로콜리볶음	반찬
새우, 순두부(두부), 소고기, 오이, 묵, 알배추, 브로콜리, 달걀, 닭고기, 감자, 애호박				재료

Day 25	Day 26	Day 27	Day 28	구분
*부추달걀국	*콩나물국	*소고기숙주국	*바지락시금치국	국
*소고기구이 *바지락무침	*양파조림 *소고기알배추볶음	*감자전 *시금치달걀볶음	*소고기감자조림 *부추전	반찬
시금치, 알배추, 소고기, 숙주, 부추, 감자, 양파, 달걀, 콩나물, 바지락				재료

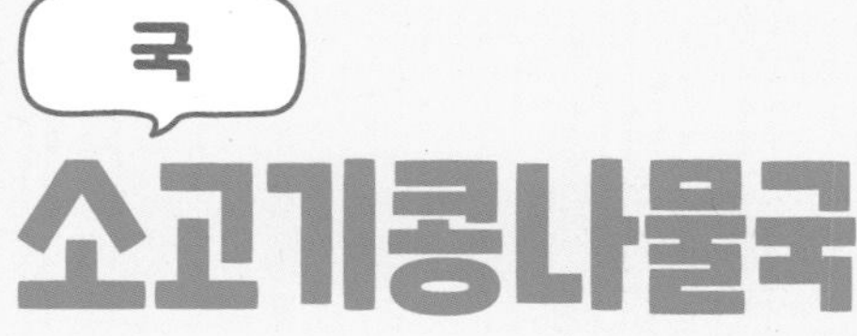

유아식에 접어들어도 소고기를 맛있게 먹이는 고민은 계속됩니다. 매일 구워주고 볶아주다 지겨워졌을 때쯤 국으로 활용해 보세요! 시원한 콩나물국에 소고기만 더했을 뿐인데 소고기의 묵직한 맛이 감칠맛을 끌어 올려준답니다.

재료 2~3회 분량 180g

- ☐ 소고기(양지 혹은 사태) 60g
- ☐ 콩나물 40g
- ☐ 아기간장 0.5t
- ☐ 물 400ml

1 흐르는 물에 콩나물을 깨끗이 씻고 뿌리를 제거해요.

2 소고기는 키친타월로 핏물을 제거한 뒤 아기가 먹기 좋은 크기로 썰고 기름을 두른 냄비에 올려 중불에서 2분간 볶아주세요.

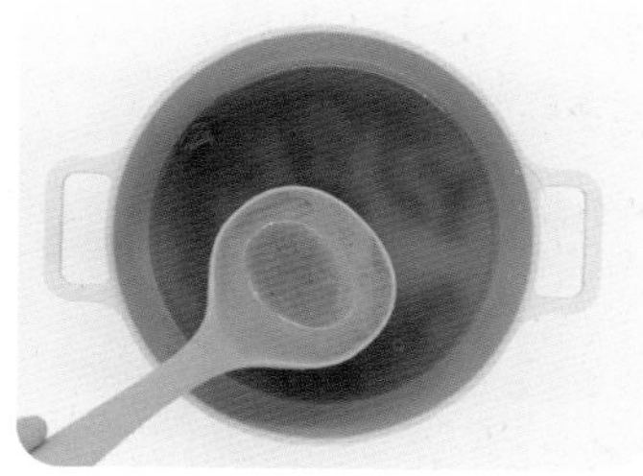

3 고기 색깔이 갈색으로 변하면 물 400ml을 넣고 중불에서 끓여줍니다. 이때 떠오르는 불순물은 제거해요.

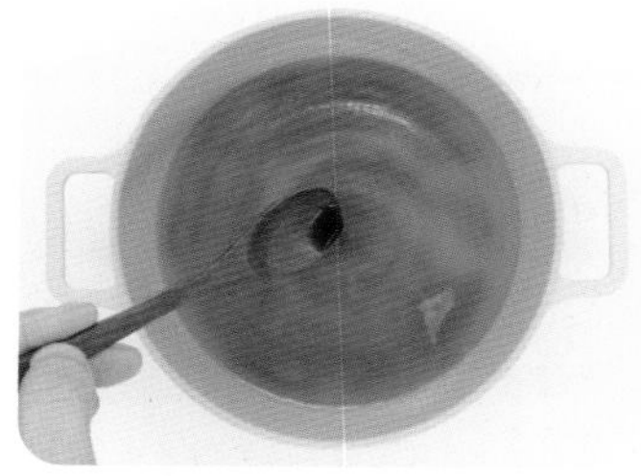

4 아기간장으로 간을 한 뒤 20분간 더 끓여주세요.

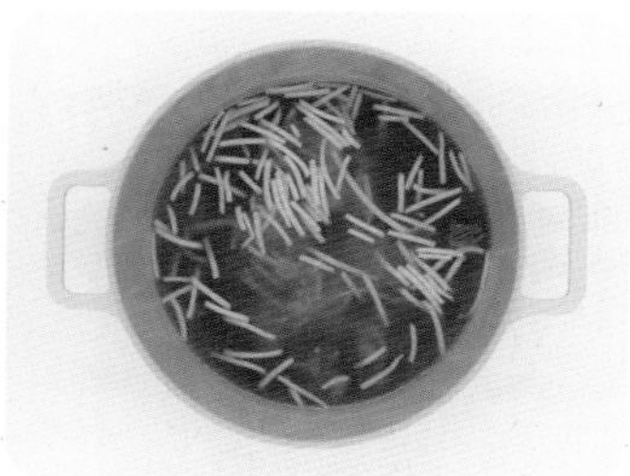

5 콩나물을 추가한 뒤 뚜껑을 연 상태에서 5분간 더 끓이면 완성입니다.

- 완료기부터는 콩나물 머리도 사용 가능합니다. 다만 아기가 씹는 데 어려움을 느낀다면 너무 큰 덩어리는 손질해 주세요.
- 콩나물의 아삭한 식감을 싫어한다면 마지막에 콩나물을 넣고 끓이는 시간을 좀 더 늘려주세요.

초기 유아식

달걀을 푼 황태국이 더 익숙할 수도 있지만 달걀 대신 애호박을 넣어주면 애호박의 달큰한 맛이 감칠맛을 끌어올려 말 그대로 감칠맛 폭발 요리가 완성됩니다. 황태국의 뽀얀 국물에 애호박이 이렇게 잘 어울렸나 싶을 거예요.

재료 2~3회 분량 280g

- ☐ 마른 황태 10g ☐ 애호박 40g ☐ 양파 20g ☐ 아기간장 0.5t ☐ 들기름 조금 ☐ 물 400ml

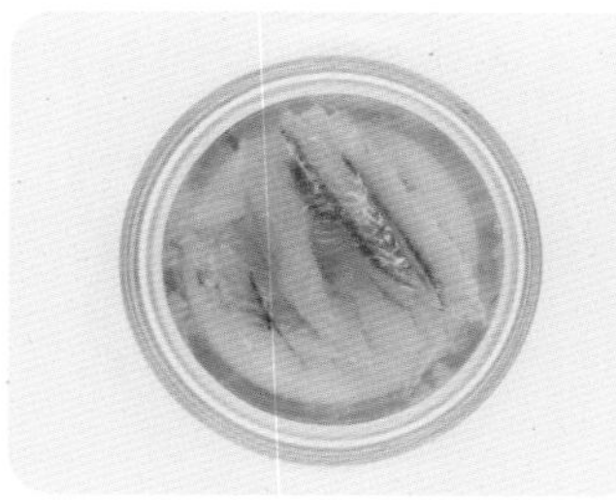

1 마른 황태는 10분간 물에 불려준 뒤 손으로 잘게 찢으며 가시를 제거합니다. 손질을 마치고 물기를 꽉 짜주세요.

2 양파와 애호박은 깨끗이 씻은 뒤 양파는 깍둑썰기하고 애호박은 반달 모양으로 잘라줍니다.

3 들기름을 두른 냄비에 양파와 황태를 넣고 약불에서 2분간 볶아주세요.

4 냄비에 물 400ml를 넣고 중불에서 10분간 끓여주세요.

5 잘라둔 애호박을 넣고 아기간장으로 간을 한 뒤 10분간 더 끓여주면 완성이에요.

황태를 불린 물을 버리지 말고 물과 희석해 육수로 활용하면 더욱 감칠맛이 살아 있는 황태국을 완성할 수 있어요. (물 : 육수 = 1:1)

차돌박이무된장국

된장국에는 어떤 재료도 다 잘 어울리지만 기름기 있는 고기와 함께 먹으면 풍미가 더 깊어지죠. 고기가 얇아 빠르게 익고 적당한 기름기를 포함한 차돌박이는 그야말로 된장국과 찰떡궁합을 자랑합니다. 아기가 입맛이 없을 때 자주 활용해 주세요.

재료 2~3회 분량 200g

☐ 차돌박이 50g ☐ 무 50g ☐ 아기된장 1t ☐ 물 300ml

1 무는 깨끗이 씻어 깍둑썰기하고, 차돌박이는 키친타월로 핏물을 제거한 뒤 작게 썰어 준비합니다.

2 아무것도 두르지 않은 냄비에 차돌박이를 올리고 중불에서 빠르게 볶아줍니다.

3 차돌박이가 어느 정도 익고 기름이 충분히 나오면 무를 추가하고 2~3분간 더 볶아주세요.

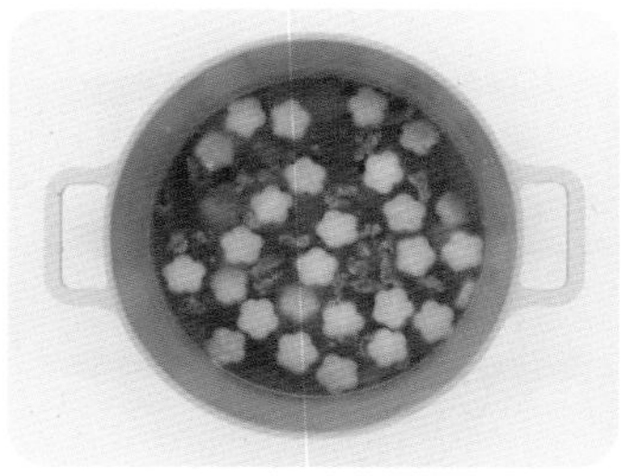

4 무가 투명하게 변하면 물 300ml를 넣고 중불에서 10분간 끓여주세요.

5 아기된장으로 간을 한 뒤 한소끔 더 끓여 완성합니다.

- 쿠키 틀이 있다면 무를 틀로 찍어 요리에 활용해 보세요. 번거롭긴 하지만 엄마의 작은 정성이 엄청난 아기의 환호를 불러일으킬 수 있을 거예요. 모양 틀을 찍고 남은 자투리 무는 잘게 다져 국에 넣어주세요.
- 물 대신 쌀뜨물을 사용하면 더 구수한 맛을 느낄 수 있어요.
- 된장국은 너무 오래 끓이면 맛이 떨어져요. 된장을 추가한 뒤 한소끔(2~3분 사이) 끓이고 바로 불을 꺼주세요.

유아식 초기는 무염과 저염 사이 갈림길에 서 있는 상태라고 해도 과언이 아니죠. 소금이나 간장으로 간을 맞추는 것이 부담스럽다면 새우같이 짠맛을 포함한 재료를 적극 활용해 주세요. 순두부 찌개에 새우 몇 마리 넣었을 뿐인데 완전히 달라진 맛을 경험을 할 수 있을 거예요.

재료 3회 분량 280g

☐ 냉동 자숙 새우 8마리(80g) ☐ 순두부 120g ☐ 애호박 40g ☐ 양파 40g ☐ 멸치육수 300ml

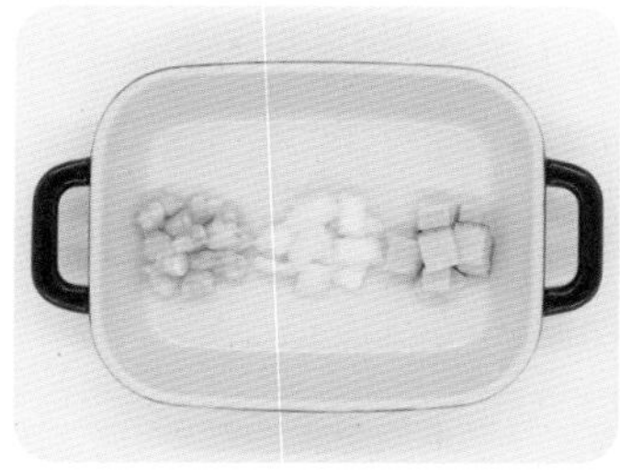

1 냉동 자숙 새우는 찬물에 담가 해동 후 3등분하고, 양파와 애호박은 깨끗이 손질 후 아기가 먹기 좋은 크기로 잘라주세요.

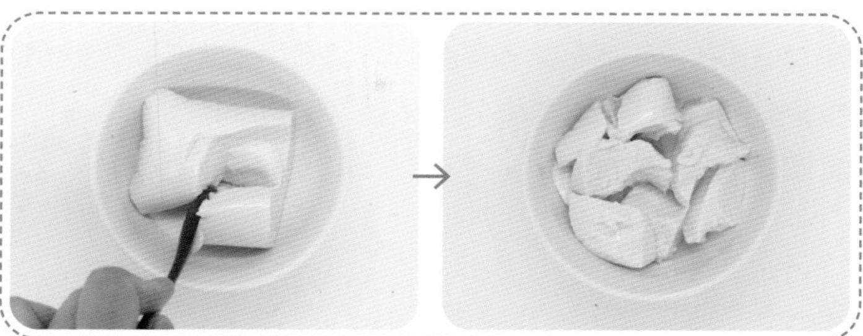

2 순두부는 숟가락으로 성기게 으깨 준비합니다.

3 냄비에 멸치육수 300ml를 넣고 센불에서 끓여준 뒤 한 번 끓어오르면 준비한 양파와 애호박을 넣고 중불에서 10분간 더 끓여줍니다.

4 새우가 익으면 순두부를 추가하고 5분간 더 끓여 요리를 완성합니다.

무채국

맛있게 맛이 오른 제철 무는 얇게 채 썰어 들기름에 볶아 국으로 만들면 감칠맛이 그 무엇과도 비교할 수 없을 정도랍니다. 이번 레시피는 맛있는 제철 무를 활용하면 사실상 무를 볶는 것만으로 완성이라고 할 정도로 간단하니 다들 시도해 보세요.

재료 2~3회 분량 250g

☐ 무 120g ☐ 두부 60g ☐ 멸치육수 200ml ☐ 들기름 조금 ☐ 들깨가루(생략 가능)

1 무는 깨끗이 손질해 채 썰고 두부는 깍둑썰기해 준비합니다.

2 들기름을 두른 냄비에 채 썬 무를 넣고 중불에서 볶아주세요. 무에서 자작하게 수분이 나올 때까지 볶아요.

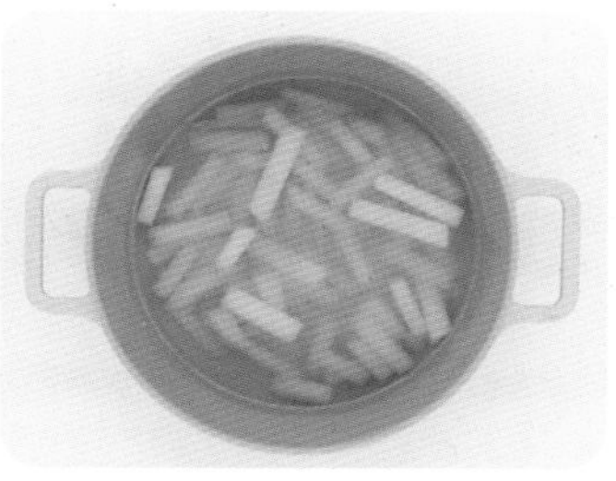

3 무를 볶은 냄비에 멸치육수 200ml를 넣고 5분간 푹 끓여주세요.

4 국물이 뽀얗게 변하고 무가 투명하게 익으면 두부와 들깨가루를 넣고 5분간 더 끓여 완성합니다.

- 무를 너무 가늘게 채 썰면 무가 익으며 뭉개지기 때문에 어느 정도 두께감을 유지합니다.
- 무에는 들기름이 가장 잘 어울리지만 참기름으로 대체해도 괜찮아요.
- 두부와 들깨가루는 생략 가능합니다. 다만 들깨가루를 추가하면 더욱 진한 국물을 맛볼 수 있어요.

이번 레시피를 만들 때 손질이 편한 닭고기 부위만 따로 사용해도 맛있는 요리 완성이지만 닭 한 마리를 푹 삶아 만들면 더 진한 육수의 닭개장을 완성할 수 있습니다. 국물을 포함한 국의 형태이지만 그렇다고 국물을 위주로 섭취하는 요리는 아니기에 육수의 비율은 최대한 낮게 잡았으니 참고해 주세요.

재료 3회 분량 280g

☐ 닭안심 120g ☐ 양파 1/2개

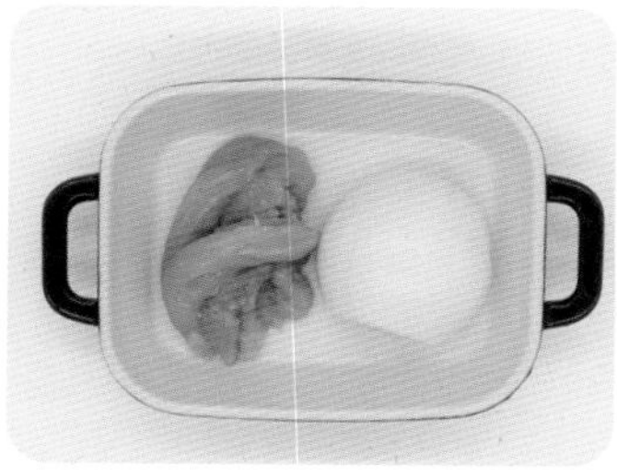

1 닭안심은 겉면의 흰 막과 힘줄을 제거해 준비하고 양파는 껍질을 벗겨 준비합니다(닭안심 손질법: 118쪽 참고).

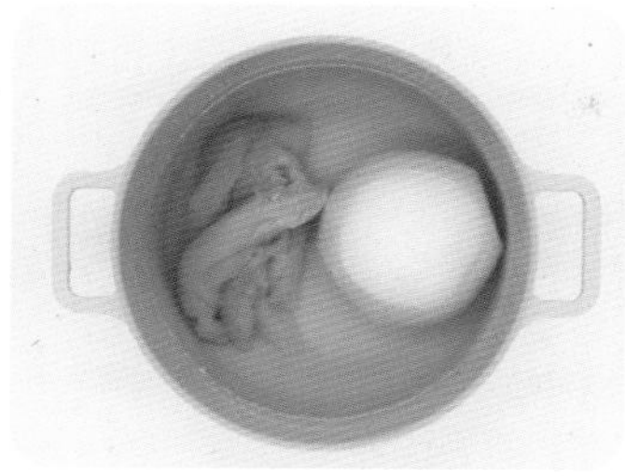

2 물이 충분히 담긴 냄비에 닭안심과 양파를 넣고 센불에서 끓여주세요. 이때 떠오르는 불순물은 모두 걷어낸 다음 약불로 줄인 뒤 20분간 더 끓여주세요.

3 냄비의 내용물을 체에 걸러 건더기와 국물을 분리합니다. 건져낸 닭안심은 손으로 얇게 찢어주세요.

4 닭국물을 체에 한 번 더 걸러 불순을 모두 제거하고 찢어둔 닭안심과 함께 냄비에 넣고 중불에서 10분간 더 끓여주면 닭개장 완성입니다.

- 닭을 뭉근하게 오래 끓여 육수를 냈기 때문에 자연스레 진한 닭국물을 맛볼 수 있어요. 별도로 간을 하지 않아도 구수한 맛이 느껴질 거예요. 혹시 간이 부족하다면 소금이나 간장을 더해도 좋아요.
- 처음 접하는 닭개장이라 다른 재료는 포함하지 않았어요. 유아식 단계가 진행되면서 무, 고사리, 콩나물 등을 추가해도 좋습니다.

초기 유아식

식판

볶음

애호박크래미볶음

정말 순식간에 초스피드로 완성할 수 있는 요리예요. 하지만 채 썬 애호박과 결대로 찢은 애호박이 입맛을 돋우고 어른들 반찬으로도 손색없을 만큼 간이 딱 맞는 별미이기도 합니다. 크래미가 새우젓만큼이나 감칠맛을 더해주니 분명 자주 시도하는 유아식 최애 메뉴가 될 거예요!

재료 2회 분량 55g

☐ 애호박 40g ☐ 크래미 2개(40g) ☐ 참기름 조금

1 깨끗이 손질한 애호박은 채 썰고 크래미는 결대로 찢어 준비합니다.

2 기름을 두른 프라이팬에 채 썬 애호박을 올리고 중불에서 3분간 볶아주세요.

3 애호박 속이 투명해지면 크래미를 추가하고 20초간 빠르게 볶아 줍니다.

4 참기름을 뿌리고 한 번 더 섞어주면 요리 완성입니다.

볶음

차돌표고버섯볶음

고소한 차돌박이에 쫄깃한 표고버섯만 준비하면 식감과 맛, 두 마리 토끼를 다 잡은 맛있는 반찬 완성입니다. 기름도 따로 두를 필요없이 차돌박이를 볶으며 나오는 기름으로 표고버섯을 구워요. 그 덕에 고소함과 향긋함이 배가 됐어요.

재료 3회 분량 65g

☐ 차돌박이 40g ☐ 표고버섯 30g

1 밑둥을 제거한 표고버섯은 얇게 편 썰고 차돌박이는 키친타월로 핏물을 제거한 후 한입 크기로 잘라주세요.

2 마른 프라이팬에 차돌박이를 올리고 중불에서 볶아줍니다.

3 차돌박이가 반쯤 익으면 표고버섯을 넣고 중불에서 1~2분간 빠르게 볶아 요리를 완성합니다.

- 차돌박이에 기름이 너무 많아 걱정이라면 얇은 불고기용 소고기로 대체해도 좋아요.
- 고기는 역시 바로 구웠을 때 제일 맛있죠. 1회 분량을 제외한 나머지는 반찬보다는 덮밥이나 볶음밥으로 변형해 활용해 주세요.

무침

알배추미소된장무침

알배추는 특유의 달큰한 맛 덕분에 이유식에서도 자주 사용했던 재료입니다. 유아식에서는 미소된장을 활용해 무침으로 활용했어요. 첫째가 된장을 잘 먹지 않아 개발한 메뉴인데 미소된장은 일반 된장보다 단맛이 강해 아기들이 거부감 없이 잘 먹으니 활용해 보세요.

재료 3회 분량 60g

☐ 알배추 70g ☐ 미소된장 0.5t

1 깨끗이 씻어 잎을 분리한 알배추는 밑둥을 제거한 뒤 가로로 잘라주세요.

2 끓는 물에 알배추의 줄기 부분을 넣고 2분간 데친 뒤 잎 부분을 추가해 1분간 더 데쳐줍니다.

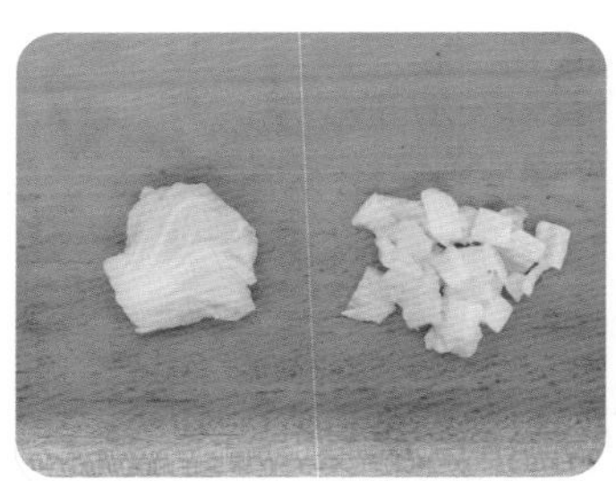

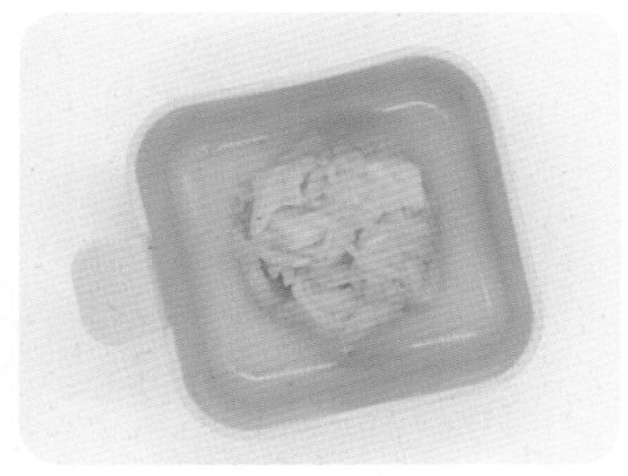

3 알배추를 건져 물기를 짜내고 먹기 좋은 크기로 잘라요.

4 알배추를 미소된장에 무친 뒤 유아식용 그릇에 옮겨 담으면 완성이에요.

무침

파프리카된장무침

아삭한 파프리카를 된장에 무치면 한국식 샐러드 완성입니다. 이유식에서는 껍질도 제거하고 완전히 익혀 먹어야 했던 파프리카를 유아식 시작과 함께 생으로 먹으면 익숙하면서도 색다르고 놀라운 식감을 경험하게 될 거예요.

재료

2회 분량 40g

- □ 파프리카 50g
- □ 아기된장 0.5t

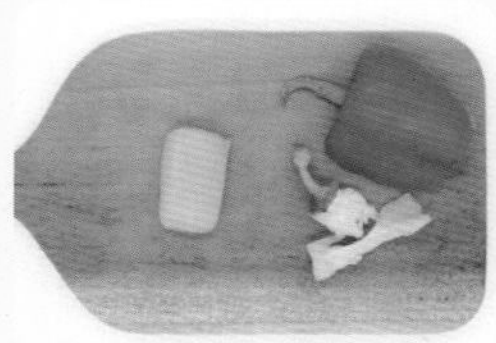

1 파프리카를 깨끗이 씻은 뒤 꼭지와 기둥을 제거해요.

2 손질한 파프리카를 한 입 크기로 깍둑썰기합니다.

3 파프리카를 아기된장에 버무린 뒤 유아식용 그릇에 옮겨 담으면 완성이에요.

무침

상추무침

상추는 특유의 쓴맛 때문에 유아식에서 의외로 잘 사용하지 않는 재료인데요. 하지만 이번 레시피에서는 참기름을 활용해 쓴맛은 없애고 감칠맛을 더한 상추무침을 완성했습니다. 싱싱한 상추를 발견했다면 모두 시도해 보세요.

재료

1회 분량 20g

- ☐ 상추 20g
- ☐ 참기름 조금
- ☐ 깨 조금

1 흐르는 물에 깨끗이 씻은 상추를 아기가 먹기 좋은 크기로 잘라주세요. 손으로 잘게 찢어도 좋아요.

2 손질한 상추를 참기름에 조물조물 무쳐주세요.

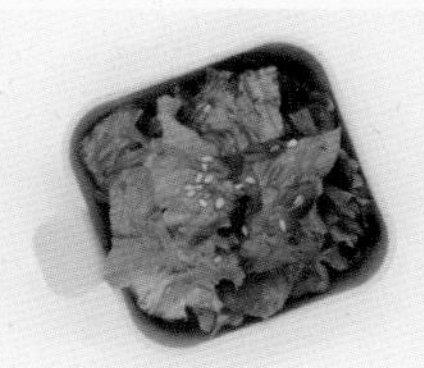

3 상추무침을 유아식용 그릇에 옮겨 담고 깨를 뿌려 요리를 완성합니다.

또빵맘 TIP

상추를 처음 먹는 아기라면 상추의 쓴맛 때문에 잘 안 먹을 수도 있어요. 이때는 참기름 말고 강판에 사과를 갈아 뿌리거나 남은 과일퓌레를 섞어서 주세요.

조림, 전

감자당근조림

감자와 당근을 푹 익혀서 간장에 졸이면 포슬포슬한 감자와 으스러지는 당근이 입에서 스르륵 녹아내리는 매력 만점 요리가 완성됩니다. 감자와 당근 모두 푹 익힌 덕분에 모두 으깨 밥과 비벼 먹어도 좋은 메뉴예요. 감자와 당근의 색감이 더해져 눈도 즐거운 요리이니 모두 시도해 보세요.

재료 2회 분량 60g

☐ 감자 30g ☐ 당근 30g ☐ 물 200ml ☐ 아기간장 0.5t ☐ 아가베시럽(생략 가능)

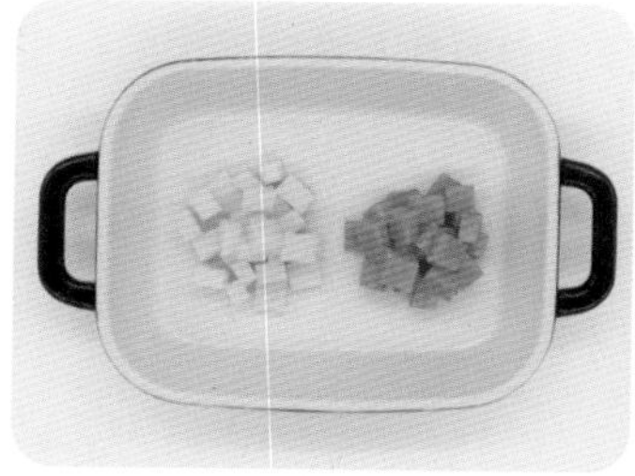

1 감자와 당근은 깨끗이 손질해 깍둑썰기합니다.

2 기름을 두른 프라이팬에 감자와 당근을 올리고 중불에서 2분간 볶아주세요.

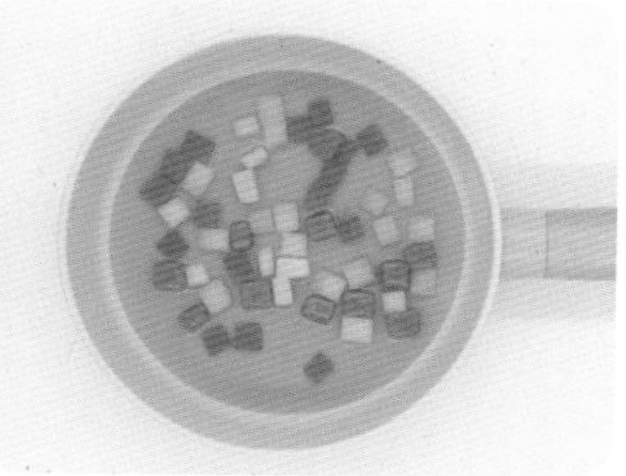

3 감자와 당근을 넣고 볶은 냄비에 물 200ml와 간장을 넣고 졸여주세요.

4 국물이 졸아들어 자작해지면 완성입니다. 아가베시럽을 둘러주면 단짠단짠 더욱 맛있는 감자당근조림을 만들 수 있어요.

조림, 전

두부너겟

두부를 으깨고 구워 새로운 식감을 완성했어요! 아이 스스로 잡고 먹을 수 있도록 크기와 두께도 조절했습니다. 부침가루를 사용해 별도의 소금 간이 없어도 짭짤하게 즐길 수 있으니, 말 그대로 영양만점 활용도 만점 맛있는 반찬 완성이에요.

재료 1~2회 분량 80g(4개 각 20g)

□ 두부 80g □ 부침가루 30g

1 끓는 물에 두부를 넣어 데치고 키친타월로 물기를 제거한 뒤 매셔로 으깨줍니다.

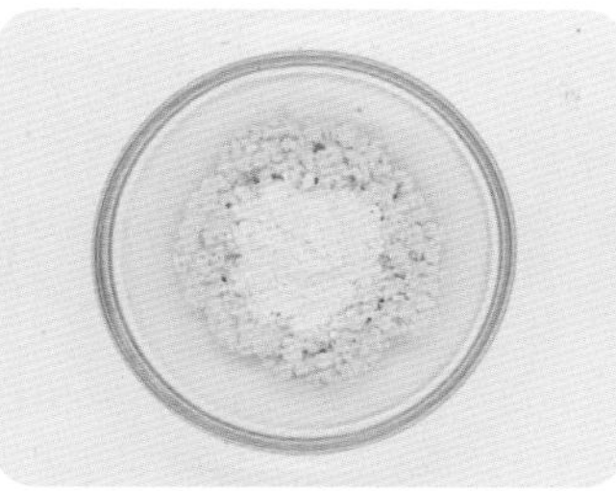

2 으깬 두부와 부침가루를 그릇에 담아 잘 섞어줍니다.

3 두부 반죽을 20g씩 떼어내 정사각형 모양으로 빚어줍니다.

4 기름을 두른 프라이팬에 반죽을 올리고 앞뒤로 노릇하게 구우면 완성이에요.

레시피에는 두부만을 사용했지만 애호박, 당근, 양파 등 자투리 채소나 남아 있는 채소큐브를 넣고 두부채소너겟으로 완성할 수 있어요.

조림, 전

달걀당면만두

만들고 나면 너무 쉬어 어리둥절하지만 아이 식판 위에 노란 반달이 떠올라 색다른 재미를 주는 특별한 만두예요! 이번 레시피는 밀가루 없이 오로지 달걀과 당면만으로 완성했어요. 폭신한 만두를 한입 베어물면 고소한 달걀과 쫄깃하고 탱탱한 당면의 맛까지 느껴지니 식감과 재미까지 모두 잡을 수 있는 메뉴예요.

재료 2회 분량 65g(6개 각 10g)

☐ 달걀 1개 ☐ 당면 한 줌(15g)

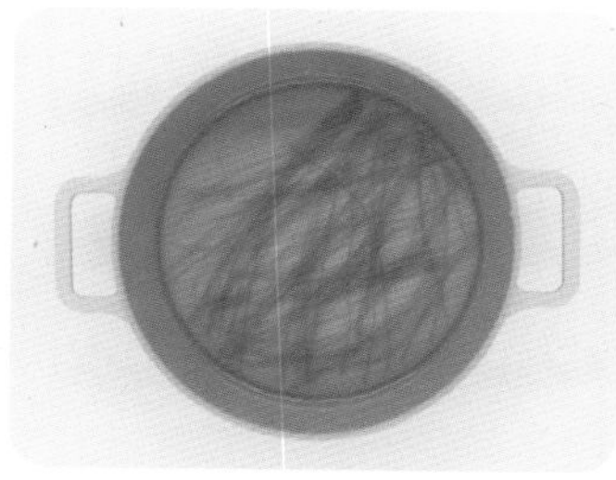

1 당면을 30분 정도 물에 불린 뒤 끓는 물에 넣고 3분간 끓여줍니다.

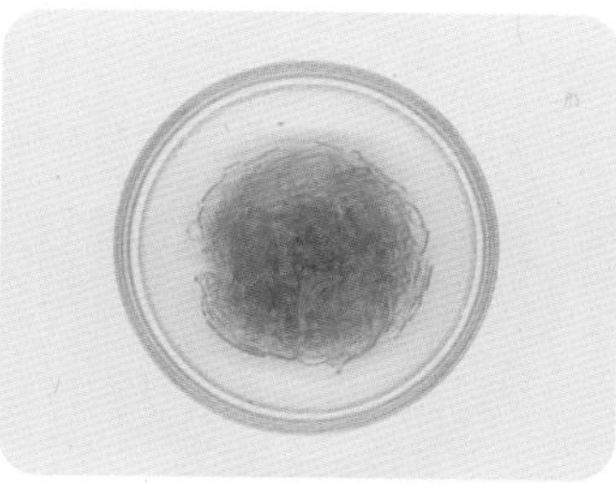

2 당면이 모두 익으면 건져내고 찬물로 헹군 뒤 가위로 잘게 잘라주세요.

3 달걀 1개를 풀어준 뒤 당면을 넣고 골고루 섞어주세요.

5 기름을 두른 프라이팬에 숟가락으로 반죽을 떠서 얇게 부쳐주세요. 반죽 바닥이 살짝 익으면 반으로 접고 1~2분간 더 익혀 요리를 완성합니다.

프라이팬에 반죽을 올릴 때 한 번에 너무 많은 양을 올리면 반으로 접히지 않고 속이 다 튀어나와요. 한 숟가락 정도의 양으로 얇게 구워야 아기가 잡고 먹기도 편해요.

조림, 전

오징어채소전

그야말로 냉털에 최고인 메뉴! 냉장고에 있는 자투리 채소에 오징어만 더했을 뿐인데 새로운 요리로 재탄생했습니다. 오징어는 아기의 성향에 맞춰 다져 넣어도 좋고 믹서기에 갈아 반죽처럼 만들어도 좋아요. 아기에 따라 식감을 조절해 요리를 완성해 주세요.

재료 3회 분량 180g(9개 각 20g)

☐ 손질 오징어 60g ☐ 애호박 20g ☐ 당근 20g ☐ 양파 20g ☐ 달걀 1개

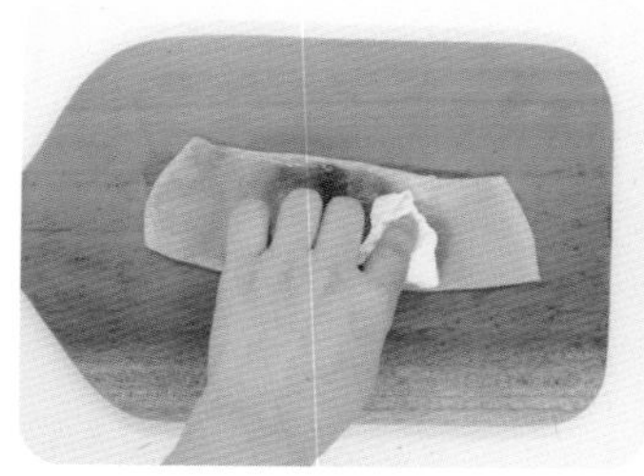

1 오징어를 깨끗이 씻은 뒤 키친타월을 이용해 껍질을 벗겨 준비합니다.

2 냉장고에 있는 자투리 채소를 다져서 준비해요. 저는 애호박과 당근, 양파를 활용했어요. 오징어도 동일한 크기로 잘라 준비합니다.

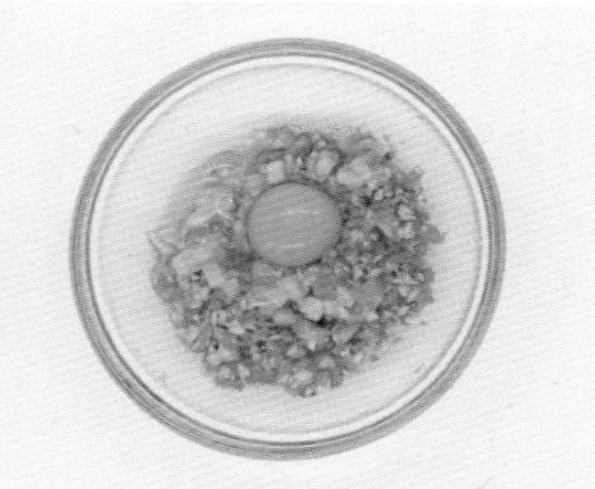

3 달걀 1개를 풀어준 뒤 손질한 오징어, 자투리 채소를 모두 넣고 잘 섞어주세요.

4 기름을 두른 프라이팬에 숟가락으로 반죽을 떠서 얇게 부쳐주세요. 앞뒤로 노릇하게 구우면 완성입니다.

반죽이 너무 묽으면 쌀가루나 밀가루, 부침가루를 추가해 농도를 맞춰주세요.

초기 유아식

한 그릇 요리

미소된장마파두부덮밥

제 SNS에서 명실상부 '완밥을 부르는 또빵맘마 대표 유아식'으로 이름을 날렸던 레시피예요. SNS에 업로드 하자마자 약속이라도 한 듯 수많은 엄마들이 아기들 완밥 사진을 보내주었답니다. 소고기, 돼지고기, 닭고기 무엇이든 활용할 수 있고 냉장고에 남아 있는 자투리 채소를 마음껏 활용할 수 있어 냉털에도 제격입니다.

재료 1회 분량 160g

☐ 소고기 다짐육 30g ☐ 애호박 10g ☐ 당근 10g ☐ 양파 10g ☐ 두부 30g
☐ 멸치육수 500ml ☐ 전분물 15ml(전분가루 5g+물 15ml) ☐ 미소된장 0.5t

1 깨끗하게 손질한 애호박과, 당근, 양파는 잘게 다지고 소고기 다짐육도 키친타월로 핏물을 제거해 준비합니다.

2 기름을 두른 프라이팬에 소고기를 올리고 볶아주세요.

3 소고기가 갈색으로 변하면 준비한 채소를 모두 넣고 볶아줍니다.

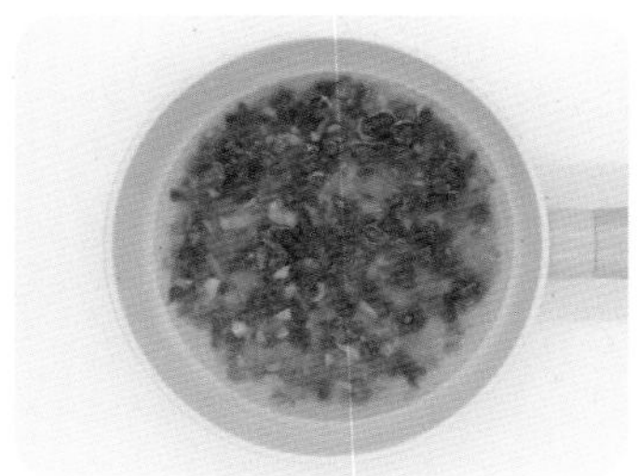

4 양파 색이 투명해지면 준비한 멸치육수를 넣고 중불에서 5분간 끓여주세요.

5 국이 끓어오르면 깍둑썰기해 준비한 두부를 넣고 미소된장을 잘 풀어 넣어요.

6 전분물을 적당량 풀어 넣어 마파두부덮밥의 농도를 맞춰주면 요리 완성이에요.

초기 유아식

한 그릇 요리

파인애플새우볶음밥

파인애플은 12개월 이후부터 섭취가 가능하지만 산이 많은 과일이라 익혀 먹는 편이 더 낫다고 해요. 이국적인 느낌이 물씬 드는 이번 요리는 달콤한 파인애플과 짭조름한 새우의 만남으로 돌 이후 처음 느껴볼 단짠단짠의 조화가 돋보입니다. 너무 맛있어서 자꾸자꾸 만들어 달라고 할지도 몰라요.

재료 1회 분량 150g

☐ 파인애플 40g ☐ 당근 10g ☐ 양파 20g ☐ 냉동 자숙 새우 4개(40g)
☐ 아기간장 0.5t ☐ 밥 80~90g

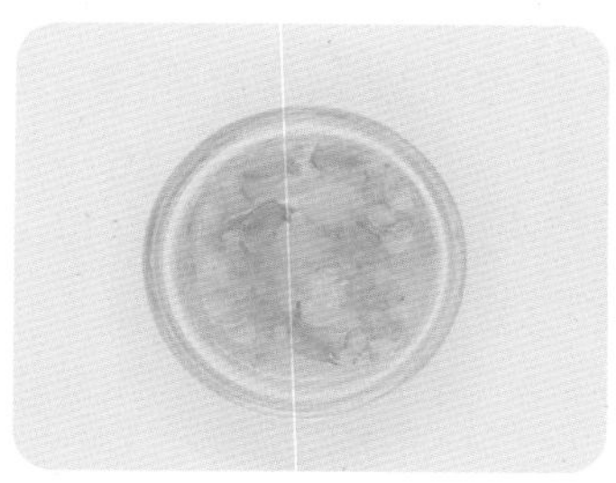

1 냉동 자숙 새우는 찬물에 담가 해동한 뒤 후 3등분해 준비합니다.

2 파인애플과 당근, 양파는 한입 크기로 잘라주세요.

3 기름을 두른 프라이팬에 채소를 올리고 중불에서 2분간 볶아줍니다.

4 당근이 어느 정도 익으면 손질한 새우를 넣고 2분간 더 볶아주세요.

5 새우가 분홍색으로 익으면 밥과 파인애플을 넣고 아기간장으로 간을 한 뒤 1분간 더 볶아 요리를 완성합니다.

초기 유아식

한 그릇 요리

돼지고기알배추볶음밥

볶음밥을 만들 때 가장 좋은 점은 어떤 재료든 마음껏 활용할 수 있다는 점이죠. 이번 요리도 레시피에서 소개한 알배추 대신 다양한 냉장고 속 자투리 채소를 활용해 완성할 수 있습니다. 알배추는 오래 볶을수록 힘이 없어지고 물이 생기기 때문에 고기를 먼저 볶다가 배추를 추가해 최대한 빨리 볶아 완성하는 게 이번 요리 핵심이에요.

재료 1회 분량 150g

☐ 돼지고기 안심 40g ☐ 알배추 20g ☐ 양파 10g ☐ 애호박 10g ☐ 아기간장 0.5t
☐ 밥 80~90g

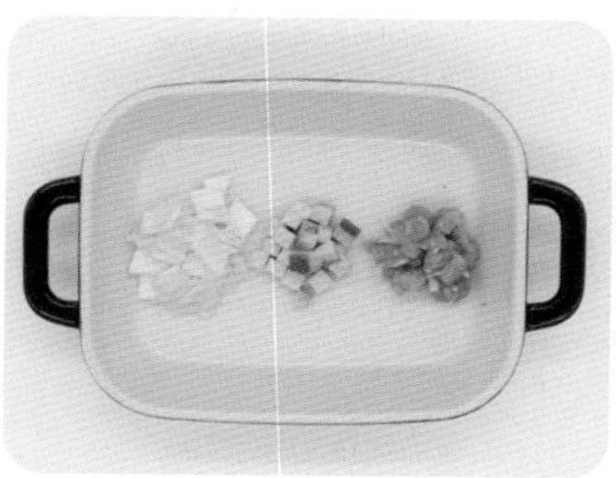

1 알배추와 애호박, 돼지고기 안심을 모두 한입 크기로 깍둑썰기합니다.

2 기름을 두른 프라이팬에 돼지고기 안심을 올리고 중불에서 3분간 볶아주세요.

3 돼지고기 안심이 익으면 손질한 알배추를 넣고 2분간 재빨리 볶아요.

4 마지막으로 밥을 넣고 아기간장으로 간을 한 뒤 요리를 완성합니다.

초기 유아식

한 그릇 요리

버터장조림달걀밥

이 레시피야말로 정말 특식 중에 특식! 아마 아이들 생애 이런 맛은 처음일 거예요. 어른 입맛에도 맛있는 조합인데 아기들에겐 정말 특별하겠죠? 아기용 장조림이라 저염으로 만들어서 부담 없이 먹을 수 있고, 버터 또한 무염 버터를 활용해 짜지 않은 버터의 향과 풍미만을 더했습니다. 초기 유아식 별미 중의 별미로 더없이 좋은 메뉴랍니다.

재료 1회 분량 150g

장조림 □ 돼지고기 안심 80g □ 양파 1/2개(170g) □ 마늘 5개(15g) □ 아기간장 1t □ 아가베시럽 조금

그 외 □ 달걀 1개 □ 무염버터 조금 □ 밥 80~90g

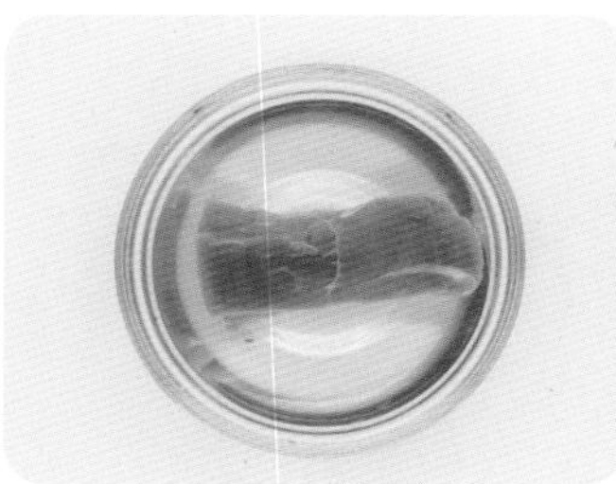

1 돼지고기 안심을 찬물에 20분 정도 담가 핏물을 빼주세요.

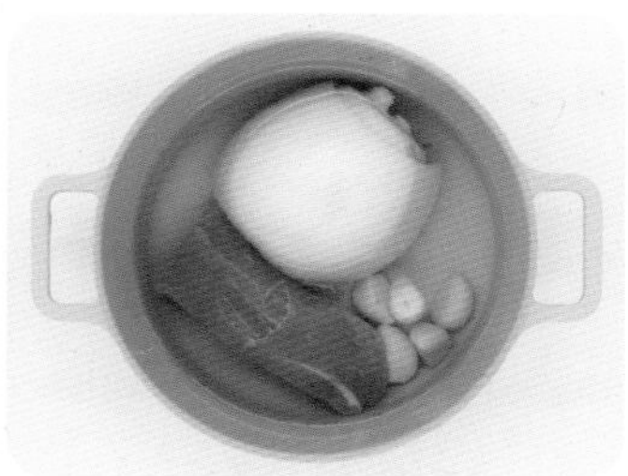

2 물을 채운 냄비에 돼지고기 안심과 양파, 마늘을 넣고 15분간 끓여주세요.

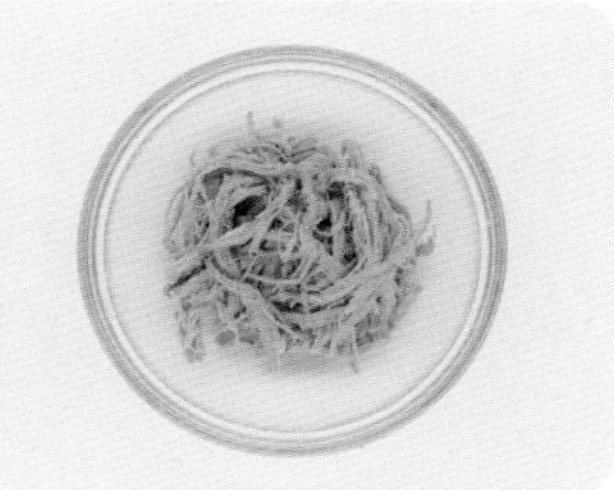

3 고기가 연한 갈색이 되면 건져낸 뒤 고기 결대로 찢어줍니다.

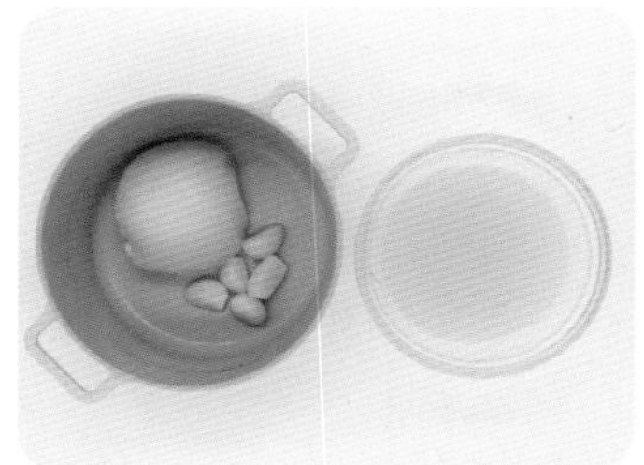

4 돼지고기 삶은 물을 체에 걸러 건더기와 분리합니다. 깨끗한 고기 국물은 육수로 활용할 거예요.

5 냄비에 육수를 다시 부어준 뒤 찢어서 준비한 돼지고기 안심과 아기간장, 아가베시럽을 넣고 중불에서 10분간 졸여주세요.

6 다른 한쪽에서는 소량의 기름이나 물을 두른 프라이팬에 달걀을 스크램블해 준비합니다.

7 따뜻한 밥 위에 무염버터 한 조각을 올리고 장조림과 스크램블드에그를 올려 요리를 완성해 주세요.

남은 장조림은 20~30g씩 소분해 5일 내로 소진합니다. 간장에 졸인 반찬이라 보관 기간이 긴 편이지만 날씨나 냉장고 상태에 따라 변질될 위험이 있으니 너무 오래 보관하지는 마세요.

초기 유아식

PART 6 아기가 아플 때

초기
감기

감자오이죽

초기 이유식에서는 순하고 영양이 많은 탄수화물인 고구마와 감자를 자주 사용해요. 특히 감자에 포함된 비타민C는 열에 쉽게 파괴되지 않고, 몸을 따뜻하게 만들어 감기에 좋습니다. 여기에 오이를 더해 독감과 감기는 물론 면역 체계를 강화해 지친 아기들에게 활력을 줄 수 있도록 했어요. 더불어 오이의 수분이 감자의 퍽퍽함을 보완해 주기도 합니다.

재료

1회 분량 50g

- ☐ 쌀죽큐브 20g
- ☐ 감자큐브 20g
- ☐ 오이큐브 10g

1 쌀죽큐브, 감자큐브, 오이큐브를 해동합니다.

2 해동을 마친 큐브를 모두 그릇에 담고 전자레인지에서 30초간 데워주세요.

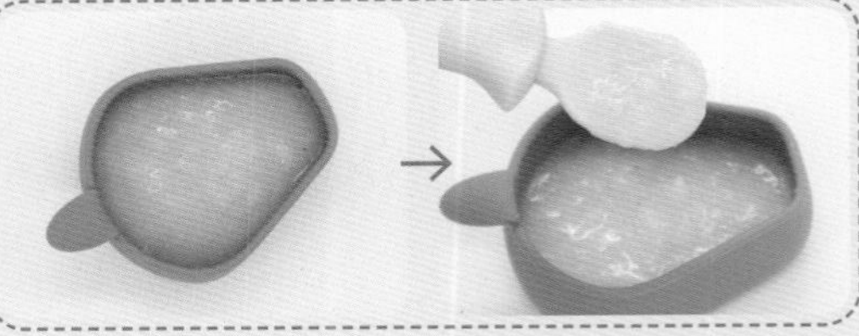

3 모든 재료를 잘 섞어주면 완성이에요. 이때 식감이 너무 퍽퍽하면 분유를 넣어 농도를 조절합니다.

배사과즙

초기
—
감기

감기에 걸렸을 때 흔히 배를 푹 끓여 만든 배숙을 만들어서 먹곤 하죠. 이유식을 막 시작한 아기들에겐 푹 끓인 배에 사과를 더해 주세요. 과일을 믹서기에 갈아 어느 정도 입자가 살아 있는 상태로 줘도 괜찮지만 감기에 걸린 상태라면 목이 부어서 잘 먹으려 하지 않을 수 있어요. 이때는 과즙만 숟가락으로 조금씩 떠서 먹여주세요.

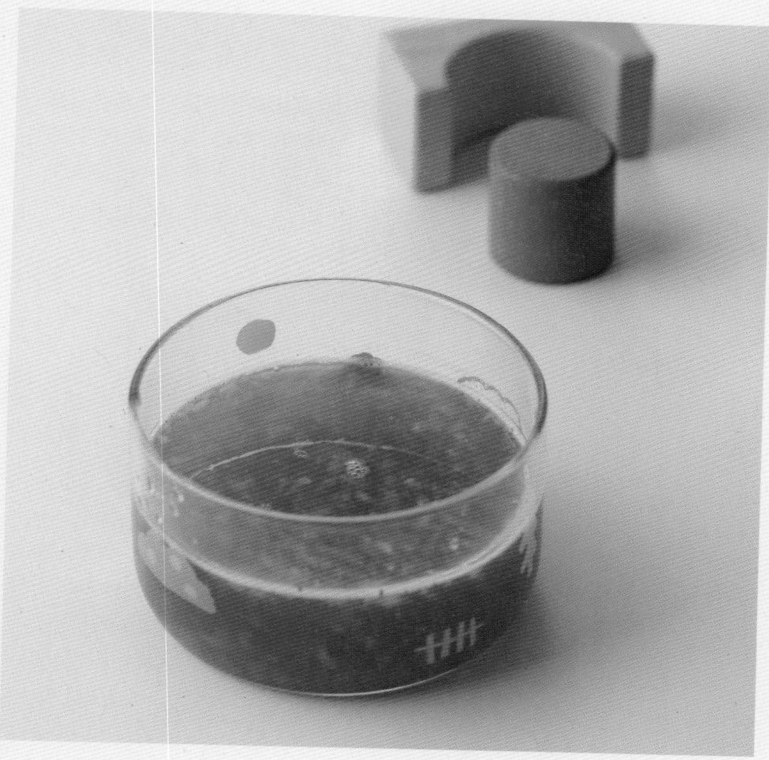

재료

1회 분량 75g

- ☐ 배 80g
- ☐ 사과 80g

1 사과와 배는 껍질과 씨를 제거해 준비합니다.

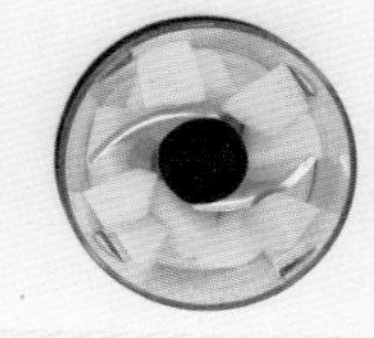

2 손질한 사과와 배를 믹서기나 강판을 이용해 곱게 갈아주세요.

3 곱게 간 재료를 체에 걸러 남아 있는 건더기를 모두 제거합니다.

4 즙만 따로 담아내면 완성이에요.

초기

변비

청경채배죽

재료만 보면 왠지 낯선 조합이죠? 잘 알려지진 않았지만 청경채에는 식이섬유가 풍부하게 들어있어 장 운동을 돕고 배변 활동을 촉진시켜 변비 증상 개선에 효과적입니다. 청경채와 배를 함께 넣고 죽으로 끓이면 배의 단맛으로 한층 더 맛있어진 요리가 완성돼요.

재료

1회 분량 60g

- ☐ 쌀죽큐브 20g
- ☐ 청경채큐브 20g
- ☐ 배큐브 20g

1 쌀죽큐브, 청경채큐브, 배큐브 모두 해동합니다.

2 해동을 마친 재료를 모두 그릇에 담고 전자레인지에 30초간 데워주세요.

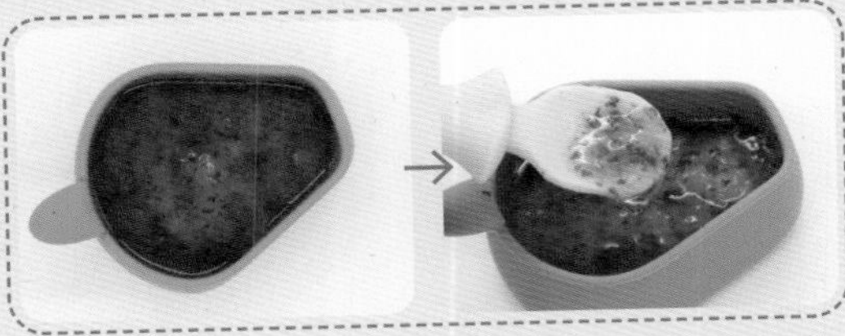

3 모든 재료를 잘 섞어주면 완성이에요. 이때 식감이 너무 퍽퍽하면 분유를 넣어 농도를 조절합니다.

브로콜리고구마죽

초기
—
변비

식이섬유가 풍부한 고구마와 브로콜리의 섬유질이 만나면 며칠간 변을 못 봐서 고생했던 아기도 웃을 수 있어요. 대신 고구마는 수분이 충분한 상태로 섭취해야 변비에 효과적이므로 평소보다 죽의 농도를 묽게 만들어주세요. 브로콜리는 다른 재료들과 섞지 않고 따로 토핑처럼 올려줘도 괜찮아요.

재료

1회 분량 60g

- ☐ 쌀죽큐브 20g
- ☐ 브로콜리큐브 20g
- ☐ 고구마큐브 20g

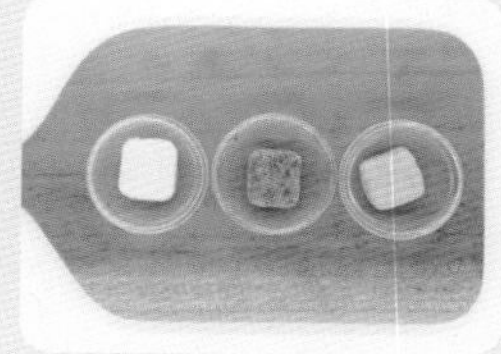

1 쌀죽큐브, 브로콜리큐브, 고구마큐브를 해동합니다.

2 해동을 마친 재료를 모두 그릇에 담고 전자레인지에 30초 정도 데워주세요.

3 모든 재료를 잘 섞어주면 완성이에요. 이때 식감이 너무 퍽퍽하면 분유를 넣어 농도를 조절합니다.

찹쌀사과죽

찹쌀은 다른 곡물보다 따뜻한 성질을 지니고 있어서 설사를 자주 하는 아기들에게 좋아요. 보통 흰죽만 끓여서 주는데 이때 영양이 부족해지고 장 회복도 늦어질 수 있어요. 다만 처음부터 채소와 고기를 먹으면 힘들어 할 수도 있기 때문에 가장 기본인 찹쌀과 사과로 죽을 만들었습니다. 설사에는 익힌 사과가 좋기 때문에 번거롭더라도 사과는 푹 삶아 주세요.

재료

1회 분량 60g

- □ 찹쌀죽큐브 40g
- □ 사과 20g

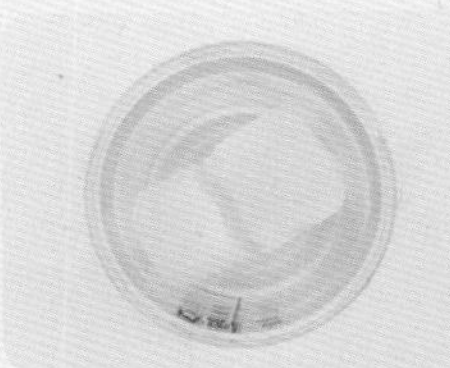

1 찹쌀죽큐브 2개를 해동합니다. 해동을 마치면 전자레인지에 30초간 데워주세요.

2 사과는 껍질과 씨를 제거한 뒤 중불에서 5분간 푹 삶아주세요.

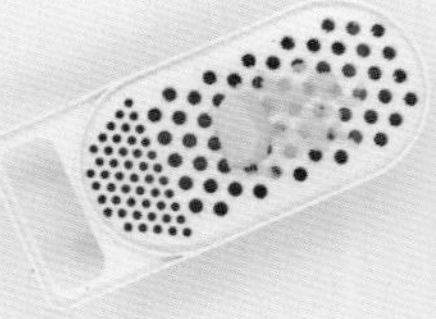

3 익힌 사과를 강판에 갈아줍니다.

4 곱게 간 사과를 데운 찹쌀죽과 잘 섞어주면 요리 완성이에요.

소고기감자죽

찹쌀사과죽으로 아기의 설사가 잦아들었다면 이제는 빠른 회복을 위해 고기를 더해줄 차례입니다. 사실 설사는 구토나 고열을 동반하지 않는다면 집에서도 얼마든지 치료가 가능해요. 설사를 할 때 먹어서는 안될 음식을 배제하고, 기존의 생활패턴으로 돌아가기 위해 고기나 채소를 골고루 시도해 주세요.

재료

1회 분량 60g

- ☐ 쌀죽큐브 20g
- ☐ 소고기큐브 20g
- ☐ 감자큐브 20g

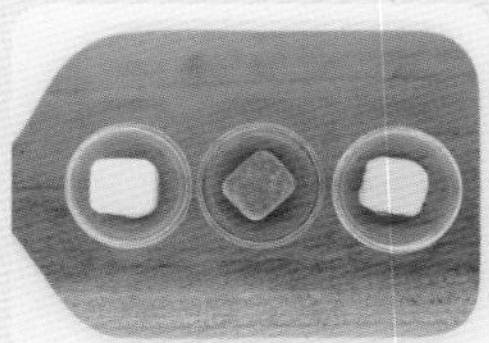

1 쌀죽큐브, 소고기큐브, 감자큐브를 해동합니다.

2 해동을 마친 큐브를 모두 그릇에 담고 전자레인지에서 30초간 데워 주세요.

3 모든 재료를 잘 섞어주면 완성이에요. 이때 식감이 너무 퍽퍽하면 분유를 넣어 농도를 조절합니다.

감자고구마볼

아기가 감기에 걸렸을 때는 대부분 목이 부어서 액체류만 먹으려고 해요. 하지만 이 때문에 다시 분유에 의존하게 되면 이유식에 대한 흥미가 떨어질 수도 있습니다. 이럴 때는 밥 대신 포만감을 줄 수 있는 음식을 준비해 주세요. 감자와 고구마에 포함된 비타민C는 조리열로 인한 손실이 매우 적기 때문에 충분한 영양섭취를 도와줍니다.

재료 1회 분량 80g(8개 각 10g)

□ 감자 40g □ 고구마 40g

1 감자와 고구마를 찜기에 넣고 익혀줍니다.

2 익힌 감자와 고구마의 껍질을 제거한 뒤 매셔로 으깨줍니다.

3 으깬 반죽을 10g씩 작은공 모양으로 빚어줍니다. 약 8개의 감자고구마볼을 만들 수 있어요.

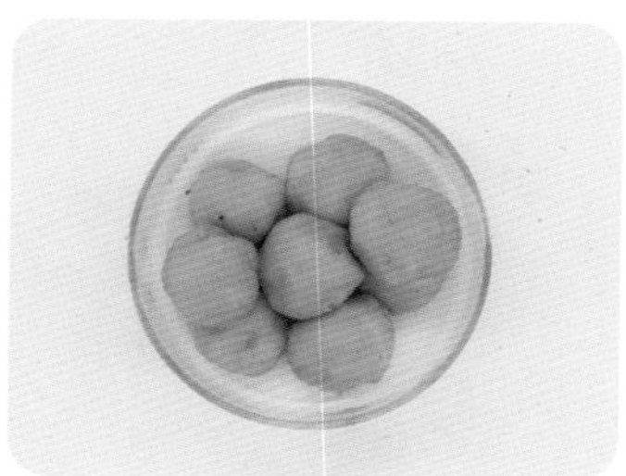

4 그대로 아기에게 주거나, 170도에 맞춘 에어프라이어에 5분간 익혀 아기에게 제공해요.

무잼

무는 차가운 성질이라 열을 내려주고 수분이 풍부해 목을 촉촉하게 만들어주죠. 그 덕에 건조한 기관지 환경을 개선할 수 있어요. 또 천연 소화제라고 불릴 만큼 소화에 좋고 입자감이 없이 부드럽기 때문에 목이 아파도 쉽게 먹을 수 있습니다. 무잼 단독으로 퓌레처럼 먹거나, 큐브로 만들어 두고 베이스죽이나 토핑에 하나씩 넣어주면 활용도가 높을 거예요.

재료 3회 분량(3개 각 50g)

- [ ] 무 600g

1 무는 깨끗이 손질한 뒤 깍둑썰기 합니다.

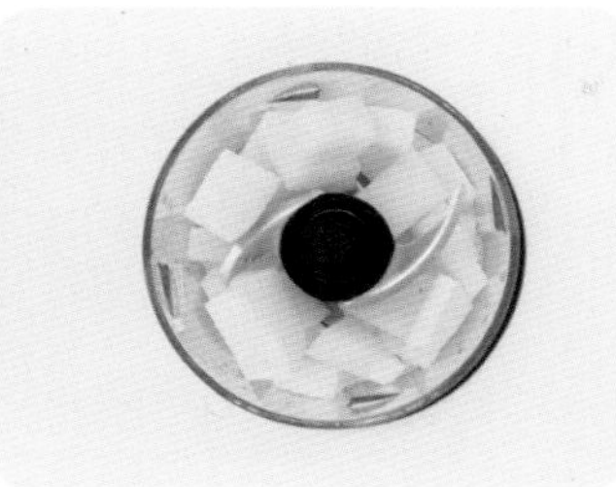

2 깍둑썰기한 무를 믹서기에 넣고 갈아주세요. 무가 잘 갈리지 않으면 소량의 물을 추가해 주세요.

3 냄비에 무를 넣고 센불에서 익히다가 한 번 끓어오르면 중불로 줄인 뒤 뚜껑을 덮고 15분 더 익힙니다. 이때 무가 타지 않도록 중간중간 잘 저어줍니다.

4 무의 수분이 모두 날아가 푸석푸석해지고 노르스름한 빛깔이 될 때까지 익혀주세요. 더 오래 볶으면 갈색이 되고 탄 맛이 올라오니 시간 조절에 유의합니다.

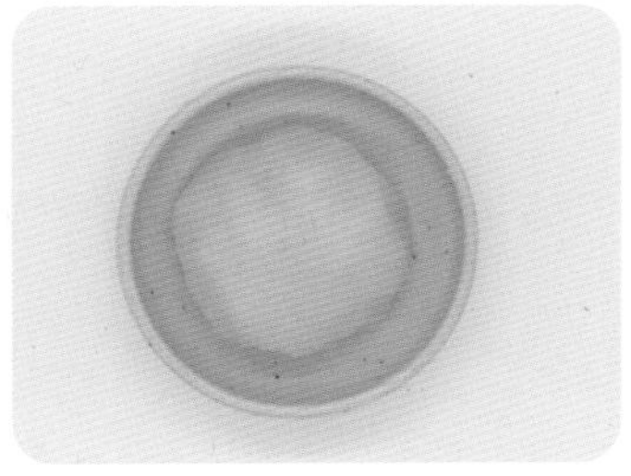

5 잘 익은 무잼을 꺼내 한 김 식힌 뒤 큐브에 담고 냉동 보관합니다.

브로콜리단호박볼

브콜로리 두세 송이면 하루에 필요한 비타민C를 모두 섭취할 수 있을 만큼 영양이 풍부한 재료이죠. 단호박에는 비타민 B와 비타민C가 풍부하게 함유되어 있어서 면역력 강화에 효과적이고 피로 회복에 도움을 줍니다. 이토록 강력한 브로콜리와 단호박이 만났으니 우리 아기 감기 회복은 문제없겠죠?

재료 1회 분량 75g(7개 각 10g)

- ☐ 브로콜리 40g ☐ 단호박 40g ☐ 쌀가루 10g

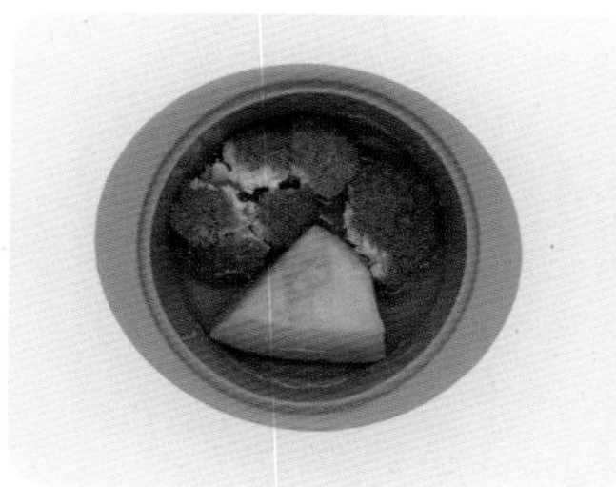

1 실리콘 찜기에 물을 채운 뒤 깨끗이 손질한 단호박과 브로콜리를 넣고 5분간 익혀주세요.

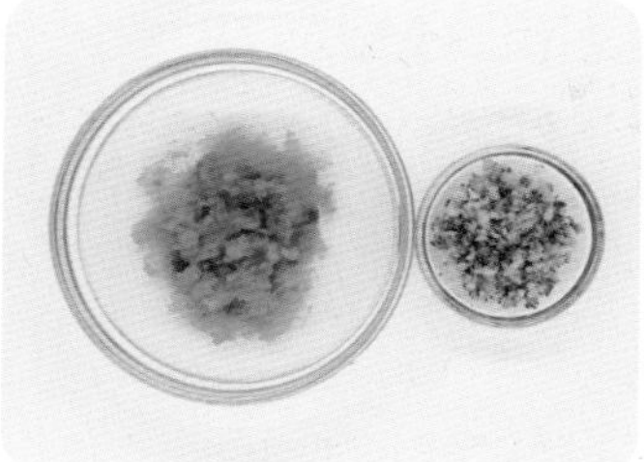

2 익힌 브로콜리는 칼로 다지고 단호박은 매셔로 으깨서 준비해요.

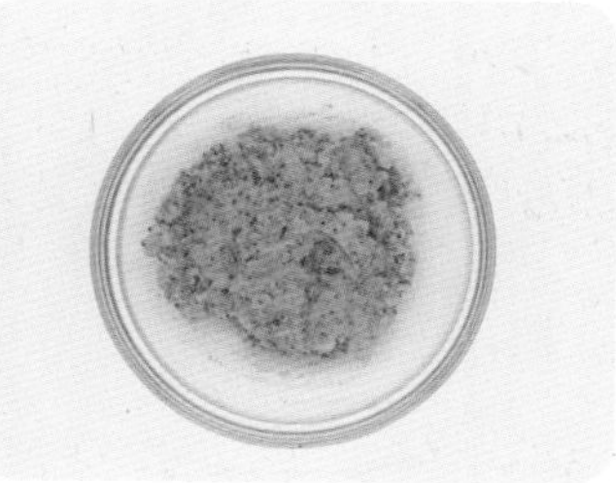

3 브로콜리와 단호박, 쌀가루를 그릇에 넣고 골고루 섞어주세요.

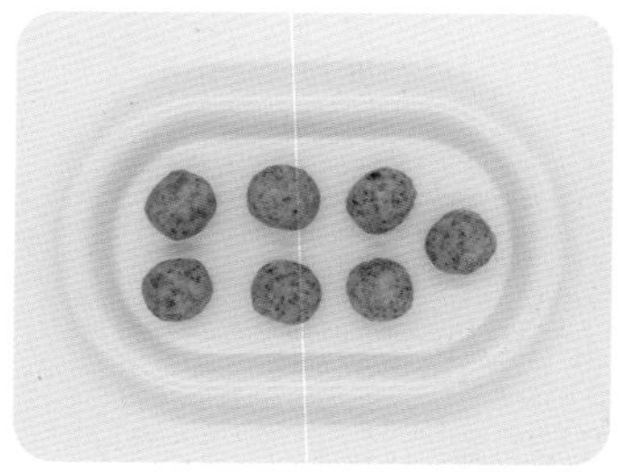

4 반죽을 10g씩 작은 공 모양으로 빚어주세요. 약 7개의 브로콜리 단호박볼이 만들어질 거예요. 만약 단호박에 수분이 너무 많아 잘 뭉쳐지지 않으면 쌀가루를 추가해도 좋습니다.

5 170도에 맞춘 에어프라이어에 5분간 익혀주면 완성입니다.

중기

변비

청경채사과무침

이번 레시피에서는 배변활동을 돕는 청경채와 많은 양의 식이섬유를 포함하고 있는 사과를 함께 활용했어요. 변비는 수분 공급이 제대로 이루어지지 않아 변이 딱딱하게 굳어 해소되지 않을 때가 많기 때문에 풍부한 수분을 포함한 사과가 변비 해소에 무척 도움이 됩니다.

재료

1회 분량 40g

- ☐ 청경채큐브 1개 (15g)
- ☐ 사과 20g

1 줄기를 자르고 손질한 청경채 이파리를 끓는 물에 넣고 데쳐주세요

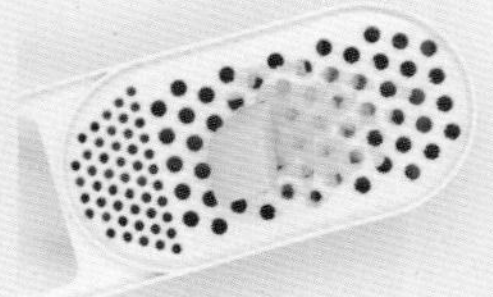

2 사과는 껍질을 제거한 뒤 강판에 갈아주세요.

3 다진 청경채와 곱게 간 사과를 잘 섞어주면 요리 완성입니다.

미역오이냉국

중기
변비

변비 해소를 위해 가장 먼저 체크해야 할 부분은 바로 수분! 오이는 95%가 수분으로 이루어져 있을 만큼 수분 함량이 높은 재료입니다. 이번 레시피에서는 오이큐브와 함께 섬유질이 풍부한 미역을 추가했으니 변비로 고생하는 아기들에게 안성맞춤이겠죠?

재료

1회 분량 55g

- ☐ 불린 미역 10g
- ☐ 오이큐브 2개(40g)

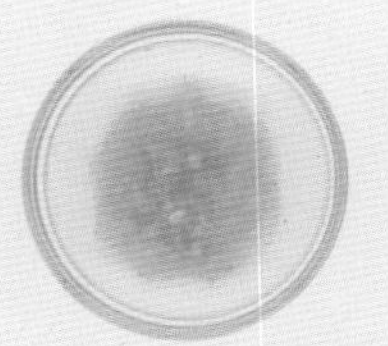

1 오이큐브를 해동합니다.

2 미역은 물에 불린 뒤 찬물에서 두세 번 세척해 짠맛을 빼줘요.

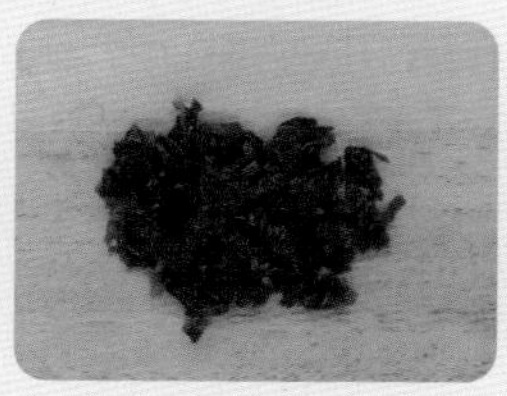

3 물에 헹군 미역이 목에 걸리지 않도록 가위를 이용해 잘게 잘라주세요.

4 잘게 자른 미역과 오이큐브를 잘 섞으면 완성입니다.

중기
설사

당근라페

당근은 설사에 대처할 수 있는 천연 치료제라고 불릴 만큼 장 점막을 자극해서 설사를 멈추게 돕는 재료입니다. 설사는 탈수 증세를 유발하기 때문에 그만큼 수분 보충도 중요한데요. 사과퓌레를 통해 부족한 수분을 보충할 수 있도록 레시피를 구성했으니 활용해보세요.

재료

1회 분량 25g

- □ 당근 20g
- □ 사과퓌레 10g

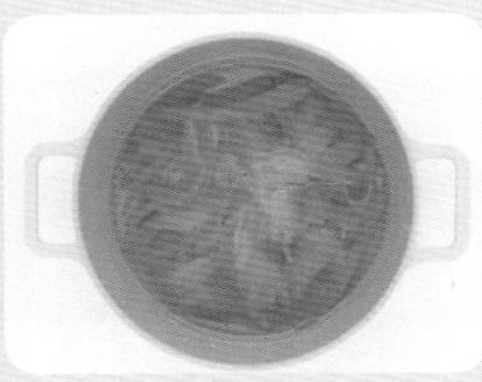

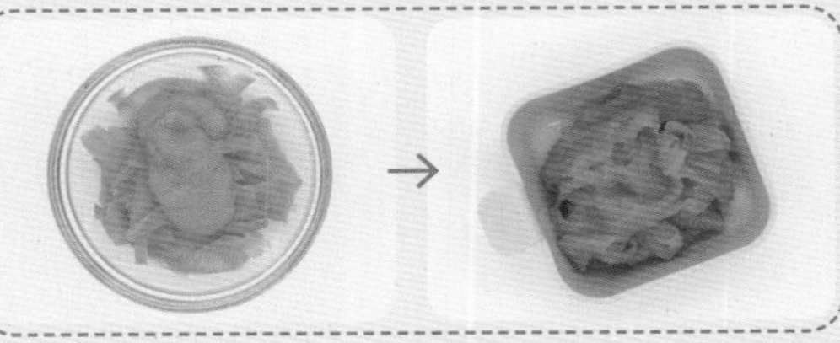

1 깨끗이 씻어 준비한 당근을 감자칼을 이용해 얇게 채 썰어주세요.

2 끓는 물에 채 썬 당근을 넣고 중불에서 3분간 익혀주세요.

3 당근을 꺼내 체에 걸러 물기를 제거한 뒤 사과퓌레를 넣고 잘 섞어주면 완성입니다.

당근소고기찹쌀죽

중기
설사

설사가 어느정도 잦아들었다면 몸속에서 흡수되지 않고 빠져나간 영양분을 채워줄 차례입니다. 쌀죽도 괜찮지만 설사에는 찹쌀죽이 더 좋아요. 소고기는 소화기를 보호하는 역할을 하고 든든하기도 하니, 아프면서 힘들었을 아이가 기운을 차릴 수 있도록 도와줄 거예요.

재료

1회 분량 100g

- ☐ 찹쌀큐브 1개(60g)
- ☐ 소고기큐브 1개(15g)
- ☐ 당근큐브 1개(15g)
- ☐ 소고기 육수큐브 4개 (100ml)

1 당근큐브와 소고기큐브, 찹쌀죽큐브를 해동합니다.

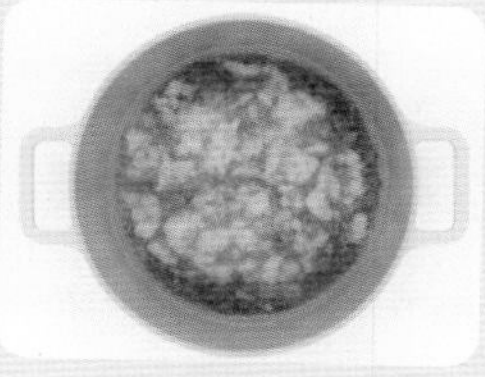

2 냄비에 해동을 마친 큐브와 육수큐브를 넣고 중불에서 10분간 끓여 줍니다.

3 찹쌀죽을 폈을 때 후두둑 떨어지는 농도가 되면 불을 끄고 한 김 식혀 요리를 완성합니다.

중기
예방접종 후

바나나치즈케이크

돌치레를 겪으며 한끼도 못 먹고 있는 또빵이가 걱정돼 만든 레시피예요. 보통 케이크는 반죽이 꾸덕한 편이지만 이 레시피는 바나나와 달걀, 우유 등 수분이 많은 재료를 사용해서 반죽이 묽어요. 그래서 촉촉한 케이크가 완성되었고 그 덕분에 또빵이도 그 자리에서 케이크 하나를 다 먹어주었어요.

재료 2회 분량 220g(4개 각 55g)

☐ 바나나 100g ☐ 쌀가루 20g ☐ 달걀 1개 ☐ 우유 30ml ☐ 아기치즈 3장

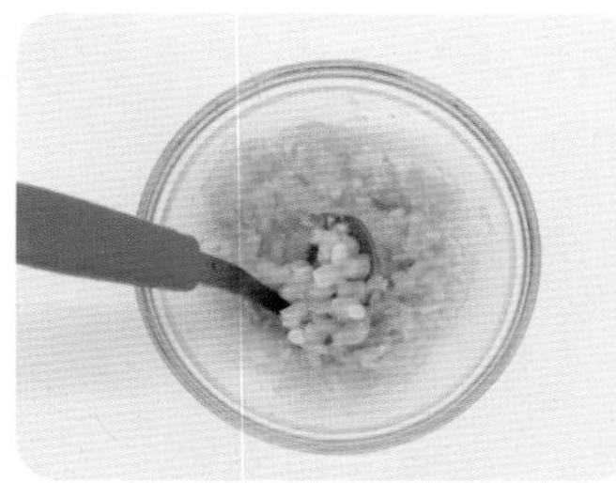

1 바나나는 껍질을 벗긴 후 매셔로 으깨주세요.

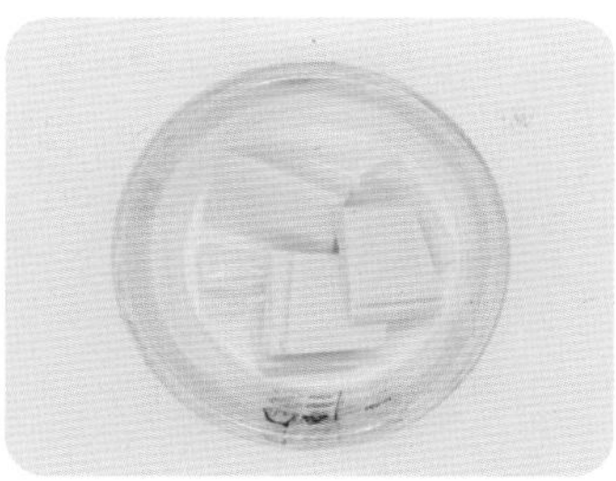

2 전자레인지용 그릇에 우유와 치즈를 넣고 30초간 데운 뒤 잘 섞어 주세요.

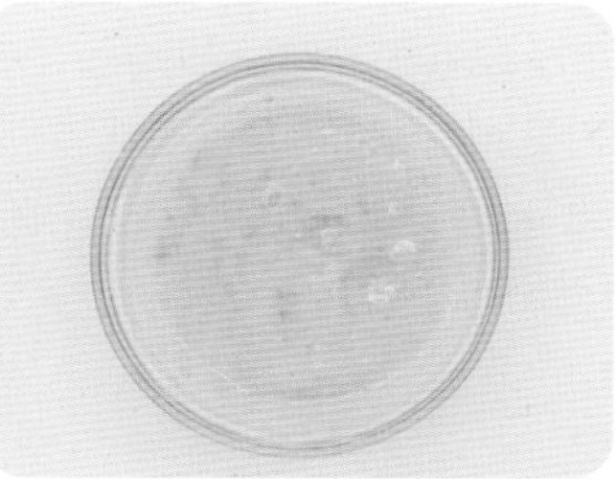

3 으깬 바나나에 달걀과 쌀가루를 넣고 잘 섞어줍니다.

4 바나나 반죽에 녹인 치즈를 넣고 잘 섞어줍니다.

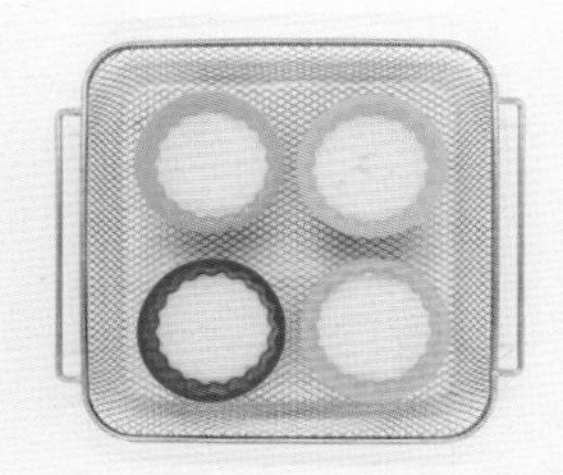

5 용량 100ml 짜리 머핀 틀의 70%까지 반죽을 채워주세요. 이때 남은 바나나를 얇게 썰어 토핑처럼 올려줘도 좋아요.

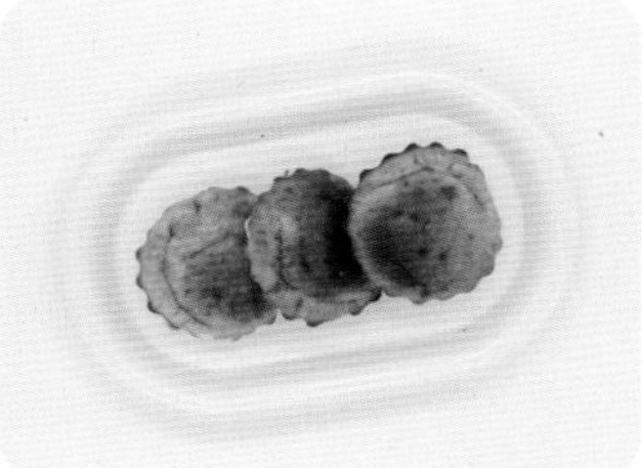

6 170도에 맞춘 에어프라이어에 반죽을 넣고 20분간 구워주면 바나나케이크 완성이에요.

- 달걀 흰자 테스트가 아직 완료되지 않았다면 분리한 노른자에 물 20~30ml 추가해 주세요.
- 빵이 매우 촉촉하기 때문에 단면을 잘랐을 때 빵이 덜 익었다고 착각할 수도 있어요. 젓가락으로 빵을 찔렀을 때 묻어나오는 것이 없다면 잘 익은 거예요.

감자에그슬럿

에그슬럿은 어른들에게도 맛있는 별미지만 유아식에서도 활용도가 높은 레시피예요! 치즈와 달걀,으깬 감자가 조화로운 메뉴입니다. 부드럽게 익은 달걀노른자를 터뜨려 감자와 섞으면 부드러운 식감은 물론 고소한 맛까지 더해져 밥태기가 온 아기에게도 좋아요.

재료 2회 분량 100g(2개 각 50g)

☐ 감자 1개(70g) ☐ 달걀 1개 ☐ 아기치즈 1장

1 깨끗하게 손질한 감자를 삶은 뒤 그릇에 옮겨 담아 매셔로 으깨주세요.

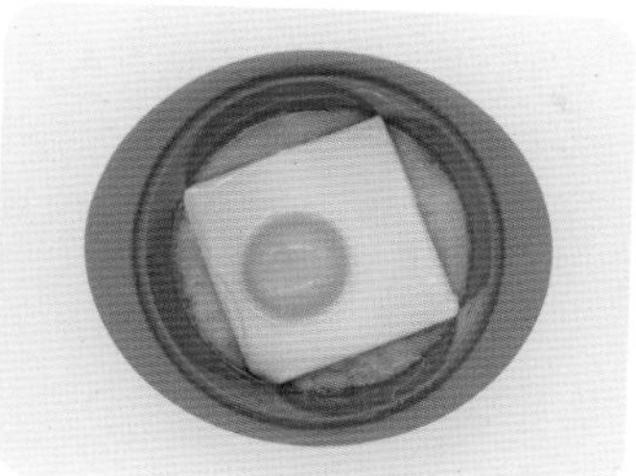

2 으깬 감자를 전자레인지용 그릇에 평평하게 눌러 담고 그 위에 아기치즈와 계란을 올립니다.

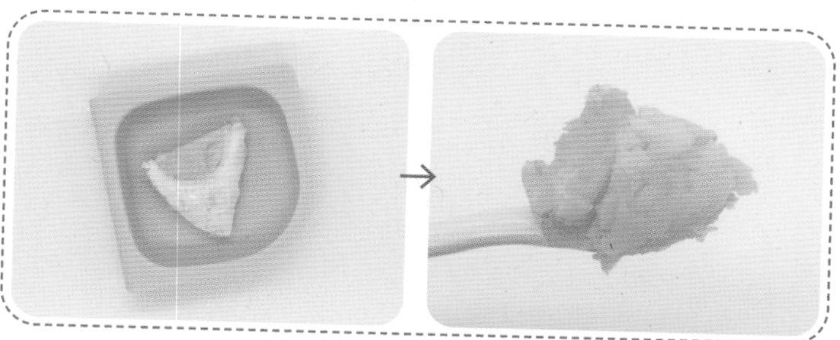

3 그대로 전자레인지에 넣고 1분 30초간 익혀주면 촉촉하고 부드러운 감자에그슬럿 완성입니다.

감자 대신 고구마나 단호박 등을 활용해 만들어도 좋아요.

후기

감기

배버무리

버무리는 쌀가루에 콩, 팥, 쑥 등을 버무려서 찐 떡을 말해요. 이유식 후기에 들어서면 퓌레의 식감보다는 입자감이 살아 있는 음식을 선호하지만 컨디션이 안 좋고 목이 부은 상태에서는 배를 제대로 씹어 삼키지 못하더라고요. 이럴 땐 볼 모양으로 만들어서 스스로 먹을 수 있도록 합니다. 이번 레시피에서는 배를 익혀 넣어 달달한 맛을 한층 끌어올렸어요.

재료 1회 분량 120g(11개 각 10g)

☐ 배 100g ☐ 쌀가루 30g

1 배의 껍질을 제거하고 한 입 크기로 다져주세요.

2 다진 배에 쌀가루를 넣고 섞은 뒤 전자레인지에 넣고 2분 30초간 익혀요.

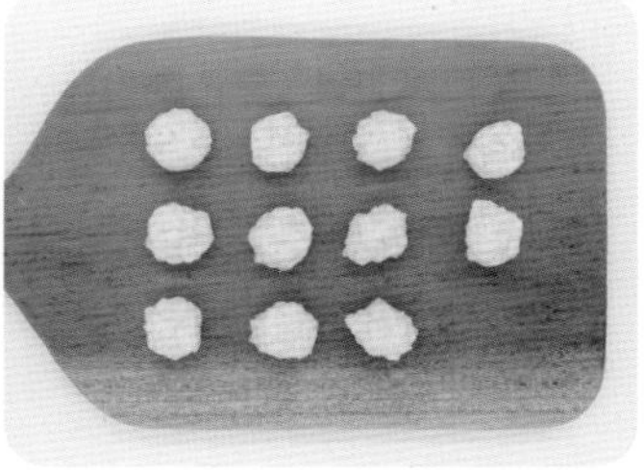

3 익힌 배버무리를 10g씩 작은 공 모양으로 빚어주세요. 약 11개의 배버무리가 만들어질 거예요.

4 이유식용 그릇에 배버무리를 옮겨 담으면 완성입니다.

- 아기 컨디션이 좋지 않다면 아기가 직접 쥐고 먹는 대신 숟가락으로 떠 주셔도 좋아요.
- 모양을 빚을 때 손에 참기름을 바르면 손에 달라붙지 않아 더 쉽게 만들 수 있어요

후기
감기

요거귤

초간단 레시피이지만 감기에는 이만한 게 없어요. 묶음으로 판매하는 요거트는 꼭 한두 개가 남더라고요. 이럴 때는 새콤달콤한 간식인 요거귤을 만들어주세요. 감기에 걸리면 입맛이 없기 때문에 식욕을 자극할 수 있는 간식이 좋아요. 요거트의 부드러움을 기본으로 중간중간 톡톡 터지는 귤 알맹이가 아기들 입맛을 되찾아줄 뿐만 아니라 씹는 재미까지 줄 거예요.

재료 1회 분량 180g(3개 각 50g)

- ☐ 귤 1개(60g)
- ☐ 요거트 1개(85g)
- ☐ 달걀노른자 1개
- ☐ 쌀가루 30g

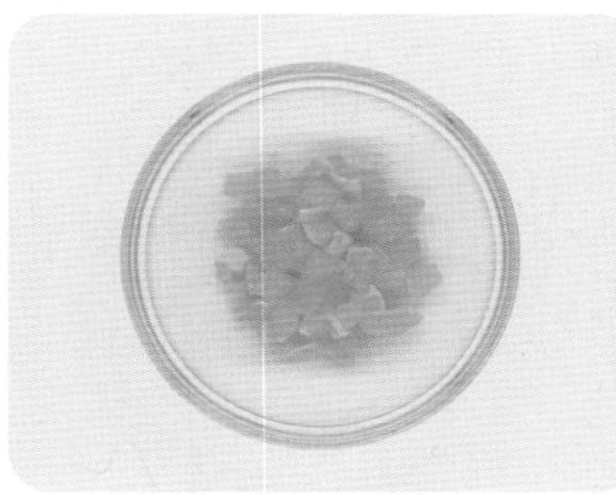

1 귤은 껍질을 깐 뒤 흰 속껍질이 목에 걸리지 않도록 칼로 다져주세요.

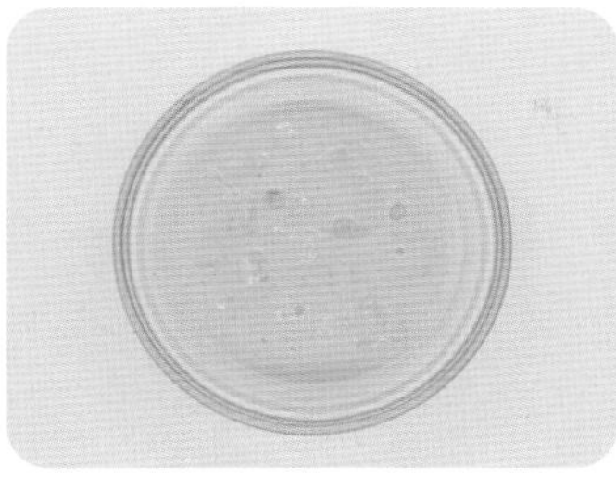

2 다진 귤과 요거트, 달걀노른자와 쌀가루를 그릇에 넣고 잘 섞어줍니다.

3 실리콘 큐브에 반죽을 부어주세요.

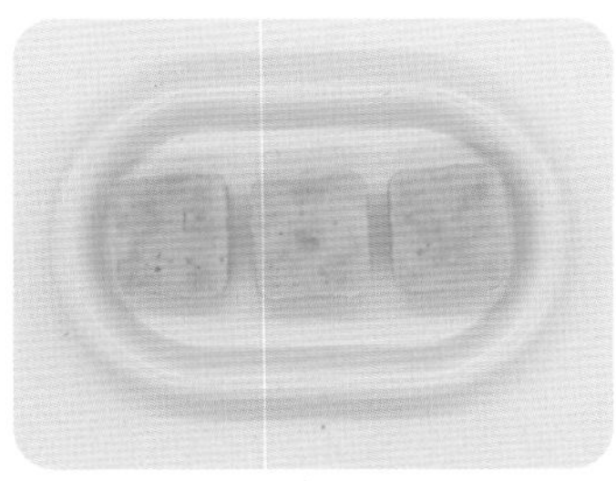

4 전자레인지에 1차 2분 30초, 2차 1분씩 나누어 익혀주면 완성입니다.

- 노른자를 넣어야 점성이 생겨서 쉽게 으스러지지 않고 쫀쫀한 식감을 즐길 수 있어요.
- 귤은 칼로 다져야 알갱이가 씹혀요. 갈거나 으깨버리면 수분이 많아져 반죽이 묽어집니다.
- 전자레인지 성능이나 반죽 상태에 따라 익히는 시간은 달라질 수 있습니다. 두 번에 나누어 익히며 반죽의 상태를 파악해 주세요. 젓가락으로 찔렀을 때 묻어나오는 게 없어야 잘 익은 상태입니다.

후기

변비

단호박고구마찹쌀죽

변비는 이유식을 처음 시작할 때 그리고 후기 이유식 중반부에 가장 심하게 찾아와요. 이유식의 입자와 질감이 점점 단단해지고 유아식을 준비하는 단계이기 때문일 거예요. 변비에 걸린 아기는 속이 더부룩하기 때문에 음식을 잘 먹지 않아요. 그럴 땐 달달한 단호박과 고구마를 섞어 맛은 물론 음식 궁합도 좋은 찹쌀죽을 만들어주세요. 소분해서 간식으로 챙겨줘도 좋고 든든한 한끼식사로도 훌륭합니다.

재료 1회 분량 140g

- ☐ 단호박큐브 1개(20g)
- ☐ 고구마큐브 1개(20g)
- ☐ 찹쌀 20g
- ☐ 물 120ml

1 찹쌀은 30분 정도 물에 불려주세요.

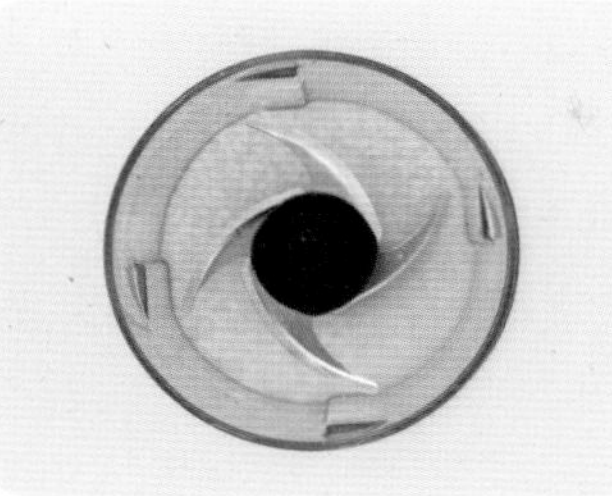

2 믹서기에 불린 찹쌀과 물 120ml(불린 찹쌀 30g 기준 4배죽)을 넣고 아기가 평소 먹는 입자에 맞춰 갈아주세요.

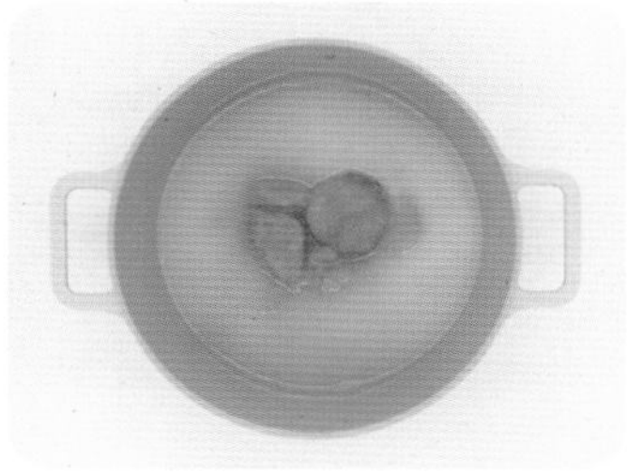

3 냄비에 찹쌀과 냉동 상태의 단호박큐브, 고구마큐브를 함께 넣고 중불에서 끓여줍니다.

4 재료가 끓어오르면 약불로 줄이고 중간중간 저어가며 10분간 더 끓여줍니다.

5 죽의 농도가 후두둑 떨어지는 정도가 되면 완성입니다.

- 죽의 농도는 아기의 성향에 맞춰서 조절해 조리합니다.
- 찹쌀의 입자가 커서 아기가 먹기 힘들어 한다면 믹서기에 한 번 더 갈아주세요.
- 불린 찹쌀이 아닌 찹쌀가루로 만들 경우, 끓는 물에 가루를 넣으면 잘 풀어지지 않고 덩어리가 생겨요. 그러니 물이 끓기 전에 미리 가루를 넣어 잘 섞어주세요.

후기

변비

양배추브로콜리수프

양배추와 브로콜리는 둘 다 속을 편안하게 해주는 재료죠. 하지만 초록 채소의 맛에 거부감을 느끼는 아기도 많더라고요. 이를 해결하고자 사과를 추가해 맛과 향을 더했습니다. 사과가 마치 설탕의 역할처럼 달달한 맛을 줘 잘 먹지 않던 아이들도 거부감 없이 먹을 수 있을 거예요.

재료 1회 분량 130g

☐ 양배추 40g ☐ 브로콜리 20g ☐ 사과 10g ☐ 아기치즈 1장 ☐ 물 100ml

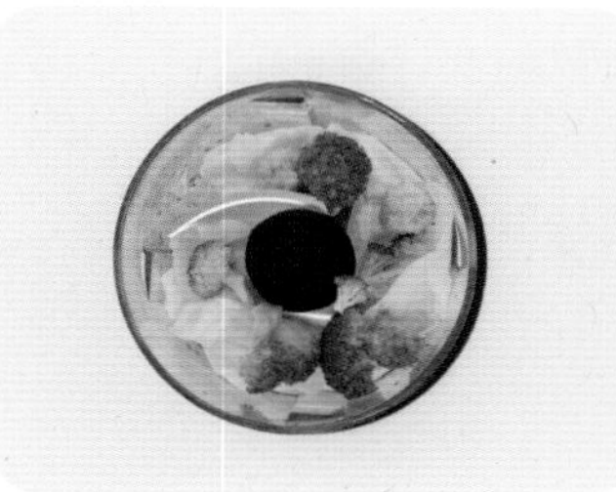

1 깨끗이 손질한 양배추와 브로콜리를 믹서기에 넣고 갈아주세요. 미리 만들어둔 큐브가 있다면 동일한 양만큼 해동해요.

2 사과의 껍질을 벗긴 후 한입 크기로 잘게 다져줍니다.

3 냄비에 곱게 간 양배추와 브로콜리를 넣고 중불에서 10분간 끓이다가 아기치즈를 넣어 수프의 농도를 맞춥니다.

4 이유식용 그릇에 양배추브로콜리 수프를 옮겨 담고 다진 사과를 토핑처럼 올리면 완성이에요.

익힌 사과는 오히려 변비를 유발해요. 그러니 사과를 수프와 함께 끓이지 않고 마지막에 토핑처럼 활용해 주세요.

후기

설사

감자바나나볼

바나나는 설사를 유발하는 과일이기도 하지만 동시에 설사에 좋은 과일이기도 해요. 바나나에 포함된 펙틴이라는 성분은 장 활동을 안정시키고, 또 풍부한 칼륨이 설사로 빠져나간 영양분을 보충해 주기 때문입니다. 대신 설사를 낫게 하기 위해서는 아침 시간은 피하고 또 너무 달지 않은 덜 익은 바나나를 활용해 주세요.

재료 1회 분량 80g(8개 각 10g)

☐ 찐 감자 60g ☐ 바나나 30g

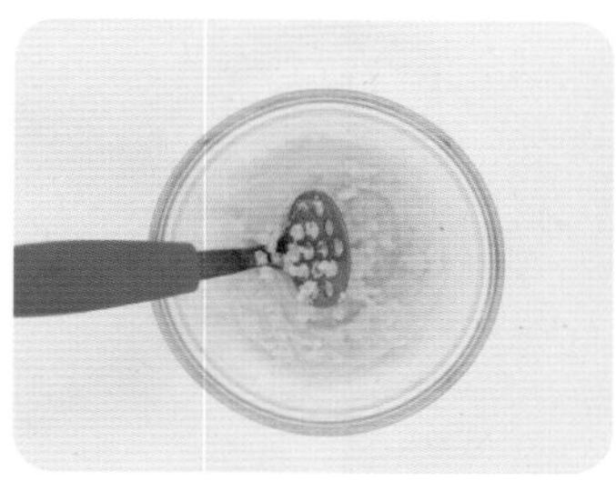

1 감자는 찜기에 찐 뒤 껍질을 벗기고 매셔로 으깨주세요.

2 바나나는 칼로 잘게 다져줍니다.

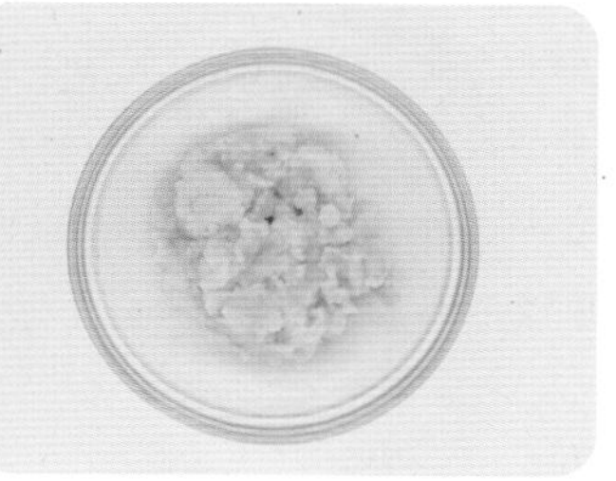

3 으깬 감자와 바나나를 그릇에 넣고 골고루 섞어줍니다.

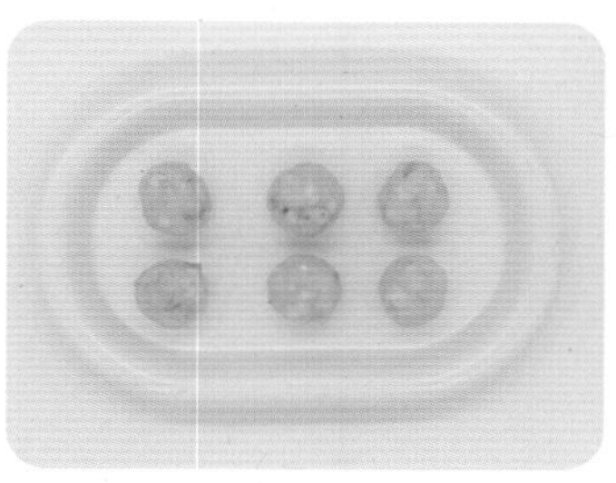

4 반죽을 10g씩 작은 공 모양으로 빚어주세요. 약 8개의 감자바나나볼이 완성될 거예요.

5 170도에 맞춘 에어프라이어에 반죽을 넣은 뒤 10분간 익혀주면 완성이에요.

- 감자에 수분이 많거나 바나나가 무른 경우 반죽이 잘 뭉쳐지지 않을 수도 있어요. 이때는 약간의 쌀가루를 넣어 농도를 잡아주세요. 모양도 잘 잡히고 손에 묻어나는 것도 적을 거예요.
- 부드러운 식감을 좋아하는 아기라면 바나나를 더 잘게 으깨고 쌀가루를 추가합니다. 다만 후기 이유식에서는 바나나를 으깨기보다 다지는 게 더 적합해요.

후기

설사

블루베리연근죽

아기가 설사를 할 때는 식사를 멈추는 대신 영양가 있는 죽을 만들어 부드럽게 소화시킬 수 있도록 도와주세요. 연근을 자르면 생기는 끈끈한 질감의 뮤신이라는 성분은 익혀서 먹었을 때 소화를 돕고 설사를 멈추는 데 도움이 됩니다. 블루베리에 포함된 펙틴 성분은 무른 변을 줄여주고 새콤달콤한 맛까지 더해줘 안성맞춤이에요.

재료 1회 분량 150g

☐ 블루베리 20g ☐ 연근큐브 3개(60g) ☐ 베이스죽큐브 1개(100g)

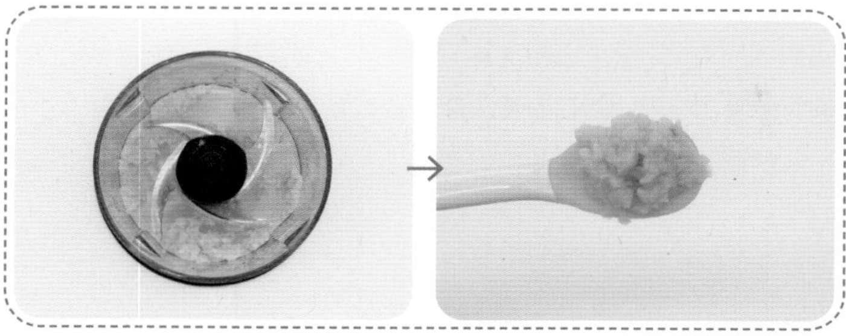

1 연근큐브는 해동한 뒤 믹서기에 넣고 곱게 갈아주세요.

2 냄비에 베이스죽큐브와 연근큐브를 넣고 센불에서 끓여줍니다.

3 재료가 한 번 끓어오르면 약불로 줄인 뒤 10분 정도 더 끓여주세요. 이때 수분이 너무 부족하면 물이나 육수큐브를 추가합니다.

4 흐르는 물에 깨끗이 씻은 블루베리를 칼로 다져서 준비해요.

5 이유식용 그릇에 연근죽을 옮겨 담은 뒤 다진 블루베리를 토핑처럼 올려주면 완성입니다.

연근큐브는 입자가 살아 있어 죽 재료로 적합하지 않아요. 큐브를 활용할 때는 믹서기에 한 번 더 갈아줘야 아기가 거부하지 않습니다.

후기
열 날 때

소고기오이죽

햇빛에 너무 노출되어 피부가 따가울 때 흔히 오이마사지를 하잖아요? 그만큼 오이는 많은 양의 수분을 포함하고 있어 높은 체온을 떨어뜨리는 데 도움이 됩니다. 열이 나 지친 몸에는 시원한 오이와 영양 만점 소고기가 제격이니 이번 레시피를 활용해 영양 보충도 꼭 해주세요!

재료 1회 분량 140g

- ☐ 소고기큐브 1개(20g)
- ☐ 오이큐브 2개(40g)
- ☐ 베이스죽큐브 1개(100g)

1 냄비에 베이스죽큐브를 넣고 약불에서 10분간 끓여줍니다.

2 죽을 끓인 냄비에 소고기큐브와 오이큐브를 넣고 5분간 더 끓여주세요.

3 죽을 펐을 때 뚝뚝 떨어지는 정도가 되면 불을 끄고 이유식용 그릇에 옮겨 담아 요리를 완성합니다.

베이스죽은 크기가 꽤 크기 때문에 녹이는 데 시간이 오래 걸려요. 베이스죽을 먼저 끓여 녹인 다음 다른 큐브를 넣어야 소고기나 오이의 수분이 날아가지 않은 촉촉한 죽을 완성할 수 있어요.

후기
열 날 때

아스파라거스토달볶음

열을 내리게 해주는 음식을 찾다 발견한 사실인데요. 노란색 계열의 채소나 과일은 몸을 따뜻하게 만들고 초록색과 보라색 계열의 재료는 차갑게 만든다고 합니다. 다만 토마토는 예외로, 많은 열을 포함하고 있을 것 같은 빨간색을 띠지만 오히려 몸을 차갑게 만든다고 해요. 열이 나고 아이의 컨디션이 좋지 않으면 이유식을 거르게 되는 경우가 많은데 오히려 이럴 때일수록 간식을 틈틈이 챙겨 꾸준히 영양을 섭취할 수 있도록 해주세요.

재료 4회 분량 170g(4개 각 40g)

□ 미니 아스파라거스 1팩(100g) □ 토마토 1/2개(80g) □ 달걀 1개

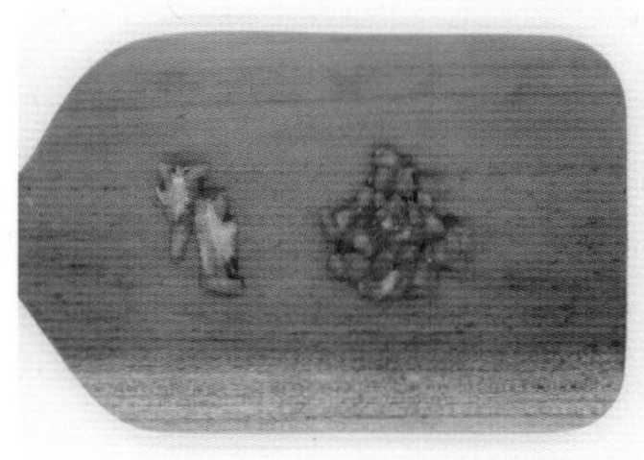

1 흐르는 물에 아스파라거스를 깨끗이 씻은 뒤 단단한 아래 줄기는 제거하고 감자칼로 껍질을 벗겨주세요.

2 손질한 아스파라거스를 찜기에 넣고 15분간 쪄준 뒤 잘게 다집니다.

3 토마토는 껍질에 십(+)자를 내고 끓는 물에 살짝 데쳐 껍질을 제거한 뒤 잘게 다져주세요.

4 달걀은 잘 풀어 준비합니다.

5 기름을 두른 프라이팬에 아스파라거스와 토마토를 중불에서 3분간 볶아주세요.

6 토마토와 아스파라거스가 어느 정도 익으면 프라이팬 한쪽으로 밀어두고 나머지 공간에 달걀물을 부어 스크램블해준 뒤 모든 재료를 잘 섞어 완성합니다.

- 기름 사용 전이라면 기름 대신 물로 볶아줘도 좋아요. 더욱 촉촉한 식감으로 완성됩니다.
- 재료를 한번에 넣고 볶아줘도 되지만 이럴 경우 다른 재료에 계란 옷을 입힌 형태가 되어버려요. 번거롭더라도 각 재료를 따로 볶아야 더욱 맛있는 식감이 살아납니다.

Epilogue

제가 마지막 페이지를 쓸 수 있으리라 생각하지 못했는데, 어느새 끝을 바라보고 있네요.

처음 출간 제안을 받고 과연 내가 잘 할 수 있을까 하는 생각에 몇 날 며칠 잠을 설쳤던 것 같아요. 저는 어릴 때부터 글을 쓰는 걸 좋아했고 사람들과 이야기하는 걸 좋아했어요. 어쩌면 이게 책을 쓸 때 장점이 될 수 있겠다는 생각에 한 번 도전해보자고, 그렇게 결심을 내렸던 것 같습니다. 곧바로 첫 책 준비를 시작했고 시간이 지날수록 더 잘하고 싶고 잘 해내고 싶다는 욕심이 점점 커졌어요.

하지만 아이 둘을 키우고 살림을 하며 책을 쓰는 일은 결코 쉽지 않았어요. 책을 집필하는 동안 첫째 아이는 가정보육을 진행했는데, 혹시 나의 욕심 때문에 아이에게 소홀하게 되지는 않을까 걱정이 컸습니다. 그래서 '모든 일은 아이가 자고 난 뒤에 시작한다'라는 저만의 규칙을 가장 먼저 세웠습니다.

하지만 육아를 경험한 엄마들은 다 알 거예요. 육아에 얼마나 수많은 변수가 존재하는지! 아이들은 매일 똑같은 시간에 잠들지도 않고, 한번 잠들었다고 해서 통잠을 자는 것도 아닙니다. 글을 쓰다 말고 방으로 뛰어들어가 다시 아기를 재우기도 몇 번, 그렇게 재우다 너무 피곤한 나머지 같이 잠들었다 새벽에 깨 흩어진 집중력을 그러모아 다시 글을 쓰기도 여러 번이었습니다. 그때마다 불안한 마음을 다잡기 위해 스스로를 채찍질했어요. 그저 열심히 하는 것 말고는 답이 없었으니까요.

저는 이유식을 시작하기 전에 도대체 왜 엄마들이 아이가 이유식 먹는 사진을 찍는지, 왜 그리 예쁘게 차린 식판을 찍고 자랑하는지 잘 이해하지 못했어요. 하지만 내가 차린 음식을 맛있게 먹고 방긋 웃어주는 아이 얼굴을 마주하자마자 곧바로 깨달았습니다. 다시 오지 않을 이 순간을 영원히 기록하고 싶은 엄마의 마음이었다는 것을요.

이 책을 읽는 엄마들의 마음도 모두 같을 거예요. 이 책은 소중한 추억 한 페이지에 작게나마 도움이 될 하나의 수단일 뿐입니다. 절대 겁먹지 말아요. 우리 아기를 위해 만든 이유식에는 정답도 없고, 잘 하는 것도, 못 하는 것도 없어요. 그 기준은 누구도 세울 수 없습니다.

어느 날 제 SNS를 통해 나이 지긋한 어머님이 메시지를 주셨어요. 일을 하는 딸을 대

신해 손주를 봐주다 제 SNS를 발견했는데, 하나씩 레시피를 따라 하며 아기에게 간식도 만들어주고 딸에게 자랑도 하다 보니 어느새 예전보다 더 즐겁게 육아를 하고 있다는 내용이었어요.

아마 저는 이 날의 기억을 평생 잊지 못할 거예요. 우리는 그저 사랑하는 내 아기가 나의 음식을 맛있게 먹어주는 것 하나만 보고 이렇게 열심히 하는구나, 그 행복을 더 많은 사람과 나누려고 나는 이렇게 열심히 달리고 있구나 새삼 깨달았던 날입니다.

저에게 이렇게 큰 기회를 선물해준 다산북스 김민정 팀장님과 이한결 매니저님. 부족한 저에게 늘 잘하고 있다 기운 북돋아주셔서 지치지 않고 끝까지 완주할 수 있었습니다.

저와 같은 시기 함께 이유식을 만들며 추억을 공유한 빵가루들! 친구들이 보내준 응원과 이야기가 제 모든 작업의 순간마다 큰 원동력이 되었어요.

육아와 살림 뭐 하나 빠지지 않고 싫은 소리 하나 없이 다 하는 우리 남편. 오빠가 없었으면 이 일은 결코 해낼 수 없었을 거야. 힘들 때마다 진심으로 조언해 주고 언제나 그 자리에서 묵묵하게 내 애기 들어줘서 고마워.

항상 알아서 잘하니 걱정 없다는 아빠, 늘 자랑스러운 딸이라 말해주는 엄마. 멀리 있지만 따뜻한 말로 날 안심시키는 오빠와 새언니 아유미. 말보다 행동으로 먼저 챙겨주는 시댁 식구들까지. 감사하단 말로는 부족하지만 그럼에도 언제나 감사하다고 말하고 싶습니다.

마지막으로,
엄마라는 이름으로만 살다가 새로운 꿈을 꾸게 만들어준 고마운 우리 도준이, 도율이.
이런 엄마의 마음이 시간이 흘러 너희에게도 닿길 바라며.

2023년
또빵맘마 남미선

이유식부터 간식까지 남김없이 싹싹
140개 아기 먹거리

또빵맘마 토핑이유식

초판 1쇄 인쇄 2023년 5월 10일
초판 2쇄 발행 2024년 3월 5일

지은이 또빵맘마(남미선)
펴낸이 김선식

부사장 김은영
콘텐츠사업본부장 박현미
책임편집 이한결 **책임마케터** 문서희
콘텐츠사업7팀장 김단비 **콘텐츠사업7팀** 권예경, 이한결, 남슬기
마케팅본부장 권장규 **마케팅1팀** 최혜령, 오서영, 문서희 **채널1팀** 박태준
미디어홍보본부장 정명찬 **브랜드관리팀** 안지혜, 오수미, 김은지, 이소영
뉴미디어팀 김민정, 이지은, 홍수경, 서가을, 문윤정, 이예주
크리에이티브팀 임유나, 박지수, 변승주, 김화정, 장세진, 박장미, 박주현
지식교양팀 이수인, 염아라, 석찬미, 김혜원, 백지은
편집관리팀 조세현, 백설희, 김호주 **저작권팀** 한승빈, 이슬, 윤제희
재무관리팀 하미선, 윤이경, 김재경, 이보람, 임혜정
인사총무팀 강미숙, 지석배, 김혜진, 황종원
제작관리팀 이소현, 김소영, 김진경, 최완규, 이지우, 박예찬
물류관리팀 김형기, 김선민, 주정훈, 김선진, 한유현, 전태연, 양문현, 이민운

펴낸곳 다산북스 **출판등록** 2005년 12월 23일 제313-2005-00277호
주소 경기도 파주시 회동길 490 다산북스 파주사옥
전화 02-704-1724 **팩스** 02-703-2219 **이메일** dasanbooks@dasanbooks.com
홈페이지 www.dasanbooks.com **블로그** blog.naver.com/dasan_books
용지 신승INC **인쇄** 민언프린텍 **코팅 및 후가공** 제이오엘엔피 **제본** 국일문화사

ISBN 979-11-306-9918-9 13590

다산북스(DASANBOOKS)는 독자 여러분의 책에 관한 아이디어와 원고 투고를 기쁜 마음으로 기다리고 있습니다.
책 출간을 원하는 아이디어가 있으신 분은 다산북스 홈페이지 '투고 원고'란으로 간단한 개요와 취지, 연락처 등을 보내주세요.
머뭇거리지 말고 문을 두드리세요.

✧ 토핑이유식 단

	횟수	수유량	이유식양	수유 : 이유식	질감	
초기	이유식 하루 1회 (오전, 하루에 2번 가능하나 전체 이유식 양은 한 끼 기준)	700~900ml	50~100g (베이스죽 30~40g 고기 10g 채소 10~20g)	수유 9 : 이유식 1 → 수유 8 : 이유식 2 (이유식에 익숙해지는 시기)	매셔나 체에 걸러 으깬 상태, 요구르트 같은 질감	혀 위에 안쪽으 삼킬 음식물 씹을
중기	이유식 하루 2회 (아침, 저녁) 간식 1~2회	600~800ml	80~120g (베이스죽 50~80g 고기 10~15g 채소 20~30g)	수유 7 : 이유식 3 → 수유 6 : 이유식 4 (식사량을 늘리는 시기)	부드럽게 으깨지는 두부의 질감	혀와 식재료 삼킬
후기	이유식 하루 3회 (아침, 점심, 저녁) 간식 2~3회	400~600ml	120~200g (베이스죽 80g 고기·생선 15~20g 채소 30~40g)	수유 4 : 이유식 6 → 수유 3 : 이유식 7 (이유식으로부 영양을 섭취)	바나나 정도는 잘라 주지 않아도 스스로 베어 물고 씹어 삼킬 수 있는 정도	혀를 움직이 잇몸 부드럽게
완료기	이유식 하루 3회 (아침, 점심, 저녁) 간식 2~3회	300~400ml	150~220g (밥 90g 고기·생선 30g 채소 40~50g)	수유 25 : 이유식 75 → 수유 2 : 이유식 8 (영양 대부분을 이유식에서 섭취)	숟가락으로 쉽게 으깨지는 만두나 완자의 질감	앞니로 잇몸이 음식 먹을

계별 개념잡기

농도	베이스죽	토핑: 소고기	토핑: 잎채소 (양배추, 시금치 등)	토핑: 노란채소 (당근, 파프리카 등)	토핑: 간식
올린 음식을 로 밀어 심어 수 있으나 을 부수거나 수는 없음	미음 → 9배죽 (쌀가루 혹은 쌀을 믹서기에 갈아 사용)	갈거나 으깬 상태, 고기의 결이 느껴지는 정도	질긴 부위를 제거하고 잎만 사용, 완전히 갈아 입자감이 보이지 않음	완전이 익혀서 갈거나 으깨서 사용	퓌레나 죽 형태, 눈에 보이는 입자 없음
위턱에서 를 밀어 모아 수 있음	8배죽 → 6배죽 (불린 쌀을 갈거나, 취사가 완료된 쌀을 갈아 사용)	부드럽게 씹히는 정도	목에 걸리지 않도록 잘게 다지기	잇몸으로 오물거릴 수 있는 정도	손가락이나 스푼으로 눌렀을 때 으스러지는 정도
상하좌우로 며 음식을 으로 갈아 먹을 수 있음	5배죽 → 4배죽 (쌀알이 푹 퍼진 상태)	입자감이 어느 정도 살아 있는 수준, 5mm길이로 잘라 제공	목에 걸리지 않도록 듬성듬성 자르기	이로 잘게 부수고 삼킬 수 있도록 잘라 제공	재료를 다져 만들어 씹히는 입자 가능, 떡과 같은 쫀득한 식감 시도
긁어내고 나 어금니로 을 부수어 수 있음	무른밥	완전히 익혀 1cm 길이로 잘라 제공	줄기까지 부드럽게 삶아 자르기	포크가 쑥 들어가는 정도의 익힘, 1cm 길이로 잘라 제공	직접 손으로 잡고 이로 잘라 먹을 수 있는 크기, 버터·우유·소금·당 등 조미료 사용 가능